"十二五"普通高等教育本科国家级规划教材

大学计算机

（第6版）（少课时）

主　编　蒋加伏　唐建宇
副主编　关培超　严　冰　韩桂华
主　审　何炎祥

本书资源使用说明

北京邮电大学出版社
·北京·

内 容 简 介

本书是根据普通高等学校的大学计算机课程教学要求，并结合课程课时呈减少趋势的现状编写而成的。全书分为 7 章，主要内容包括计算机系统基础、操作系统及应用、文字处理软件 Word 2016、电子表格处理软件 Excel 2016、演示文稿制作软件 PowerPoint 2016、网络通信与信息安全和计算机新技术。

本书内容丰富、层次清晰、图文并茂、通俗易懂，从高等学校计算机基础教学的实际情况出发，提出了新的大学计算机入门教学要求和教学设计方案。本书在注重基础知识、基本原理和基本方法的同时，采用案例教学的方式培养学生的计算机应用能力，并在配套的实践教程中进一步加强实践，以便在教学中实现理论与实践的紧密结合。

本书可作为高等学校非计算机专业的“大学计算机”课程教材，也可供其他读者学习使用。

图书在版编目（CIP）数据

大学计算机 : 少课时 / 蒋加伏，唐建宇主编 . 6 版. -- 北京 : 北京邮电大学出版社，2024.（2025 重印）. -- ISBN 978-7-5635-7293-9

Ⅰ. TP3

中国国家版本馆 CIP 数据核字第 2024A4X965 号

策划编辑： 许　飞　　**责任编辑：** 向　蕾　　**封面设计：** 春天书装

出版发行： 北京邮电大学出版社
社　　址： 北京市海淀区西土城路 10 号（100876）
电话传真： 010-82333010　62282185（发行部）　010-82333009　62283578（传真）
网　　址： www. buptpress3. com
电子信箱： buptpress3@163. com
经　　销： 各地新华书店
印　　刷： 三河市骏杰印刷有限公司
开　　本： 787 mm × 1 092 mm　1/16
印　　张： 15
字　　数： 364 千字
版　　次： 2003 年 8 月第 1 版　2024 年 8 月第 6 版
印　　次： 2025 年 7 月第 5 次印刷

ISBN 978-7-5635-7293-9　　定价：49.00 元

如有质量问题请与发行部联系

前言 PREFACE

近年来，高等学校计算机基础教育越来越多地受到中小学信息技术类课程的影响。随着人工智能的突破式进展和爆发式增长，基于人工智能产业上升为国家战略的现状，计算机技术再一次被推到了风口浪尖，成为全民关注的焦点。在“全民学编程”“全民学 AI”等口号的带动下，程序设计、人工智能等领域的入门学习年龄一再降低，有些孩子从三四岁就开始学习计算机技术。在这种社会大趋势的影响下，很多学生在进入大学校门之前，已经具备了不同程度的计算机基础知识、计算机操作技能，甚至计算机编程能力。在大一新生的计算机素养明显提高的背景下，大批高校开始减少计算机基础课程的教学课时，以避免出现学生因重复学习而消耗过多的时间和精力的情况。

同时，各大高校也注意到，与新生整体计算机素养提高的情况相反的是，很多来自欠发达地区的学生，在计算机基本素养方面依然较低，甚至有一部分学生处于“零基础”状态。因此，很多高校采取了计算机基础课程分级、分类教学，为计算机素养较高的学生开设“计算思维”“信息素养”等课程，而对于计算机基础较为薄弱的学生，则为其开设较为传统的大学计算机基础课程。

本书正是在这个技术大变革时代，在大学计算机基础课程改革大潮中应运而生的。本书的编写针对目前很多高校开设的 16 ~ 24 课时的大学计算机基础课程，以 Windows 10 和 Office 2016 等当下流行的计算机软件为依托，在保留传统计算机基础课程所必需的基础知识和基本技能要求的前提下，减少了一部分对非计算机专业学生而言不常用的内容。同时，在网络通信、计算机新技术等方面，本书也按照计算思维培养的要求进行了编写。因此，本书一方面适用于课时较少的大学计算机基础课程，另一方面也兼顾了不同层次学生的需求。

本书共分为 7 章。第 1 章介绍计算机系统的基本知识，主要内容包括计算机的发展、计算机的类型、计算机的基本工作原理及结构、计算机硬件系统的组成、数据在计算机中的表示以及计算机软件的类型。第 2 章介绍操作系统及应用，主要内容包括操作系统的概念、功能和分类以及 Windows 10 操作系统的配置和使用。第 3 章介绍常用文字处理软件 Word 2016 的使用及高级应用。第 4 章介绍常用电子表格处理软件 Excel 2016 的使用及高级应用。第 5 章介绍常用演示文稿制作软件 PowerPoint 2016 的使用及高级应用。第 6 章介绍网络通信与信息安全，主要内容包括网络的工作原理、因特网的服务、网络安全防护以及信息加密技术。第 7 章介绍计算机新技术，主要内容包括人工智能技术、物联网技术、5G 通信技术以及其他计算机新技术。

为便于教师和学生使用本书进行教学和学习，本书配有采用案例方式讲述并按零起点设计的实践教材《大学计算机实践教程》（第 6 版）（少课时）以及配套的手机 APP 免费助学助教平台、电子教案、考试系统等。

本书由蒋加伏、唐建宇担任主编，由关培超、严冰、韩桂华担任副主编，由何炎祥担任主审，苏文章、杨玉梅构思并设计了全套书在线课程教学资源的结构与配置，赵梅、张展华编辑了教学资源的内容，范茹婷、邓凡参与了微课的录制及后期处理，马双武审查了全书配套的在线课程教学资源，李敏提供了版式和装帧设计方案。在此一并感谢。

在党的二十大报告提出的“加强教材建设和管理”精神的指引下，本次改版时，编者再次对全书进行了检查和梳理。此外，本次改版还完善了课程思政内容，以二维码的形式放在书中，本书课程思政目录请扫描下方二维码查看。

由于本书的知识面较广，要将众多的知识很好地贯穿起来，难度较大，书中不足之处在所难免。为便于以后教材的修订，恳请专家、教师及其他读者多提宝贵意见。

编者

2024年4月

课程思政目录

目录

CONTENTS

第1章

计算机系统基础

计算机是一种处理信息的工具，它能自动、高速、精确地对信息进行存储、传输和加工处理。计算机的广泛应用，推动了社会的发展和进步，并对人类社会的生产和生活产生了极其深刻的影响。可以说，计算机文化已融入社会的各个领域之中，成为人类文化中不可缺少的一部分。在进入信息时代的今天，学习计算机知识、掌握计算机的应用已成为人们的迫切需求。

本章主要介绍计算机系统的基本知识，包括计算机的发展、计算机的类型等内容。

1.1　计算机的发展

计算机的发展

计算机的发展历史是人类文明史的一个缩影。在远古时代，人们采用石块、贝壳进行简单的计数。我国古代劳动人民发明了算盘，欧洲中世纪发明了加法计算器、差分机等，如今使用电子计算机进行计算。这些发明记录了人类计算工具的发展历程。因此，计算机是人类对计算技术的继承和发展，是现代人类社会中不可缺少的基本工具。现代计算机是一种按程序自动进行信息处理的通用工具，它的处理对象是信息，处理结果也是信息。

1.1.1　早期计算工具的发展

人类最早的计算工具也许是手指和脚趾，因为这些计算工具与生俱来，无需任何辅助设施，但是手指和脚趾只能实现计算，不能用于存储，而且还局限于 0 ~ 20 范围内的计算。

我国在商朝时已经有了比较完备的文字系统和文字记数系统。在商朝的甲骨文中，已经有了一、二、三、四、五、六、七、八、九、十、百、千、万这 13 个记数单字，如图 1–1 所示。

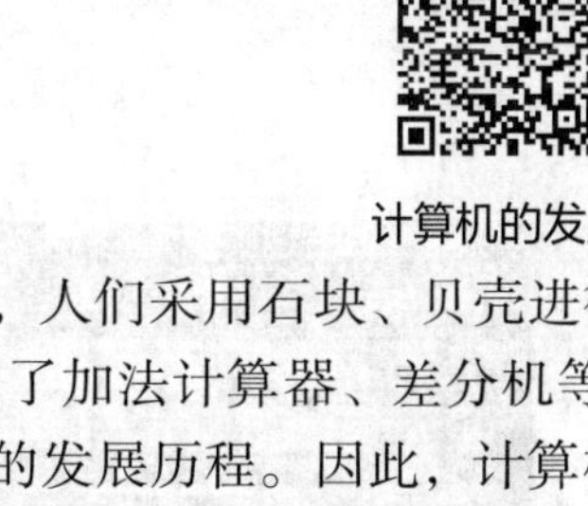

图 1–1　商朝甲骨文中的数字

算筹可能起源于周朝，在春秋战国时期已经非常普遍了。由史书记载和考古材料发现，算筹实际上是一些差不多长短和粗细的小棍子，多用竹子制成，也有用木头、兽骨、金属等材料制成的。成语“运筹帷幄”中的“筹”就是指算筹。

算盘可能起源于唐朝，流行于宋朝。其依据是宋朝名画《清明上河图》中有一家药铺，其柜台上放有一把算盘。1921 年，在河北巨鹿县曾挖掘到一颗宋人故宅中的木制算盘珠，虽已被掩埋了约 800 年，但仍可见其为鼓形，中间有孔，与现代算珠毫无两样。

1.1.2 早期计算机的发展

计算机的发展经历了机械式计算机、机电式计算机和电子计算机 3 个阶段。

在欧洲文艺复兴时期，人们长期被神权压抑的创造力得到了空前释放，自然科学技术也得到了很大的发展。制造一台能帮助人们进行计算的机器，成为很多科学家的理想，但限于当时的科技水平，大都失败了。

1642 年，法国数学家布莱士·帕斯卡（Blaise Pascal）采用与钟表类似的齿轮传动装置，设计出了能进行 8 位十进制计算的加法器，如图 1–2 所示。

1822 年，英国数学家查尔斯·巴贝奇（Charles Babbage）制造出了差分机，如图 1–3 所示，它由以前的每次只能完成一次算术运算，发展为能够自动完成某个特定的完整运算过程。之后，巴贝奇又设计了一种程序控制的通用分析机，它是现代程序控制方式计算机的雏形，其设计理论非常超前，但限于当时的技术条件而未能实现。

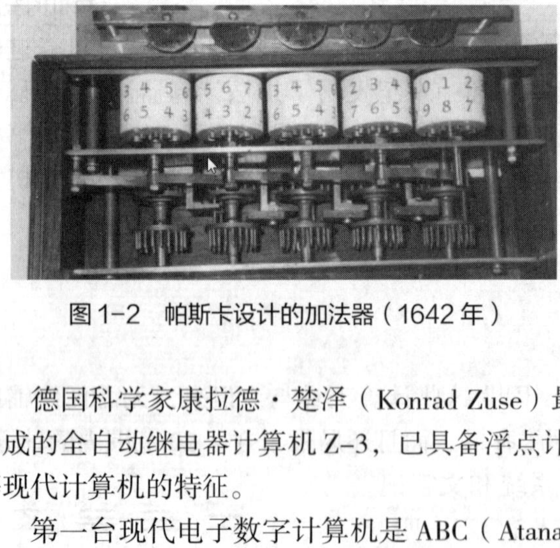

图 1–2　帕斯卡设计的加法器（1642 年）

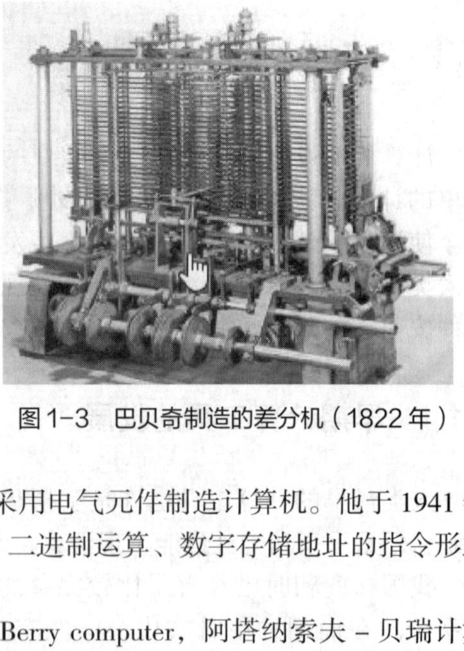

图 1–3　巴贝奇制造的差分机（1822 年）

德国科学家康拉德·楚泽（Konrad Zuse）最先采用电气元件制造计算机。他于 1941 年制成的全自动继电器计算机 Z–3，已具备浮点计数、二进制运算、数字存储地址的指令形式等现代计算机的特征。

第一台现代电子数字计算机是 ABC（Atanasoff–Berry computer，阿塔纳索夫 – 贝瑞计算机），如图 1–4 所示。它是美国艾奥瓦州立大学的物理系副教授约翰·文森特·阿塔纳索夫（John Vincent Atanasoff）和他的研究生克利福特·贝瑞（Clifford Berry）在 1939 年 10 月研制成功的，后来的 ENIAC（electronic numerical integrator and computer，电子数字积分计算机）仿制了 ABC。

图1-4　第一台现代电子数字计算机 ABC（1939年）

阿塔纳索夫提出了现代计算机最重要的3个基本设计原则。

①以二进制的方式实现数字运算和逻辑运算，以保证运算精度。

②利用电子技术实现控制和运算，以保证运算速度。

③采用计算功能与存储功能相分离的结构，以简化计算机设计。

新的重大突破是由美籍匈牙利数学家约翰·冯·诺依曼（John von Neumann）领导的设计小组实现的。1945年，他们发表了一个全新的“存储程序式通用电子计算机”设计方案。1946年2月，冯·诺依曼参与研制的世界上第一台通用电子数字计算机 ENIAC 诞生于美国宾夕法尼亚大学，这标志着电子计算机时代的到来。1946年6月，冯·诺依曼等人提出了更为完善的设计报告《电子计算机装置逻辑结构初探》，进而设计出了第一台“存储程序”计算机 EDVAC（electronic discrete variable automatic computer，离散变量自动电子计算机）。

1.1.3　现代计算机的发展

在现代计算机诞生后的70多年中，计算机所采用的基本电子元件经历了电子管、晶体管、中小规模集成电路、大规模和超大规模集成电路4个发展阶段，如表1-1所示。

表1-1　现代计算机的4个发展阶段

阶段	时间	基本电子元件	技术特点
1	1946—1958年	电子管	采用穿孔卡片和磁鼓，使用机器语言和汇编语言
2	1958—1964年	晶体管	主存储器采用磁心存储器，磁鼓和磁盘开始用于辅助存储器。使用高级语言，主要用于科学计算中，小型计算机开始大量生产
3	1964—1971年	中小规模集成电路	大型化，集中式计算，远程终端
4	1971年至今	大规模和超大规模集成电路	超大型化，计算机化，嵌入式，图形用户界面，多媒体，网络通信，网格计算

1. 第1代计算机（1946—1958年）

第1代计算机采用电子管作为基本电子元件，当时，主存储器有水银延迟线存储器、阴极射线示波管静电存储器、磁鼓和磁心存储器等类型。由于电子管体积大、耗电多，因此这一代计算机的运算速度低，存储容量小，可靠性差且造价昂贵。

在这一代计算机中，几乎没有什么软件配置，编制程序使用机器语言或汇编语言。第1代计算机主要用于科学计算和军事应用，代表机型为1951年由冯·诺依曼设计的EDVAC。这台计算机共采用约17 648个电子管，运算速度比ENIAC提高了10倍，冯·诺依曼“程序存储”的设想首次在这台计算机上得到了体现。

2. 第2代计算机（1958—1964年）

第2代计算机采用晶体管作为基本电子元件，第2代计算机另一个很重要的特点是存储器的革命。1948年，当时尚在美国哈佛大学计算机实验室的华人留学生王安发明了磁心存储器，这项技术彻底改变了继电器存储器的工作方式及其与处理器的连接方法，也大大缩小了存储器的体积，为第2代计算机的发展奠定了基础。

在这个时代，计算机软件配置开始出现，一些高级程序设计语言相继问世，如科学计算用的FORTRAN、商业事务处理用的COBOL、符号处理用的LISP等高级语言开始进入实用阶段。操作系统也初步成型，计算机的使用方式由手工操作转变为自动作业管理。

3. 第3代计算机（1964—1971年）

第3代计算机采用中小规模集成电路作为基本电子元件，计算机的体积和耗电量有了显著减小，计算速度也显著提高，存储容量大幅度增加。这一时期，半导体存储器逐步取代了磁心存储器的主存储器地位，磁盘成了不可缺少的辅助存储器，并且开始普遍采用虚拟存储技术。

同时，计算机的软件技术也有了较大的发展，出现了操作系统、编译系统，以及更多的高级程序设计语言，计算机的应用开始进入更多领域。1964年，IBM公司推出IBM 360计算机，这是第3代计算机的代表产品，如图1–5所示。

图1–5 IBM 360计算机（1964年）

4. 第4代计算机（1971年至今）

第4代计算机采用大规模和超大规模集成电路作为基本电子元件，主存储器使用了集成度更高的半导体存储器，计算机运算速度高达几亿次甚至数百万亿次每秒。在这个时期，计算机体系结构有了较大发展，并行处理、多机系统、计算机网络等都已进入实用阶段。软件方面更加丰富，出现了网络操作系统和分布式操作系统以及各种实用软件。

1.2 计算机的类型

计算机工业的迅速发展，促使计算机类型一再发生分化。从计算机的主要组成部件来看，目前的计算机主要采用半导体集成电路芯片；从市场上的主要产品来看，有大型计算机、微机、嵌入式计算机等产品。

1.2.1 计算机系统的分类

计算机的分类与应用

自从现代计算机诞生以来，IT（information technology，信息技术）产业的发展一直非常迅速，各种新技术不断推出，计算机性能不断提高，应用范围发展到各行各业，因此，很难对计算机进行一个精确的类型划分。如果按照目前计算机的市场分布情况，大致可以将其分为大型计算机、微机、嵌入式计算机 3 类，如图 1-6 所示。

计算机的类型
- 大型计算机
  - 超级计算机：如中国超级计算机“天河星逸”等
  - 大型集群计算机：如曙光5000A等
  - 大型服务器：如IBM System z10系列等
- 微型计算机（微型）
  - 个人计算机：如酷睿i11 桌面微机等
  - 苹果计算机：如Mac Pro等
  - 笔记本计算机：如HP Pavilion dm3（英特尔酷睿2双核）
  - PC服务器：如IBM System X系列等
  - 其他微机：如平板电脑、HTPC、UMPC、上网本等
- 嵌入式计算机
  - 智能手机：如苹果iPhone 15等
  - 工业控制计算机：如西门子工控机6AV788等
  - 单片机：如ARM Cortex M3、80C51系列单片机等
  - 其他：如POS机（电子付款机）、ATM机（自动柜员机）等

图 1-6　计算机的基本类型

1.2.2 大型计算机

大型计算机包括超级计算机、大型集群计算机、大型服务器等。超级计算机主要用于科学计算、军事领域及国家大型项目等。超级计算机有专用设计和集群设计两种方案，目前的市场主流是采用集群设计方案（占超级计算机的 80% 左右）。大型集群计算机是利用多台（几台到上万台）独立的计算机，组成一个计算机群，使多台计算机能够像一台超级计算机那样统一管理和并行计算。大型集群计算机一般采用专用操作系统（80% 的大型集群计算机采用 Linux 操作系统）和集群软件实现并行计算，而价格只有专用大型计算机的几十分之一。大型集群计算机具有可增长的特性，也就是可以不断向集群系统中加入新的计算机。大型集群计算机提高了系统的稳定性和数据处理能力。大型服务器一般采用专用的系统结构，一般用于通信、网络、工程计算等项目。

2012 年 6 月，IBM 公司生产的“红杉”（Sequoia）超级计算机荣获世界最快计算机桂冠，

如图 1–7 所示。“红杉”占地约 318 m^2，在 96 个机柜中集合了大约 160 万个处理器和超过 1.6 PB 的内存。“红杉”的持续测试达到了每秒 16 324 万亿次运算，峰值运算速度高达 20 132 万亿次每秒。“红杉”的运算能力相当于 200 万台采用 Intel 双核处理器的笔记本计算机。“红杉”运行 1 h 的数据量，需要全世界人民用计算器算上 320 年。“红杉”主要用来进行模拟核试验，避免进行地下核试验，它目前被安装在美国能源部所辖的劳伦斯 · 利弗莫尔国家实验室。

2023 年 12 月 6 日，我国国家超级计算广州中心发布了新一代国产超级计算机“天河星逸”。它采用了国产的芯片和先进计算架构，拥有 1 597.44 万个计算核心，峰值计算能力可达 620 PFLOPS，即每秒 62 亿亿次运算，再次彰显了我国超级计算机的强大实力。

图1–7 “红杉”超级计算机

1.2.3 微机

1971 年 11 月，Intel 公司推出了一套芯片：4001 ROM（read-only memory，只读存储器），4002 RAM（random access memory，随机存储器）、4003 移位寄存器、4004 微处理器。Intel 公司将这套芯片称为“MCS-4 微机系统”，这是最早提出的“微机”概念。但是，这仅仅是一套芯片而已，并没有组成一台真正意义上的微机。后来，人们将装有微处理器芯片的机器称为“微机”。微机按产品范围大致可以分为台式个人计算机（personal computer，PC）、苹果（Mac）微机、笔记本计算机、平板电脑（tablet PC）、掌上微机（PDA）等类型，如图 1–8 所示。

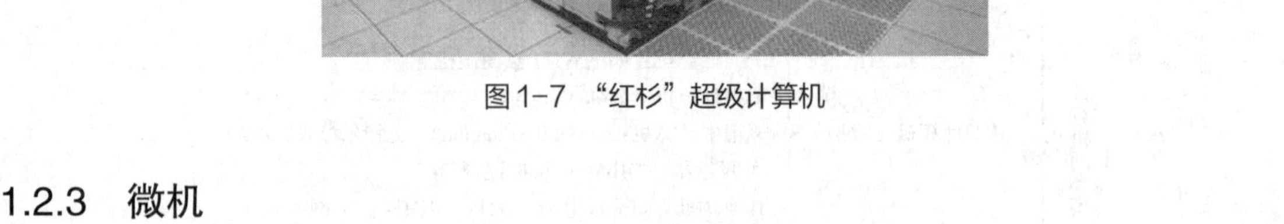

图1–8 微机的类型

图 1–8 从左至右依次为：台式 PC、笔记本计算机、平板电脑、苹果微机。

1. PC 系列微机

1981 年，IBM 公司推出了个人计算机系统，它采用了 Intel 公司的 CPU 作为核心部件。

以后，凡是能够兼容 IBM PC 的微机产品都称为“PC 机”。目前，大部分桌面微机采用 Intel 和 AMD 公司的 CPU 产品，这两个公司的 CPU 产品往往兼容 Intel 公司早期的 80x86 系列 CPU 产品。因此，也将采用这两家公司 CPU 产品的微机称为 x86 系列微机。

如果从微机的应用范围分类，可以将其分为台式微机、笔记本计算机、PC 服务器等类型。

（1）台式微机

台式微机在外观上有立式和卧式两种类型，它们在性能上没有区别。台式微机主要用于企业办公和居家办公或娱乐。因此，要求台式微机有较好的图形和多媒体功能。由于台式微机应用广泛，它们的应用软件也是最为丰富的，这类微机有较好的性价比。

（2）笔记本计算机

笔记本计算机主要用于移动办公，因此，要求机器具有小巧、轻薄的特点。笔记本计算机在硬件上虽然按照 PC 设计规范制造，但是由于体积的限制，不同厂商之间的产品是不能互换的。在与台式微机相同的配置下，笔记本计算机的性能要低于台式微机，价格却要高于台式微机。笔记本计算机的屏幕大小有 10 in[①]、12 in、14 in、15 in、17 in、20 in 等几种类型，质量有 1 kg 以下、1 ~ 2 kg、3 kg 左右等几种类型。笔记本计算机一般具有无线通信功能。笔记本计算机的尺寸虽然小于台式微机，但它的软件系统与台式微机是兼容的。

（3）PC 服务器

PC 服务器往往采用机箱或机架等形式，如图 1-9 所示。机箱式 PC 服务器的体积较大，便于今后扩充硬盘等 I/O（输入输出）设备；机架式 PC 服务器的体积较小，尺寸标准化，扩充时在机柜中再增加机架式 PC 服务器即可。PC 服务器一般运行在 Windows Server 或 Linux 操作系统下，在软件和硬件上都与其他 PC 机兼容。PC 服务器的硬件配置一般较高。例如，它们往往采用高性能的 CPU，有时甚至采用多 CPU 结构；内存容量一般较大；硬盘也采用高转速和支持热插拔的 SCSI（small computer system interface，小型计算机系统接口）硬盘。由于大部分服务器要求不间断工作，因此往往采用冗余电源。PC 服务器主要用作网络服务器主机，因此对图形和多媒体功能几乎没有要求，但是对数据处理能力和系统稳定性有很高要求。

（a）　　（b）

图 1-9 机箱式和机架式 PC 服务器

2. 苹果系列微机

苹果公司是早期微机生产厂商之一，苹果公司目前的微机产品主要有 Mac Pro 系列和 iMac 系列，这些产品在硬件和软件上均与 PC 系列微机不兼容。2023 年，苹果公司发布的

① 英寸，1 in=2.54 cm。

Mac Pro系列微机采用苹果公司自主研发的CPU芯片——M2 Ultra。M2 Ultra是一种RISC（reduced instruction set computer，精简指令集计算机）架构的CPU。Mac Pro系列微机采用3.68 GHz的24核M2 Ultra处理器，内含60核图形处理器和32核神经网络引擎。苹果微机采用基于UNIX的Mac OS X操作系统。

苹果微机的外形漂亮时尚（见图1-10），图像处理速度快。但是，由于其软件与PC机不兼容，大量PC软件不能在苹果微机上运行。另外，苹果微机没有兼容机，因此微机价格偏高，影响了它的普及。苹果微机在我国主要应用于美术设计、视频处理、出版等行业。

图1-10　苹果微机

3. 平板电脑

平板电脑是Microsoft公司在2002年11月推出的一种新式微机，也称为tablet PC。平板电脑是一种小型的、方便携带的个人计算机，目前典型的产品有苹果公司的iPad（见图1-11）、华为平板。平板电脑在外观上只有杂志大小，现在主要采用iOS和安卓（Android）操作系统。它以触摸屏作为基本输入设备，所有操作都通过手指或手写笔完成，而不是传统的键盘和鼠标。平板电脑一般用于阅读、上网等。平板电脑的应用软件专用性强，这些软件不能在台式微机或笔记本计算机上运行，同样地，台式微机或笔记本计算机上的软件也不能在平板电脑上运行。

图1-11　平板电脑

1.2.4　嵌入式计算机

20世纪70年代，单片机（由单块芯片构成的微型计算机系统）的出现，使得汽车、家电、工业设备、通信设备及成千上万种产品，可以通过内嵌电子装置来获得更好的使用性能及更加低廉的产品成本。这些装置已经初步具备了嵌入式的特点。目前，嵌入式计算机已经有了约50年的发展历史。嵌入式计算机技术具有非常广阔的应用前景，其应用领域包括以下方面。

（1）工业控制

基于嵌入式芯片的工业自动化设备近年来获得了长足的发展，嵌入式计算机是提高生产效率和产品质量、减少人力资源的主要途径。嵌入式计算机主要应用在工业控制计算机（见图1-12）、工业产品设备（如汽车发动机控制器、智能机器人等）、工业过程控制、数字机床、电力系统、电网安全、电网设备监测、石油化

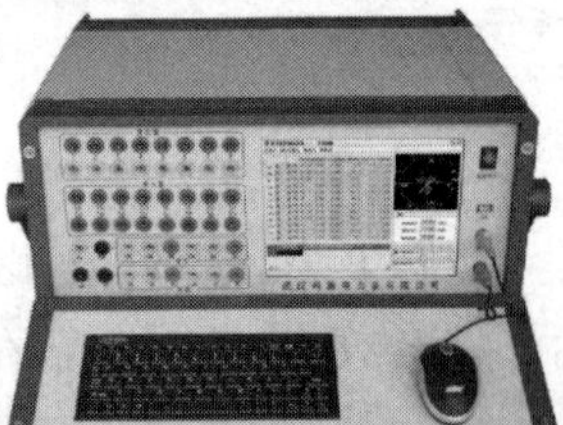

图1-12　工业控制计算机

工系统等方面。

（2）交通管理

在车辆导航、流量控制、信息监测与汽车服务方面，嵌入式计算机技术获得了广泛的应用，内嵌 GPS（global positioning system，全球定位系统）模块，GSM（global system for mobile communication，全球移动通信系统）模块的移动定位终端已经在各种运输行业获得了成功应用。目前，GPS 设备已经进入了普通百姓的家庭。

（3）其他应用领域

其他应用领域主要包括军工设备（如飞机和导弹中的导航系统等）、商业自动化设备（如自动柜员机、自动售货机、收银机等）、通信设备（如手机、网络设备等）、办公自动化设备（如打印机、复印机等）、家用电器产品（如微波炉、洗衣机、电视机、空调等）。

1.3　计算机的基本工作原理及结构

计算机是一个复杂的系统，若要详细地分析一台计算机的体系结构和工作原理，将是一件十分困难的事情。但如果按照层次结构的观点来分析它，事情就要简单得多。

现代计算机的基本工作原理是由冯·诺依曼于 1946 年首先提出来的。冯·诺依曼提出了“程序存储式通用电子计算机”设计方案，并确定了计算机硬件体系结构的 5 个基本部件：输入设备、输出设备、控制器、运算器和存储器。人们把冯·诺依曼的这个理论称为“冯·诺依曼体系结构”。计算机从第 1 代至第 4 代，一直没有突破冯·诺依曼体系结构，目前绝大多数计算机都是基于冯·诺依曼计算机模型而开发的。冯·诺依曼的主要思想可概括为以下 3 点。

计算机模型——冯·诺依曼计算机

1. 冯·诺依曼结构计算机模型

冯·诺依曼结构计算机模型主要包括输入设备、输出设备、存储器、控制器和运算器 5 大组成部分，它们之间的关系如图 1-13 所示。

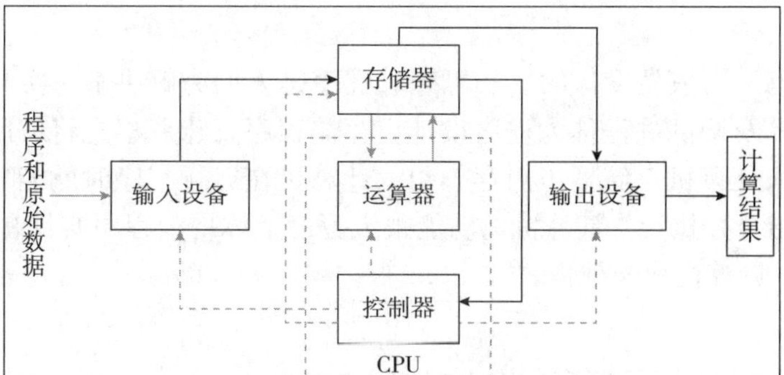

图 1-13　冯·诺依曼结构计算机模型

（1）运算器

运算器也称算术逻辑部件（arithmetic logic unit，ALU），是计算机进行算术运算和逻辑运算的部件。算术运算有加、减、乘、除等，逻辑运算有比较、移位、与、或、非等。在控制器的控制下，运算器从存储器中取出数据进行运算，然后将运算结果写回存储器。

（2）控制器

控制器主要用来控制程序和数据的输入和输出，以及各个部件之间的协调运行。控制器工作时，从存储器中取出指令送到指令寄存器中，经译码单元译码后，再由控制器发出一系列命令信号，送到有关硬件部位引起相应动作，完成指令所规定的操作。

（3）存储器

存储器的主要功能是存放运行中的程序和数据。在冯·诺依曼结构计算机模型中，存储器指存储单元。存储器中有成千上万个存储单元，每个存储单元存放一组二进制数据。

（4）输入设备

输入设备的第一个功能是将现实世界中的数据输入计算机，如输入数字、文字、图形、电信号等；第二个功能是实现用户对计算机的操作控制。常见的输入设备有键盘、鼠标、数码相机等。

（5）输出设备

输出设备将计算机处理的结果转换成用户熟悉的形式，如数字、文字、图形、声音、视频等。常见的输出设备有显示器、打印机、音箱等。还有一些设备既可以作为输入设备，也可以作为输出设备，如U盘、硬盘等。

在现代计算机中，往往将运算器和控制器制造在一颗集成电路芯片内，这颗芯片称为CPU（central processing unit，中央处理器）。CPU的主要工作是与内存系统或I/O设备传输数据进行算术和逻辑运算，通过逻辑运算结果判断控制程序的流向。CPU性能的高低，往往决定了一台计算机性能的高低。

2. 采用二进制形式表示数据和指令

指令是人们对计算机发出的用来完成一个最基本操作的工作命令，它由计算机硬件执行。指令在计算机中采用二进制，使信息数字化容易实现，并可以用二值逻辑元件进行表示和处理。指令和数据在代码形式上并无区别，都是由0和1组成的二进制代码序列，只是各自约定的含义不同。

3. 存储程序

存储程序是冯·诺依曼设计的核心思想。程序是人们为解决某一实际问题而设计的指令序列。指令设计及调试过程称为程序设计。存储程序意味着事先将编制好的程序（包含指令和数据）存入计算机存储器（内存）中，计算机在运行程序时就能自动、连续地从存储器中依次取出指令并执行。计算机的功能很大程度上体现为程序所具有的功能。或者说，计算机程序越多，计算机功能越强。

1.4 计算机硬件系统的组成

计算机硬件系统包括CPU系统、主板系统、内存系统、显示系统、外存系统、音频系统、网络系统、辅助系统等。在这些硬件系统中，CPU系统是最重要的，它决定了一台计算机的基本规格与配置。计算机工业采用OEM（original equipment manufacture，原厂委托制造）生产方式。也就是说，每个计算机企业按照计算机标准和规范生产一部分计算机设备，然后由某个厂商将这些设备组装成一台完整的计算机，并且以这个组装厂商的品牌作为计算机的品牌。这种 OEM 生产方式大大降低了计算机的生产成本，而且能够更加灵活地满足用户的各种要求，但是，这种生产方式也造成了产品质量的良莠不齐。

1.4.1　计算机系统

1. 计算机系统的组成

一个完整的计算机系统由硬件系统和软件系统两部分组成。硬件系统是构成计算机系统的各种物理设备的总称，它包括主机和外设两部分。硬件系统可以从系统结构和系统组成两个方面进行描述。软件系统是运行、管理和维护计算机的各类程序和文档的总称。通常把不安装任何软件的计算机称为“裸机”。计算机之所以能够应用到各个领域，是由于丰富多彩的软件能够出色地按照人们的意图完成各种不同的任务。一个完整的计算机系统组成如图 1-14 所示。

- 计算机系统
  - 硬件系统
    - 主机
      - CPU系统：CPU、散热装置
      - 主板系统：主板、信号连接线
      - 内存系统：DRAM（dynamic random access memory，动态随机存储器），如DDR SDRAM1/2/3/4/5等
      - 外存系统：硬盘、光盘、固态硬盘、U盘
      - 显示系统：显卡、显示器
      - 音频系统：声卡、音箱、话筒
      - 网络系统：网卡、调制解调器、网线
      - BIOS（basic I/O system，基本输入输出）系统：BIOS芯片、CMOS（complementary metal-oxide-semiconductor，互补金属氧化物半导体）芯片
      - 常用外设：如电源、机箱、键盘、鼠标、散热装置等
    - 外设
      - 输出设备：如打印机、刻录机、投影仪等
      - 输入设备：如手写笔、触摸屏、扫描仪、数码相机、数码摄像机等
      - 其他设备：如电源接线盒、净化电源等
  - 软件系统
    - 系统软件
      - 操作系统：如Windows、Linux、FreeBSD、Mac OS X等
      - 网络服务：如IIS、Server-U、ExchangeServer等
      - 数据库系统：如Oracle、MS SQL、Access等
      - 程序设计语言：如C++、Python、Java等
      - 语言处理程序：如Java语言虚拟机、语言编译程序等
    - 应用软件
      - 办公自动化软件：如Office、WPS等
      - 多媒体软件：如Photoshop、Premiere Pro等
      - 辅助设计软件：如AutoCAD、Visio、Protel等
      - 企业应用软件：如财务管理软件、企业管理软件、工程管理软件等
      - 网络应用软件：如QQ、迅雷、Dreamweaver等
      - 安全防护软件：如杀毒软件、防火墙软件、漏洞补丁等
      - 系统工具软件：如数据恢复软件、优化软件、磁盘工具等
      - 娱乐休闲软件：如游戏、电子杂志阅读器、图书阅读器、音频播放器、视频播放器等

图1-14　计算机系统组成

2. 微机硬件的基本组成

不同类型的计算机在硬件组成上有一些区别。例如，大型计算机往往安装在成排的大型机柜中，网络服务器往往不需要显示器，笔记本计算机将大部分外设都集成在一起。如图 1-15（a）所示，台式微机主要由主机、显示器、键盘和鼠标 4 大部件组成。

主机箱上部是符合 ATX（advanced technology extended）规范的开关电源，它的功能是将 220 V 的交流市电转换成微机工作需要的 +3.3 V、±5 V、±12 V 直流电，电源功率在 200 ~ 450 W 范围内。电源的散热风扇是微机噪声的发生地。

主机箱中的主板上安装有 CPU、内存条、显卡等设备。CPU 在主机箱内主板的上部，它上面有一个铝质散热片和散热风扇。内存条在主板右侧的内存插座上，对 DDR SDRAM（double data rate synchronous DRAM，双倍速率同步动态随机存储器）来说，可以将它插在其中任何一个内存插座上。显卡在主机箱的中间位置，插在主板上的 AGP（accelerated graphics port）插槽或 PCI-e 插槽上。有些主机箱内部可能看不到显卡，因为它们与主板北桥芯片集成在一起了。大部分主板还集成了声卡、网卡等，如图 1-15（b）所示。

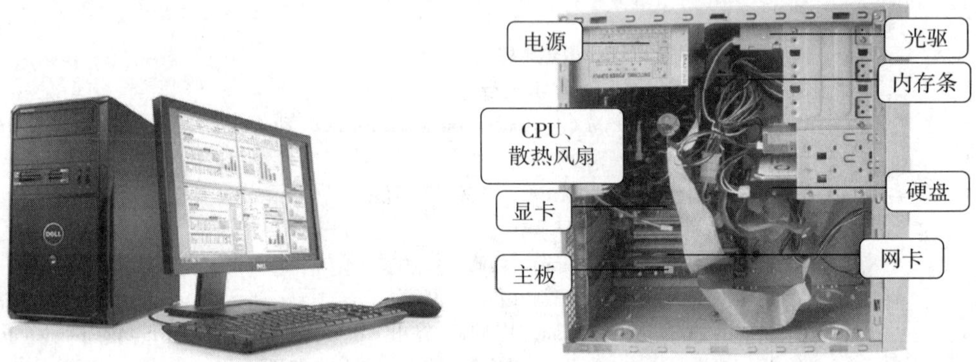

（a）　　（b）

图1-15　台式微机的硬件组成和主机内部结构

主机箱内部靠右的位置是光驱、硬盘等设备，由于它们都是机电一体化设备，因此工作时，尤其是当主机箱面板上的硬盘灯在闪烁时，不要使主机受到震动，因为此时硬盘正在工作。主机的外观虽然多种多样，但其基本功能都是相同的。在主机箱的前部有光驱、电源开关、复位按键、电源灯、硬盘灯、前置 USB 接口、前置音频接口等。

1.4.2　CPU系统

CPU 也称为微处理器（micro-processor），它是计算机系统中最重要的一个部件。CPU 是整个计算机系统的控制中心，它严格按照规定的脉冲频率工作。一般来说，工作频率越高、CPU 工作速度就越快，能够处理的数据量也就越大，功能也就越强。CPU 设计和生产厂商主要有 Intel 公司、AMD 公司、IBM 公司、ARM（安媒）公司等。Intel 公司的 CPU 外观如图 1-16 所示，AMD 公司的 CPU 外观与内核如图 1-17 所示。

主板与 CPU

（a）CPU 正面　　（b）CPU 背面

图 1–16　Intel 公司的 CPU 外观

（a）　　（b）

图 1–17　AMD 公司的 CPU 外观与内核

1.4.3　主板系统

主板是微机中的重要部件。主板制造质量的高低，决定了硬件系统的稳定与否。主板与 CPU 的关系密切，CPU 的每一次重大升级，必然导致主板的更新换代。

主板由集成电路芯片、电子元件、电路系统、各种总线插座和接口组成。主板的主要功能是传输各种电子信号，部分芯片也负责初步处理一些外围数据。从系统结构的观点看，主板由芯片组和各种总线构成。目前，市场上主流主板的系统结构为控制中心结构。

主板有 XT 主板、AT 主板、ATX 主板、BTX 主板等类型，目前的市场主流为 ATX 主板。不同类型的 CPU，往往需要不同类型的主板与之匹配。主板的性能主要由北桥芯片决定，北桥芯片的性能对主板总体技术性能有举足轻重的影响。主板功能的多少，往往取决于南桥芯片与主板上的一些专用芯片。主板 BIOS 芯片将决定主板的兼容性。芯片组决定后，主板上电子元件的选择和主板生产工艺将决定主板的稳定性。图 1–18 所示为一个 ATX 主板的组成图。

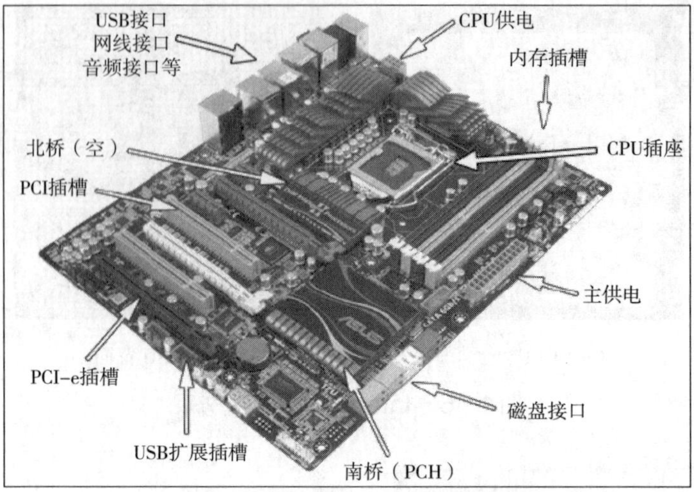

图1-18　ATX主板的组成图

1.4.4　存储器系统

1. 存储器的类型

存储器

随着计算机功能的增强，操作系统和应用软件的数量也越来越庞大，对存储器容量的需求在成比例增长。不同存储器的工作原理不同，性能也不同。计算机中常用的存储器类型如图1-19所示。

- 存储器
  - 内存
    - DRAM（动态随机存储器）
      - SDRAM（同步动态随机存储器，已淘汰）
      - DDR SDRAM（双倍数据速率SDRAM，已淘汰）
      - DDR2 SDRAM（第2代DDR，趋于淘汰）
      - DDR3 SDRAM（第3代DDR，常用产品）
      - DDR4 SDRAM（第4代DDR，主流产品）
      - ZRAM（零电容RAM，研究开发中）
    - SRAM（静态随机存储器，主要用于CPU内部的高速缓存）
  - 外存
    - 半导体存储器
      - EPROM（可擦可编程只读存储器，已淘汰）
      - EEPROM（电擦除可编程只读存储器，如内存条中的SPD芯片）
      - flash memory（闪存）
        - NAND Flash（与非型闪存，如U盘、SSD、CF卡等）
        - NOR Flash（或非型闪存，如BIOS、手机存储卡等）
        - 其他闪存类型（如NVSRAM、FeRAM、OUM、MRAM等）
    - 磁介质存储器
      - HDD（硬盘，市场主流外存产品）
      - FDD（软盘，已淘汰）
      - 磁带机（仅用于大型服务器系统，趋于淘汰）
    - 光介质存储器
      - CD-ROM（光盘）：CD-ROM，CD-R，CD-RW，CD-RAM等（趋于淘汰）
      - DVD-ROM（光盘）：DVD-ROM，DVD-R，DVD-RW，DVD-RAM等
      - BD-ROM（蓝光光盘）：BD-ROM，BD-R，BD-RW等
      - 激光体全息存储光盘（研发中）

图1-19　计算机中常用的存储器类型

计算机的存储器分为内部存储器（简称为内存或主存）和外部存储器（简称为外存或辅存）。能够直接与 CPU 进行数据交换的存储器称为内存，与 CPU 间接交换数据的存储器称为外存。

内存主要采用以 CMOS 工艺制作而成的半导体存储芯片。根据工作原理，内存分为两类，一类是 DRAM，另一类是 SRAM。这两类存储器都可以进行随机读写操作，读写速度也高于其他类型的存储器，但是这两类存储器断电后都会丢失其中的数据。内存一般安装在计算机主板上。

外存采用的材料和工作原理更加多样化。由于外存需要保存大量数据，因此要求其容量大、价格便宜。更为重要的是，要求外存中的数据在断电后不会丢失。外存的存取速度相对内存要慢得多，但存储的数据很稳定，断电后数据不会消失。外存主要有以下几类：采用半导体材料的闪存（flash memory），如 SSD（solid state disk，固态硬盘）、U 盘（USB 接口的半导体存储器）、CF（compact flash，小型闪存）卡等；采用磁介质材料的硬盘等；采用光介质存储的 CD-ROM、DVD-ROM、BD-ROM（blu-ray disc ROM）光盘等。

2. 内存

内存用于存放计算机进行数据处理所必需的原始数据、中间结果、最后结果及指示计算机工作的程序。内存是计算机系统的主要技术指标之一，其容量大小和性能直接影响计算机系统运行情况。内存的主要技术指标如下。

（1）内存容量

内存由大量的半导体存储单元组成，每个存储单元可存放 1 位（bit）二进制数据，8 个存储单元称为一个字节（Byte，B）。内存容量通常以 KB、MB、GB、TB 为单位。其中，8 bit=1 B，1 024 B=1 KB，1 024 KB=1 MB，1 024 MB=1 GB，1 024 GB=1 TB。

存储容量

（2）内存的类型

内存可分为随机存储器和只读存储器。随机存储器又分为静态随机存储器和动态随机存储器。

SRAM 存储单元的电路工作状态稳定、速度快、不需要刷新，只要不掉电，数据就不会丢失。SRAM 一般应用在 CPU 内部作为高速缓存。

DRAM 中存储的信息以电荷形式保存在集成电路中的小电容中，由于电容的漏电，数据容易丢失。为了保证数据不丢失，必须对 DRAM 进行定时刷新。

现在，微机内存均采用 DRAM 芯片并将其安装在专用电路板上，称为内存条。目前，内存条类型有 DDR5、SDRAM 等，内存条容量有 512 MB、1 GB、2 GB、4 GB 等规格。图 1-20 所示为 DDR SDRAM 内存条的组成图，内存条由内存芯片（DRAM）、SPD（serial presence detect，序列存在检测）芯片、印制电路板（printed circuit board，PCB）、针脚（金手指）、贴片电阻、贴片电容等部分组成。不同技术标准的内存条在外观上并没有太大区别，但是它们的工作电压、引脚数量和功能不同，定位口位置也不同，互相不能兼容。

ROM 与 SRAM、DRAM 不同，ROM 中存储的数据在断电后能保持不丢失。ROM 只能一次写入数据，多次读出数据，微机主板上的 ROM 用于保存系统引导程序、自检程序等。目前，在微机中常用的 ROM 为闪存，这种存储器可在断电的情况下长期保存数据，又能对数据进行快速擦除和重写。

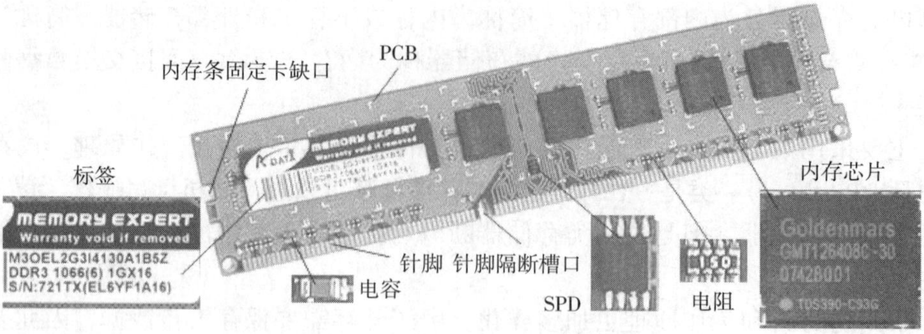

图 1-20　DDR SDRAM 内存条的组成图

高速缓存（cache）用于提高 CPU 的运算速度。通常在 CPU 内部增设一级高速缓存（L1 cache）、二级高速缓存（L2 cache）、三级高速缓存（L3 cache）。高速缓存大大缓解了高速 CPU 与低速内存的速度匹配问题，它可以与 CPU 运算单元同步执行。目前，CPU 内部的高速缓存容量一般为 1 ~ 10 MB。

3. 外存

（1）闪存

闪存具备 DRAM 快速存储的优点，也具备硬盘永久存储的特性。闪存可以利用现有半导体工艺生产，缺点是读写速度较 DRAM 慢，而且擦写次数也有限。

闪存中的数据不是以单个字节为单位的，而是以固定的区块为单位进行擦除与写入的，区块大小一般为 8 ~ 128 KB。由于闪存不能以字节为单位进行数据的随机写入，因此，闪存目前还不能作为内存使用。机械硬盘也是以区块（扇区）为单位进行数据读写的，因此，机械硬盘受到了闪存的极大挑战。

U 盘又名闪存盘，它是一种以闪存为存储介质，通过 USB 接口与计算机交换数据的可移动存储设备。U 盘具有即插即用的功能，使用者只需将它插入 USB 接口，计算机就可以自动检测到 U 盘。U 盘在读写、复制及删除数据等操作上非常方便。目前，U 盘的最大存储容量达到了 TB 级别，可重复擦写达 100 万次以上。由于 U 盘具有外观小巧、携带方便、抗震、容量大等优点，因此，它受到微机用户的普遍欢迎。U 盘的外观和内部构造如图 1-21 所示。

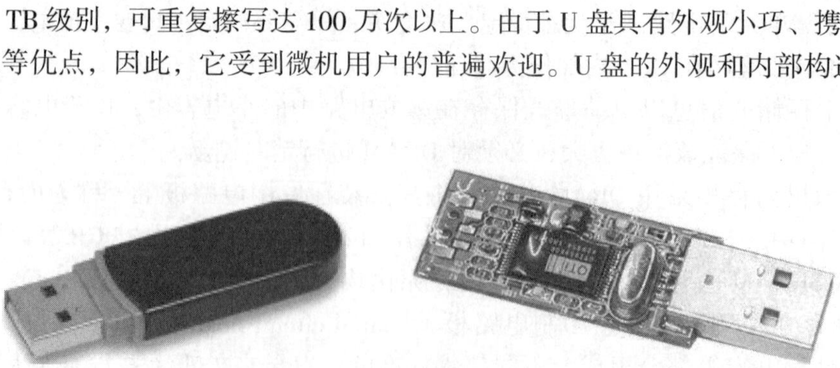
（a）　　（b）

图 1-21　U 盘的外观和内部构造

（2）硬盘

硬盘（见图 1-22）是一种外存，由于硬盘具有存储容量大、数据存取方便、价格便宜等优点，目前它已经成为保存用户数据的重要外部存储设备。但是，硬盘也是微机中最脆弱的部件，容易因各种故障而损坏。硬盘如果出现故障，意味着用户的数据安全受到了严重威胁。另外，相对于 CPU、内存等设备，硬盘的数据处理速度要慢得多。从“木桶效应”来看，可以说硬盘是阻碍计算机性能提高的瓶颈。

机械硬盘是利用磁介质存储数据的机电式产品，其中的盘片由铝质合金和磁性材料组成。没有外部磁场时，盘片内部不同方向的磁粒子的磁性相互抵消，对外不显示磁性。当外部磁场作用于它们时，内部磁粒子的方向会逐渐趋于统一，对外显示磁性。当外部磁场消失时，由于磁性材料的“剩磁”特性，内部磁粒子的磁性不会完全消失，因而具有了保存数据位的功能。

目前流行的固态硬盘（SSD）内的存储介质其实就是前面介绍的闪存，其最大的优势就是比机械硬盘读写速度快。固态硬盘的最大读取速度一般可达 400 ~ 600 MB/s，企业级固态硬盘甚至能达到十几吉字节每秒的速度。此外，固态硬盘的可靠性也很高，高品质家用固态硬盘的故障率通常为机械硬盘的十分之一左右。

（a）机械硬盘　　（b）固态硬盘 (SSD)

图 1–22　硬盘的外观

硬盘的存储容量目前有 320 GB、500 GB、1 TB、2 TB 或更高。硬盘按照尺寸分类，有 3.5 in、2.5 in 等规格。3.5 in 硬盘主要用于台式微机，2.5 in 硬盘主要用于笔记本计算机和移动硬盘。目前流行的硬盘接口有串行接口（SATA）、SCSI 接口、USB 接口、M.2 接口等。SATA 接口主要用于台式微机和笔记本计算机，SCSI 接口主要用于早期 PC 服务器，USB 接口主要用于移动存储设备。近年来新兴的 M.2 接口硬盘，传输速度更快，尺寸很小。其宽度为 22 mm，长度有 42 mm、60 mm、80 mm 三种规格，已在台式微机和笔记本计算机中大量应用。

（3）光盘和光盘驱动器

光盘驱动器（简称为光驱）和光盘一起构成了光存储器。光盘用于记录数据，光驱用于读取数据。光盘的特点是记录数据密度高、存储容量大、数据保存时间长。光盘和光驱的外观如图 1–23 所示。

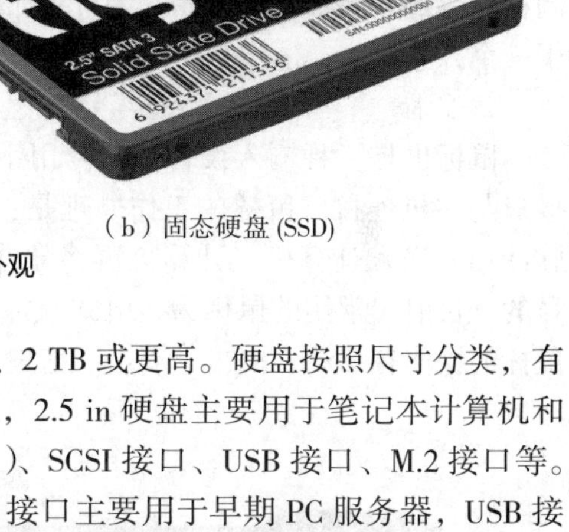

图 1–23　光盘和光驱的外观

光盘按照读写方式分类，有只读光盘（如 DVD–ROM）、一次性刻录光盘（如 DVD–R）、反复读写光盘（如DVD–RW）。如果对光盘按容量进行分类，有CD–ROM（容量为650 MB）、DVD–ROM（容量为4.7 ~ 17 GB）、BD–ROM（容量为23 GB和27 GB）等。

- CD-ROM和DVD-ROM是只读型光盘，在生产过程中已将数据写入到光盘中。光盘出厂后，数据只能读出，不能再写入。
- CD-R和DVD-R是一次性刻录光盘，在出厂时是未写入数据的空白光盘。用户可以利用光盘刻录机将数据写入光盘，数据写入后不能被修改。
- CD–RW和DVD–RW是一种可擦写光盘，可以利用光盘刻录机将数据写入光盘，这种光盘可以反复读写，但需要用专用软件进行操作。

不同类型的光盘，需要用不同类型的光驱进行读写。只能读取光盘信息的设备称为光驱，能对光盘进行读写操作的光驱称为刻录机。光驱由激光头、电路系统、光驱传动系统、光头寻道定位系统和控制电路等组成。激光头是光驱的关键部件，光驱利用激光头产生激光扫描光盘盘面，从而读出“0”和“1”的数据。

1.4.5 输入输出设备

1. 键盘

键盘是向计算机输入数据的主要设备，由按键、键盘架、编码器、键盘接口及相应控制程序等部分组成，如图1–24（a）所示。微机使用的标准键盘通常为107键，每个键相当于一个开关。

2. 鼠标

鼠标也是一种输入设备，广泛用于图形用户界面环境。鼠标通过PS/2串行接口或USB接口与主机连接。鼠标的工作原理是：当移动鼠标时，它把移动距离及方向的信息转换成脉冲信号送入计算机，计算机再将脉冲信号转换为光标的坐标数据，从而达到指示位置的目的。目前，常用的鼠标为光电式鼠标，上面一般有两三个按键，如图1–24（b）所示。对鼠标的操作有移动、单击、双击、拖曳等。

（a）　　（b）

图1–24 键盘及鼠标

3. 扫描仪

扫描仪是一种光机电一体化的输入设备，它可以将图形和文字转换成可由计算机处理的数字数据。目前常见的是由 CCD（charge coupled device，电荷耦合器件）阵列组成的电子扫描仪，其主要技术指标有分辨率、扫描幅面、扫描速度等。

4. 显示器

显示器用于显示输入的程序、数据或程序的运行结果等，它能以数字、字符、图形和图像等形式显示运行结果或信息的编辑状态。

在微机系统中，主要有两种类型的显示器。一种是传统的 CRT（cathode ray tube，阴极射线管）显示器，如图 1–25（a）所示。CRT 显示器采用模拟信号显示方式，因此显示效果好，色彩比较亮丽。CRT 显示器的尺寸较大，不便于移动办公，目前已被淘汰。

另外一种显示器是 LCD（liquid crystal display，液晶显示器），其尺寸有 10 ~ 24 in 等规格，如图 1–25（b）所示。台式微机大部分采用 15 ~ 24 in 规格，而笔记本计算机则采用 10 ~ 15 in 规格居多。LCD 采用数字显示方式，显示效果比 CRT 显示器稍差。LCD 采用 DVI（digital video interactive，数字视频交互）显示接口，也有些 LCD 采用 VGA（video graphic array，视频图形阵列）显示接口，在 LCD 内部进行数模转换。

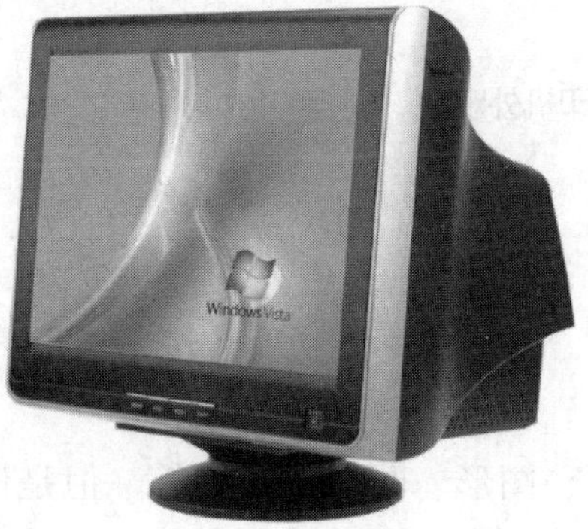

（a）

（b）

图 1–25 CRT 显示器与 LCD

显示器的主要技术参数如下。

（1）屏幕尺寸

屏幕尺寸指显示器屏幕对角线的长度，以 in 为单位，表示显示器的大小，主要有 10 ~ 24 in 几种规格。

（2）点距

点距是屏幕上荧光点间的距离，它决定像素的大小，以及屏幕能达到的最高显示分辨率。点距越小越好。现有的点距规格有 0.20 mm、0.25 mm、0.26 mm、0.28 mm 等。

（3）显示分辨率

显示分辨率指屏幕像素的点阵，通常写成“水平像素点 × 垂直像素点”的形式。常用的有 640 × 480、800 × 600、1 024 × 768、1 920 × 1 080、2 560 × 1 440（2K）、3 840 × 2 160（4K）等，目前 1 920 × 1 080 较普及，2K 和 4K 的显示分辨率也越来越受到消费者的青睐。

（4）刷新频率

显示器每分钟内屏幕画面更新的次数称为刷新频率。刷新频率越高，画面闪烁程度越低，一般为 60 Hz。

5. 打印机

打印机是将输出结果打印在纸张上的一种输出设备，其外观图如图 1–26 所示。从打印机原理上来说，市场上常见的打印机大致分为喷墨打印机、激光打印机和针式打印机。按打印颜色来分，打印机有单色打印机和彩色打印机。按工作方式来分，打印机有击打式打印机和非击打式打印机。击打式打印机常为针式打印机，这种打印机正在从商务办公领域淡出；非击打式打印机常为喷墨打印机和激光打印机。

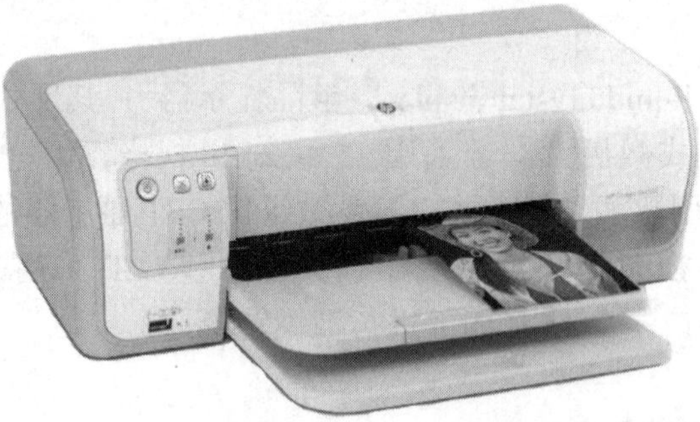

图1–26 打印机外观图

1.5 数据在计算机中的表示

信息是丰富多彩的，有数值、文字、声音、图形、图像、视频等，但是计算机本质上只能处理二进制的“0”和“1”，因此，必须将各种信息转换成计算机能够接收和处理的二进制数据。这种转换往往由外部设备和计算机自动进行。进入计算机中的各种数据都要转换成二进制数据存储，计算机才能进行运算和处理。同样，从计算机中输出数据时也要进行逆向转换。

1.5.1 常用数制的表示方法

1. 十进制数

由于人类有 10 个手指，十进制数自然成为人类最早使用的数制。十进制数的运算规则是“逢 10 进 1，借 1 当 10”，需要用到的数字符号有 10 个，分别是 0、1、2、3、4、5、6、7、8、9。

十进制中各数字符号的权为 10 的整数次幂，个位的权为 1（10^0），十位的权为 10（10^1），百位的权为 100（10^2）等。例如，十进制数 23 可以表示为 $2 \times 10^1+3 \times 10^0$。

为了便于区分，十进制数用下标 10 或在数字尾部加 D 表示，如 $[23]_{10}$ 或 23D。

2. 二进制数

计算机硬件电路使用十进制数设计，会导致计算机的设计和制造非常复杂，因此，在计算机内部采用二进制数进行存储、传输和计算。用户输入的各种信息，由计算机软件和硬件自动转换为二进制数，在数据处理完成后，再由计算机自动转换为用户熟悉的十进制数或其他信息。

基于同样的原理，二进制数只有两种状态，基本数字符号为 0 和 1。二进制数的运算规则是“逢 2 进 1，借 1 当 2”，各数字符号的权为 2 的整数次幂，分别为 2^0、2^1、2^2 等。例如，二进制数 10111 可以表示为 $1\times2^4+0\times2^3+1\times2^2+1\times2^1+1\times2^0$。

为了便于区分，二进制数用下标 2 或在数字尾部加 B 表示，如 $[10111]_2$ 或 10111B。

3. 十六进制数

当用二进制表示一个大数时，位数太多，计算机专业人员辨认困难，因此，经常采用十六进制数来表示二进制数。十六进制的数字符号有 0、1、2、3、4、5、6、7、8、9、A、B、C、D、E、F，其运算规则是“逢 16 进 1，借 1 当 16”。计算机内部并不采用十六进制数进行运算，运算时可以很方便地将十六进制数转换为二进制数。

为了便于区分，十六进制数用下标 16 或在数字尾部加 H 表示，如 $[18]_{16}$ 或 18H。常用数制之间的对应关系如表 1–2 所示。

表 1–2　常用数制之间的对应关系

十进制数	0	1	2	3	4	5	6	7	8	9	10	11	12	13	14	15
十六进制数	0	1	2	3	4	5	6	7	8	9	A	B	C	D	E	F
二进制数	0000	0001	0010	0011	0100	0101	0110	0111	1000	1001	1010	1011	1100	1101	1110	1111

4. 任意进制数的表示方法

任意一种数制都能用有限的几个基本数字符号表示出所有的数，称基本数字符号的数量为基数，如十进制的基数为 10，二进制的基数为 2；称位于不同数位上的数字符号有不同的位权，简称权。对于任意的 R 进制数，其基本数字符号为 R 个，该进制数可以用式（1–1）表示：

$$[A_n\cdots A_1A_0A_{-1}\cdots A_{-m}]_R=A_nR^n+\cdots+A_1R^1+A_0R^0+A_{-1}R^{-1}+A_{-2}R^{-2}\cdots+A_{-m}R^{-m} \qquad (1–1)$$

其中，A为任意进制数字符号，R为基数，整数为$n+1$位，小数为m位。

【例 1–1】十进制数 43.21 可以表示为 $4\times10^1+3\times10^0+2\times10^{-1}+1\times10^{-2}$。

【例 1–2】二进制数 1101.11 可以表示为 $1\times2^3+1\times2^2+0\times2^1+1\times2^0+1\times2^{-1}+1\times2^{-2}$。

【例 1–3】十六进制数 4D.25 可以表示为 $4\times16^1+13\times16^0+2\times16^{-1}+5\times16^{-2}$。

1.5.2 常用数制之间的转换

1. 二进制数转换为十进制数

二进制数转换为十进制数时，可以采用按权相加的方法，这种方法是按照十进制数的运算规则，将二进制数各位的数码乘以对应的权再累加起来。

【例 1-4】 将 $[1101.101]_2$ 转换成十进制数。

解： $[1101.101]_2=[2^3+2^2+2^0+2^{-1}+2^{-3}]_{10}=[8+4+1+0.5+0.125]_{10}=[13.625]_{10}$。

在二进制数到十进制数的转换过程中，要频繁地计算 2 的整数次幂。表 1-3 给出了 2 的整数次幂与十进制数值的对应关系。

表 1-3 2 的整数次幂与十进制数值的对应关系

2^n	2^8	2^7	2^6	2^5	2^4	2^3	2^2	2^1	2^0	2^{-1}	2^{-2}	2^{-3}
十进制数值	256	128	64	32	16	8	4	2	1	0.5	0.25	0.125

2. 十进制数转换为二进制数

当十进制数转换为二进制数时，整数部分与小数部分必须分开转换。对于整数部分，采用除 2 取余法。就是将已知十进制数的整数部分反复除以 2，如果相除之后余数为 1，则二进制数的相应位为 1，如果余数为 0，则相应位为 0。第一次除法得到的余数是二进制数的低位（第 K_0 位），最后一次余数是二进制数的高位（第 K_n 位）。从低位到高位逐次进行，直到商为 0。最后一次除法所得的余数为 K_n，则 $K_n K_{n-1} K_{n-2} \cdots K_1 K_0$ 为所求二进制数的整数部分。

对于小数部分，采用乘 2 取整法。就是将已知的十进制纯小数反复乘 2，每次乘 2 之后，如果所得数的整数部分为 1，则相应位为 1；如果整数部分为 0，则相应位为 0。从高位向低位逐次进行，直到满足精度要求或乘 2 后的小数部分为 0 时为止。最后一次乘 2 所得的整数部分为 K_{-m}，转换后，所得的纯二进制小数为 $0.K_{-1}K_{-2}\cdots K_{-m}$。

【例 1-5】 将十进制数 18.876 5 转换为二进制数时，运算过程如图 1-27 所示，运算结果为 $[18.8765]_{10}=[10010.111]_2$（保留 4 位小数）。

整数部分除 2 取余			小数部分乘 2 取整		
18 ÷ 2=9	余 0	$[K_0]$	0.876 5 × 2=1.753	整数部分为 1	K_{-1}
9 ÷ 2=4	余 1	$[K_1]$	0.753 × 2=1.506	整数部分为 1	K_{-2}
4 ÷ 2=2	余 0	$[K_2]$	0.506 × 2=1.012	整数部分为 1	K_{-3}
2 ÷ 2=1	余 0	$[K_3]$	0.012 × 2=0.024	整数部分为 0	K_{-4}
1 ÷ 2=0	余 1	$[K_4]$			
整数部分：$18=[10010]_2$			小数部分：$0.876\,5=[0.1110]_2$		

图 1-27 十进制数转换为二进制数的运算过程

3. 二进制数转换为十六进制数

对于二进制整数，只要自右向左将每 4 位二进制数分为一组，不足 4 位时，在左面添 0 补足 4 位，每组对应一位十六进制数；对于二进制小数，只要自左向右将每 4 位二进制数分为一组，不足 4 位时，在右面添 0 补足 4 位，然后每组对应一位十六进制数，即可得到十六进制数。

【例 1-6】 $[111101.010111]_2=[\underline{0011}\ \underline{1101}.\underline{0101}\ \underline{1100}]_2=[3D.5C]_{16}$。

4. 十六进制数转换为二进制数

将十六进制数转换为二进制数非常简单，只要以小数点为界，向左或向右将每一位十六进制数用相应的 4 位二进制数表示，然后将其连在一起即可完成转换。

【例 1-7】 $[4B.61]_{16}=[0100\ 1011.0110\ 0001]_2=[1001011.01100001]_2$。

1.5.3 字符数据的表示

编码

1. 英文字符的 ASCII 编码

计算机除了用于数值计算外，还要处理大量的非数值数据，其中文本字符数据占有很大比重。字符数据包括西文字符（字母、数字和各种符号）和中文字符，它们都要在进行二进制编码后，才能存储在计算机中并进行处理。每个字符对应一个唯一的二进制数，这个二进制数称为字符编码。对于西文字符与汉字字符来说，由于它们形式的不同，使用的编码方式也不同。

在计算机的发展过程中，出现了多种字符编码，美国信息交换标准码（American Standard Code for Information Interchange，ASCII）是目前使用最为广泛的字符编码。1967 年，这一编码被国际标准化组织（International Standards Organization，ISO）确定为国际标准字符编码。ASCII 编码表如表 1-4 所示。

表 1-4 ASCII 编码表

低 4 位	高 3 位							
	000	001	010	011	100	101	110	111
0000	NUL	DLE	SP	0	@	P	`	p
0001	SOH	DC1	!	1	A	Q	a	q
0010	STX	DC2	“	2	B	R	b	r
0011	ETX	DC3	#	3	C	S	c	s
0100	EOT	DC4	$	4	D	T	d	t
0101	ENQ	NAK	%	5	E	U	e	u
0110	ACK	SYN	&	6	F	V	f	v
0111	BEL	ETB	‘	7	G	W	g	w
1000	BS	CAN	(	8	H	X	h	x

续表

低 4 位	高 3 位							
	000	001	010	011	100	101	110	111
1001	HT	EM	)	9	I	Y	i	y
1010	LF	SUB	*	:	J	Z	j	z
1011	VT	ESC	+	;	K	[	k	{
1100	FF	FS	,	<	L	\	l	|
1101	CR	GS	-	=	M	]	m	}
1110	SO	RS	.	>	N	^	n	~
1111	SI	US	/	?	O	—	o	DEL

ASCII 编码使用 7 位二进制数对 1 个字符进行编码，一共可以表示 2^7=128 个字符的编码。由于计算机存储器的基本单位是字节，因此，以 1 个字节来存放 1 个 ASCII 码字符编码，每个字节的最高位为 0。

【例 1-8】“Hello.”的 ASCII 编码如下。

H	e	l	l	o	.
01001000	01100101	01101100	01101100	01101111	00101110

【例 1-9】利用 ASCII 编码对字符串“book”进行编码。

查 ASCII 编码表可知，book 的 ASCII 编码为 01100010 01101111 01101111 01101011。

【例 1-10】利用 ASCII 编码对字符串“BOOK”进行编码。

查 ASCII 编码表可知，BOOK 的 ASCII 编码为 01000010 01001111 01001111 01001011。

【例 1-11】利用 ASCII 编码对字符串“1+2”进行编码。

查 ASCII 编码表可知，“1+2”的 ASCII 编码为 00110001 00101011 00110010。

ASCII 编码定义了 33 个无法显示的控制码，它们主要用于打印或显示时的格式控制，对外部设备进行操作控制，进行信息分隔，在数据通信时进行传输控制等。

2. 中文字符的编码

英文为拼音文字，所有的字均由 52 个英文大小写字母组合而成，加上数字及其他标点符号，常用的字符仅 95 种，因此 7 位二进制编码已经够用了。汉字数量庞大、构造复杂，这给计算机处理带来了困难。汉字是象形文字，每个汉字字符都有自己的形状，所以，每个汉字在计算机中都需要一个唯一的二进制编码。

1981 年，我国颁布了《信息交换用汉字编码字符集　基本集》（GB/T 2312—1980），又称国标码。GB/T 2312—1980 编码标准规定：一个汉字用两个字节表示，每个字节只使用低 7 位，最高位为 0。例如，“大”字的国标码为 00110100 01110011。

GB/T 2312—1980 共收录 6 763 个简体汉字和 682 个符号，其中一级汉字有 3 755 个，以拼音排序；二级汉字有 3 008 个，以偏旁排序。GB/T 2312—1980 编码的总体布局和局部编码方法分别如表 1-5、表 1-6 所示。

表 1-5　GB/T 2312—1980 编码的总体布局

区号	位号
	1 ~ 94 位
1	常用符号（94 个）
2	序号、罗马数字（72 个）
3	GB 1900 图形字符集（94 个）
16 ~ 55	一级惯用汉字（3 755 个）
56 ~ 87	二级非常用汉字（3 008 个）
88 ~ 94	（空区）

表 1-6　GB/T 2312—1980 编码的局部编码方法

		第 2 字节编码							
		0100001	0100010	0100011	0100100	0100101	0100110	0100111	0101000
第 1 字节编码	区	位							
		01	02	03	04	05	06	07	08
0110000	16	啊	阿	埃	挨	哎	唉	哀	皑
0110001	17	薄	雹	保	堡	饱	宝	抱	报
0110010	18	病	并	玻	菠	播	拨	钵	波
011 0011	19	场	尝	常	长	偿	肠	厂	敞
0110100	20	础	储	矗	搐	触	处	揣	川
0110101	21	怠	耽	担	丹	单	郸	掸	胆

由于国标码每个字节的最高位也为 0，与国际通用的 ASCII 编码无法区分，因此，在计算机内部，汉字编码全部采用机内码表示。机内码就是将国标码两个字节的最高位设定为 1，这样就解决了国标码与 ASCII 编码的冲突，保持了中英文的良好兼容性。如“大”字的机内码为 10110100 11110011。

除此之外，为了利用计算机系统中现有的西文键盘来输入汉字，还要对每个汉字编一个西文键盘输入码（简称输入码），主要的输入码有拼音码、字形码、区位码等。

1.5.4　多媒体数据的表示

在计算机中，数值数据和字符数据都是通过转换成二进制数来存储和处理的。同样，声音、图形、图像、视频等多媒体数据也要转换成二进制数后才能被计算机存储和处理，但多媒体数据的表示方式是完全不同的。在计算机中，声音往往用波形文件、MIDI 音乐文件或压缩音频文件的方式表示；图像的表示方式主要有位图编码和矢量编码两种；视频由一系列“帧”组成，每个帧实际上是一幅静止的图像，需要连续播放才会变成动画（一般每秒要连续显示 30 帧左右）。多媒体数据的表示、存储和处理方法，请读者参考多媒体相关的科普和专业书籍。

1.6 计算机软件的类型

计算机软件包括程序和程序运行时所需的数据，以及与这些程序和数据有关的文档资料。软件系统是计算机上可运行程序的总和。

1.6.1 计算机软件的分类

没有安装软件的计算机称为裸机，而裸机是无法进行任何工作的，它不能从键盘、鼠标接收信息和操作命令，也不能在显示器屏幕上显示信息，更不能运行可以实现各种操作的应用程序。

计算机软件可以分为系统软件和应用软件，如图 1–28 所示。系统软件的数量相对较小，其他绝大部分软件是应用软件。软件也可以分为商业软件与共享软件。商业软件功能强大，软件收费高，软件售后服务较好；共享软件大部分是免费或少量收费的，一般来说不提供软件售后服务。

- 计算机软件
  - 系统软件
    - 操作系统：如Windows、Linux、UNIX、Mac OS X等
    - 网络服务：如IIS、Server–U、ExchangeServer等
    - 数据库系统：如Oracle、MS SQL、MySQL等
    - 程序设计语言：如C++、Java、VisualBasic等
    - 语言处理程序：如Java语言虚拟机、语言编译程序等
  - 应用软件
    - 办公自动化软件：如Office、Lotus、WPS等
    - 多媒体软件：如Photoshop、Flash、CoolEdit等
    - 辅助设计软件：如AutoCAD、Visio、Protel等
    - 企业应用软件：如财务管理软件、企业管理软件、工程管理软件等
    - 网络应用软件：如QQ、FlashGet等
    - 安全防护软件：如杀毒软件、防火墙软件、漏洞补丁等
    - 系统工具软件：如数据恢复软件、优化软件、磁盘工具等
    - 娱乐休闲软件：如游戏、电子杂志阅读器、图书阅读器、音频播放器、视频播放器等

图1–28 计算机软件分类

1.6.2 系统软件的基本类型

系统软件是计算机软件系统中最靠近硬件的一层，其他软件一般都通过系统软件发挥作用。系统软件是用于计算机管理、监控、维护和运行的软件，通常包括操作系统、网络服务、数据库系统、程序设计语言、语言处理程序等。

1. 操作系统

操作系统是对计算机硬件资源和软件资源进行控制和管理的大型程序，它是最基本的系统软件，其他软件必须在操作系统的支持下才能运行。操作系统一般包括进程管理、作业管理、存储管理、设备管理、文件管理等功能。目前，常见的操作系统有Windows 10/11、Linux、华为鸿蒙OS、Mac OS等，网络操作系统有Windows Server、Linux、FreeBSD等。

2. 网络服务

操作系统本身提供了一些小型的网络服务功能，但有些大型的网络服务必须由专业软件提供。网络服务程序提供大型的网络后台服务，它主要被网络服务提供商和企业网络管理人员使用。个人用户在利用网络进行工作和娱乐时，就是由这些软件提供服务的。例如，提供网页服务的软件有IIS、Apache、Domino等，提供网络文件下载服务的软件有Server-U等，提供邮件服务的软件有Exchange Server、Lotus Notes/Domino、Qmail等。

3. 数据库系统

数据库系统（database system，DBS）主要由数据库（database，DB）和数据库管理系统（database management system，DBMS）组成。数据库可以简单地理解为“数据仓库”。它是按一定方式组织起来的相关数据的集合。数据库管理系统是对数据库进行有效管理和操作的软件，是用户与数据库之间的接口，它提供了用户管理数据库的一套命令，包括数据库的建立、修改、检索、统计、排序等功能。数据库管理系统是建立信息管理系统（如财务管理、企业管理等）的主要软件工具。常见的数据库软件有Oracle、MS SQL、MySQL等。

4. 程序设计语言

程序设计语言是用来编写程序的语言，它是人与计算机交换信息的工具。程序设计语言一般分为机器语言、汇编语言、高级语言3类。

机器语言是以二进制代码表示的指令集合，是计算机唯一能直接识别和执行的语言。用机器语言编写的程序称为机器语言程序，其优点是占用内存少、执行速度快，缺点是难编写、难阅读、难修改、难移植。

汇编语言是将机器语言的二进制代码指令，用便于记忆的符号形式表示出来的一种语言，所以它又被称为符号语言。采用汇编语言编写的程序称为汇编语言程序，其特点是相对于机器语言程序更易阅读和修改。

机器语言和汇编语言都是面向机器的语言，一般称为低级语言。低级语言对机器的依赖性大，所编程序的通用性差，用户较难掌握。高级语言是一种比较接近于自然语言和数学表达的语言。用高级语言编写的程序便于阅读、修改及调试，而且移植性强。高级语言已成为目前普遍使用的语言，从结构化程序设计语言到广泛使用的面向对象程序设计语言，高级语言有上百种之多，如表1-7所示为几种常用的高级语言。

表1-7 几种常用的高级语言

语言名称	应用领域	语言特点
C	科学技术、数据处理	简单易学，但功能有限，常用于小型程序设计
C++	大型系统程序设计	功能非常强大，但过于复杂
C#	网络编程	功能强大，简单易学，常用于网络脚本编程
Java	网络、通信编程	程序可以跨软件或硬件平台应用，但较为复杂
Python	数据分析、人工智能系统开发	易学易用，库和框架丰富，程序可以跨平台运行，但运行速度相对较慢

5. 语言处理程序

用汇编语言和高级语言编写的程序称为“源程序”。源程序不能被计算机直接执行，必须翻译成机器语言程序，才能被计算机识别及执行。这种翻译也是由程序实现的，不同的语言有不同的翻译程序，我们把这些翻译程序统称为语言处理程序。

翻译通常有两种方式：解释和编译。解释是通过相应的语言解释程序将源程序逐条翻译成机器指令，每译完一句立即执行一句，直至执行完整个程序，如BASIC语言。解释的特点是便于查错，但效率较低。编译是用相应语言的编译程序将源程序翻译成目标程序，再用连接程序将目标程序与函数库等连接，最终生成可在机器上运行的可执行程序。

语言解释程序一般包含在开发软件或操作系统内，如Internet Explorer（IE）中就带有ASP（active server pages，活动服务器页面）脚本语言解释功能；也有些语言解释程序是独立的，如Java语言虚拟机。语言编译程序一般都附带在开发系统内，如Visual C++开发系统就带有程序编译器。

1.6.3 应用软件的基本类型

应用软件也可以分为两类。

第一类是针对某个应用领域的具体问题而开发的程序，它具有很强的实用性、专业性。这些软件可以由计算机专业公司开发，也可以由企业人员自行开发。正是由于这些专用软件的应用，计算机日益渗透到社会的各行各业。但是，这类应用软件使用范围小，开发成本过高，通用性不强，软件的升级和维护有很大的依赖性。

第二类是一些大型专业软件公司开发的通用型应用软件，这些软件的功能非常强大，适用性非常好，应用也非常广泛。由于该类软件的销售量大，因此，相对于第一类应用软件，其价格更便宜，使用人员更多，这也便于相互交换文档。这类应用软件的缺点是专用性不强，对于某些有特殊要求的用户不适用。

（1）办公自动化软件

应用较为广泛的办公自动化软件有Microsoft公司开发的Microsoft Office软件，它由几个软件组成，如文字处理软件Word、电子表格软件Excel等。国内优秀的办公自动化软件有金山软件公司开发的WPS Office等。IBM公司的Lotus也是一套非常优秀的办公自动化软件。

（2）多媒体应用软件

多媒体应用软件主要有图像处理软件Photoshop、动画设计软件Flash、音频处理软件

Audition、视频处理软件 Premiere、多媒体创作软件 Authorware 等。

（3）辅助设计软件

辅助设计软件主要有机械和建筑辅助设计软件 AutoCAD、网络拓扑设计软件 Visio、电子电路辅助设计软件 Protel 等。

（4）企业应用软件

通用的企业应用软件主要有财务管理软件、SPSS（statistical product and service solutions）统计分析软件等。

（5）网络应用软件

网络应用软件有网页浏览器软件 Edge、即时通信软件 QQ、网络文件下载软件 FlashGet 等。

（6）安全防护软件

安全防护软件主要有 360 杀毒软件、360 防火墙软件等。

（7）系统工具软件

系统工具软件主要有文件压缩与解压缩软件 WinRAR、数据恢复软件 EasyRecovery、系统优化软件 Windows 优化大师、磁盘克隆软件 Ghost 等。

（8）娱乐休闲软件

娱乐休闲软件主要有各种游戏软件，以及电子杂志、图片、音频、视频浏览软件等。

习 题 1

1. 简述现代计算机的发展历程。
2. 简述计算机系统的分类。
3. 什么是冯・诺依曼结构计算机模型？该模型由哪 5 大部分组成？
4. 计算机硬件系统包含哪些组成部分？
5. 将二进制数 11010.01101 转换成十进制数。
6. 将十进制数 100.625 转换成二进制数。
7. 对照表 1-4，写出英文单词 human 中每个字母对应的 ASCII 编码。
8. 简述常见的系统软件类型和应用软件类型。

中国计算机发展史

中国芯片发展历程

中国软件变迁

“当代毕昇”王选

第 2 章

操作系统及应用

电子计算机发展到今天，操作系统已经成为整个计算机系统中最重要的软件组成部分。从嵌入式设备到移动终端，从个人计算机到高性能服务器，人们为了高效使用这些机器，无一例外都需要在机器上首先安装、配置好一套操作系统。

本章的主要内容包括操作系统的基本概念和主要功能，以及 Windows 10 操作系统的基本操作、文件管理、系统管理等。

2.1 操作系统概述

计算机系统是由硬件系统和软件系统两部分组成的，操作系统是配置在计算机硬件上的第一层软件，是对硬件系统的首次扩充。操作系统在计算机系统中占据了特别重要的地位，其他的诸如编译程序、数据库管理系统等系统软件，以及大量的应用软件，都将依赖于操作系统的支持，取得它的服务。操作系统已成为现代计算机系统（大、中、小及微型机）中必须配置的软件。

2.1.1 操作系统概念

操作系统是一组控制和管理计算机软件和硬件资源，为用户提供便捷使用计算机的程序的集合。操作系统不仅是硬件与其他软件的接口，也是用户和计算机之间进行“交流”的界面。

操作系统概述

图 2–1 给出了操作系统与计算机软件和硬件的层次关系。

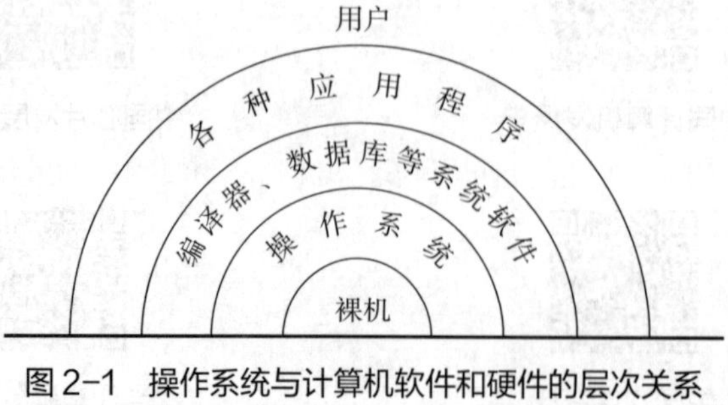

图 2–1 操作系统与计算机软件和硬件的层次关系

2.1.2 操作系统的基本功能

操作系统通过内部极其复杂的综合处理，为用户提供友好、便捷的操作界面，以使用户不必了解计算机硬件或系统软件的有关细节就能方便地使用计算机。

操作系统的主要任务是有效管理整个系统资源，以及提供友好、便捷的接口供用户使用。为完成其主要任务，操作系统具有以下五大功能：进程管理、存储管理、文件管理、设备管理和接口管理。

1. 进程管理

在多道程序系统中，多个程序共享系统资源的情况会引发对 CPU 的争夺。如何有效地利用 CPU 资源，如何在多个请求 CPU 的进程中选择和取舍，这就是操作系统进程管理要解决的主要问题。能否提高 CPU 的利用率，改善整体系统性能，在很大程度上取决于进程调度算法的好坏。

2. 存储管理

存储（内存）管理的主要工作是为每个具体运行的程序分配内存，以保证系统及运行其上的各程序存储区互不冲突。存储管理需保证各类程序的运行不会有意或无意地破坏其他程序的运行，当某个用户程序的运行导致系统提供的内存不足时，如何把内存与外存结合起来使用，给用户提供一个比实际内存大得多的虚拟内存，从而使用户程序能顺利地执行，这也是存储管理要完成的任务。为此，存储管理应包括内存分配、地址映射、内存保护和内存扩充等功能。

3. 文件管理

在操作系统中，负责管理和存取文件信息的部分称为文件系统。计算机文件是以计算机存储器为载体，存储在计算机上的信息集合。计算机文件可以是文本文档、图片、音频、视频、程序等。可以说，现代计算机所有数据的存储、处理都离不开文件管理。

在操作系统的文件管理下，用户可以按照文件名访问文件，而不必考虑各种外存的差异，不必了解文件在外存上的具体物理位置及其存放方式。文件系统为用户提供了一个简单、统一的访问文件的方法，因此它也被称为用户与外存的接口。

4. 设备管理

现代计算机一般都配置了很多设备，除了传统的键盘、鼠标及显示器外，还有很多网络及多媒体方面的设备，这些设备的性能和操作方式都不一样。操作系统的设备管理就是负责对设备进行有效的管理，方便用户高效简便地使用外部设备，使其正常工作。

5. 接口管理

为了方便用户使用操作系统，操作系统又向用户提供了用户与操作系统的接口。该接口通常是以命令或系统调用的形式呈现在用户面前的，前者提供给用户在键盘终端上使用，后者提供给用户在编程时使用。

2.1.3 操作系统的分类

对操作系统进行严格的分类是困难的。早期的操作系统，按用户使用的操作环境和功能特征的不同，可分为 3 种基本类型：批处理操作系统、分时操作系统和实时操作系统。随着计算机体系结构的发展，又出现了嵌入式操作系统、网络操作系统和分布式操作系统。

1. 批处理操作系统

批处理操作系统的突出特征是批量处理，它把提高系统处理能力作为主要设计目标。批处理操作系统的主要特点是用户脱机使用计算机，操作方便，可成批处理从而提高 CPU 利用率。批处理操作系统的缺点是实时交互性差，即用户一旦将程序提交给系统后，就失去了对程序的控制能力。例如，VAX/VMS 是一种多用户、实时、分时和批处理的多道程序操作系统，目前这种早期的操作系统已经被淘汰。

2. 分时操作系统

分时操作系统是指多用户通过终端共享一台主机 CPU 的工作方式。为使一个 CPU 为多道程序服务，将 CPU 时间划分为很小的时间片，采用循环轮转方式将这些时间片分配给队列中等待处理的每个程序。由于时间片划分得很短，循环执行得很快，每个程序都能得到 CPU 的响应，好像在独享 CPU。分时操作系统的主要特点是允许多个用户同时运行多个程序，每个程序都是独立操作、独立运行、互不干涉的。现代通用操作系统都采用了分时处理技术，Windows、Linux、Mac OS（见图 2-2）等都是分时操作系统。

图 2-2　Mac OS（左）及 Linux 操作系统（右）的桌面

3. 实时操作系统

实时操作系统是指当外界事件或数据产生时，能够快速接收并以足够快的速度予以处理，处理结果能在规定时间之内返回，并且控制所有实时设备和实时任务协调一致地运行的操作系统。实时操作系统通常是具有特殊用途的专用系统。例如，通过计算机对飞行器、导弹发射过程的自动控制，计算机应及时对测量系统测得的数据进行加工，并输出结果，对目标进行跟踪或向操作人员显示运行情况。

在工业控制领域，早期常用的实时操作系统主要有 VxWorks 和 QNX 等，目前的操作系统（如 Linux 和 Windows 等）经过定制后，都可以改造成实时操作系统。

4. 嵌入式操作系统

近年来，各种掌上型数码产品（如智能手机、平板电脑、数码相机等）成了日常工作、学习的重要工具，而除了这些数码产品外，还有更多的嵌入式操作系统存在于人们生产、生活的各个方面。嵌入式操作系统从应用角度出发可分为通用型和专用型两种。如图 2-3 所示，常见的通用型嵌入式操作系统有 Linux、VxWorks、Windows CE、QNX、Nucleus Plus 等；常见的专用型嵌入式操作系统有 Android（安卓）和 iOS（苹果移动操作系统）等。

（a）Android 操作系统　　（b）iOS　　（c）VxWorks 操作系统

图 2-3　常见的嵌入式操作系统的工作界面

5. 网络操作系统

网络操作系统是基于计算机网络的操作系统，它的功能包括网络管理、通信、安全、资源共享和各种网络应用。网络操作系统的目标是使用户可以突破地理条件的限制，方便地使用远程计算机资源，实现网络环境下计算机之间的通信和资源共享。例如，Windows Server、Linux，FreeBSD 等都是网络操作系统。

6. 分布式操作系统

分布式操作系统是指通过网络将大量计算机连接在一起，以获取极高的运算能力、广泛的数据共享及实现分散资源管理等功能为目的的一种操作系统。

目前，还没有一个成功的商业化分布式操作系统软件，一般认为，分布式操作系统与个人计算机操作系统有以下不同点：数据共享（允许多个用户访问一个公共数据库）、设备共享（允许多个用户共享昂贵的计算机设备）、通信（计算机之间通信更加容易）、灵活性（用最有效的方式将工作分配到可用的机器中）。

分布式操作系统也存在以下一些不足：一是目前为分布式操作系统开发的软件还极少，民用需求较少；二是分布式操作系统的大量数据需要实时地通过网络进行传输，目前的网络可能因为大量用户同时使用而引起拥塞。

2.2　Windows 10操作系统

Windows 是由微软（Microsoft）公司开发的一种具有图形用户界面的操作系统，具有非常自然友好的人机交互模式。自 1985 年以来，Windows 已经成为目前世界上最为成熟和流行的操作系统。本节将简要介绍 Windows 的发展历史，并对目前个人计算机最常用的 Windows 10 的基本功能和实用操作进行讲解。

2.2.1 Windows的发展

Windows的演变

自1985年以来，Windows各个版本操作系统的安装和使用逐渐在个人计算机中占据了绝对统治地位，近年来，Windows的市场占有率一直保持在70%以上。从操作系统的流行程度和市场占有率角度出发，整个Windows的发展史几乎就是个人计算机操作系统的发展历史，下面简要介绍Windows的发展历史。

1. Windows 1.0

Windows 1.0是微软公司第一次对个人计算机操作进行图形界面的尝试，于1985年开始发行。Windows 1.0基于早期MS-DOS操作系统，如图2-4（a）所示。在Windows 1.0中鼠标开始得到特别的重视，用户可以通过单击鼠标完成大部分的操作。

Windows 1.0自带了一些简单的应用程序，包括日历、记事本、计算器等。Windows 1.0开始允许用户同时执行多个程序，并在各个程序之间进行切换，这相对于早期DOS来说是个巨大进步。

2. Windows 2.0

Windows 2.0发布于1987年，也是一个基于MS-DOS的操作系统，如图2-4（b）所示。在Windows 2.0中，可以在桌面上同时显示多个窗口（也就是现在的层叠模式）。此外，Windows 2.0针对当时的主流硬件，增加了386扩展模式的支持，这使得Windows第一次跳出了640 K基地址内存的束缚，更多的内存可以充分发挥操作系统的优势。

3. Windows 3.0

1990年，Windows迎来了一个具有划时代意义的版本Windows 3.0，如图2-4（c）所示。Windows 3.0及其后续3.X系列具备了模拟32位操作系统的功能，图片显示效果大有长进，对当时最先进的386处理器有良好的支持，极大改善了系统的可扩展性。

Windows 3.0系统图形界面开始支持16位色，添加了多媒体功能、CD播放器以及对桌面排版很重要的True Type字体，后续系统扩展又引入了对网络的支持，可利用对等网络的概念构建Windows工作组网络。值得注意的是，1994年，Windows 3.2开始有了中文版，这使得Windows在国内得到了较广泛的应用。

（a）Windows 1.0操作系统　（b）Windows 2.0操作系统　（c）Windows 3.0操作系统

图2-4 Windows操作系统（1.0、2.0、3.0）

4. Windows 95

1995年8月，微软公司推出了Windows 95（自此在大众市场，Windows采用了年份作为其大版本号，这个习惯直到推出Windows XP才又有所更改），Windows 95是首个不要求先安装DOS的32位操作系统，如图2-5（a）所示。Windows 95具有全新的图形用户界面，提高了用户的可学性、可用性和操作效率。Windows 95 还集成了网络的连接和管理功能，其连接特性也从 LAN（local area network，局域网）扩展到了拨号访问。

1996 年 10 月，Windows 95 的 OSR2 版（OEM Service Release 2，该版本又被称为 Windows 97）推出，系统增加许多新功能的支持，如 FAT32 文件系统和改进的拨号网络等，此外，还包含上网的必备浏览器工具 Internet Explorer 3.0。

5. Windows 98

1998 年 6 月，作为 Windows 95 的改进版的 Windows 98 发布了，如图 2–5（b）所示。新系统具有 Web 集成和活动桌面，增加了频道等网络功能，集成了 Internet Explorer 4.0。在硬件上支持主流的 ACPI 电源管理、USB 总线、IEEE 1394 总线和 AGP 总线，支持 DVD 功能，系统集成的 DirectX 是增强多媒体及游戏功能的实用程序。1999 年 5 月，Windows 98 SE（第二版）发行，其包括一系列软件功能改进，如 Internet Explorer 5、Windows Netmeeting 3 等，对 DVD–ROM 和对 USB 的支持更加完善。

6. Windows 2000

Windows 2000 英文版于 1999 年 12 月上市，中文版于次年 2 月上市，其是沿袭微软公司 Windows NT 系列的 32 位视窗操作系统，如图 2–5（c）所示，其初衷并不面向个人计算机市场（多媒体、游戏等支持不足），但可认为 Windows 2000 是 Windows 系列发展的一座重要里程碑，它是一个多任务、可中断的图形化操作系统。

Windows 2000 主要分为客户机版本（Professional 版本）和服务器版本（Server 版本），后续客户机版本马上被 Windows XP 取代，服务器版本被专门针对服务器的 Windows Server 系列版本取代。

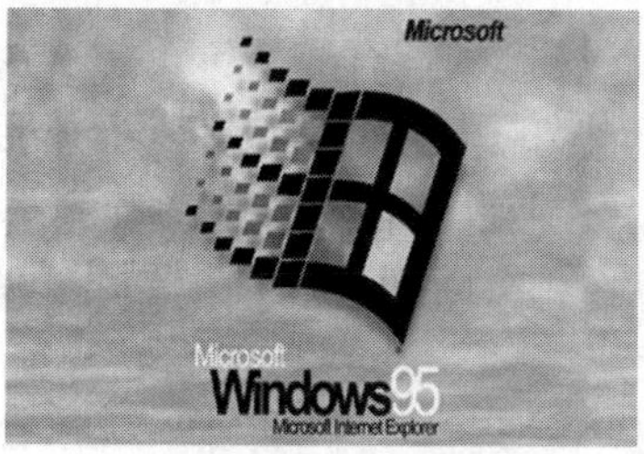

（a）Windows 95 操作系统

（b）Windows 98 操作系统

（c）Windows 2000 操作系统

图 2–5 Windows 操作系统（95、98、2000）

7. Windows ME

2000 年 9 月，借千禧年来临之际，微软公司发布了 Windows ME（Windows Millennium Edition)，如图 2–6（a）所示。Windows ME 是在 Windows 9X 的基础上开发的，其目的是改进操作系统对多媒体和硬件设备的支持，但同时也加入了不少在 Windows 2000 上拥有的新概念。主要增加的功能包括系统恢复、UPnP 即插即用、自动更新等。从历史上看，Windows ME 是 Windows 系列中的一个失败版本，由于稳定性和可靠性较差，相当多的早期程序无法在其上正常运行。Windows ME 很快就被 Windows XP 取代了。

8. Windows XP

2001 年 10 月，Windows XP 发布，如图 2–6（b）所示。Windows XP 是微软 Windows 操作系统的一座重要里程碑，针对个人用户所需的多媒体网络需求，其集成了数码媒体、远程网络等最新的技术规范，还具有很强的兼容性，人机交互界面可以带给用户良好的视觉效果。

根据不同用户的需求，Windows XP 包括多个版本。其中最为常见的是针对个人用户的家庭版 Windows XP Home Edition 和针对商业用户的专业版 Windows XP Professional。迄今为止，Windows XP 可以说是 Windows 系列中最长寿的操作系统，其后续版本对计算机硬件要求较高，用户很长一段时间对其青睐有加。

9. Windows Vista

2007 年 1 月，微软公司正式发布了 Windows Vista，如图 2-6（c）所示。Windows Vista 较上一个版本 Windows XP 增加了上百种新功能，其中包括被称为 Aero 的全新图形用户界面、关机特效、加强后的搜索和新的媒体创作工具。Windows Vista 在安全性方面也进行了改良，相较于 Windows XP 增加了用户管理机制及内置恶意软件查杀工具等。虽然 Windows Vista 在用户体验和系统安全方面做了很多改进，但由于当时系统对硬件要求较高，所以在市场上并没有太好的口碑，其市场占有率一直不如 Windows XP。

（a）Windows ME 操作系统　（b）Windows XP 操作系统　（c）Windows Vista 操作系统

图 2-6　Windows 操作系统（ME、XP、Vista）

10. Windows 7

2009 年 10 月，微软公司发布了 Windows 7，如图 2-7（a）所示。有了 Windows Vista 的前车之鉴，Windows 7 并没有对计算机硬件提出过高要求。此外，Windows 7 针对不同系统应用环境，先后推出了简易版、家庭普通版、家庭高级版、专业版、企业版等多个版本。对比 Windows Vista，Windows 7 的系统优化使得启动时间大幅缩减，增加了简洁的搜索和信息使用方式，改进了系统相关核心功能。

11. Windows 8 和 Windows 8.1

2012 年 10 月，微软公司推出 Windows 8，如图 2-7（b）所示。从设计思路和技术革新上看，Windows 8 是具有革命性变化的操作系统，系统设计旨在让人们的日常操作更加简单和快捷。Windows 8 大幅改变了以往的人机操作逻辑，为适应触控交互的发展，系统画面与操作方式都有很大的变化。

2013 年 10 月，Windows 8.1 正式版发布。在其内部，微软公司实现了操作系统升级标准化机制，以便向用户提供更常规的升级。整体上看，Windows 8.1 具有承上启下的作用，为后续 Windows 10 的发布提供了坚实的基础。

12. Windows 10

2015 年 7 月，微软公司正式发布了适用于微机和平板计算机的操作系统 Windows 10，如图 2-7（c）所示。

在 Windows 10 中，微软公司推出了 Windows Hello 和 Passport 用户认证系统，提高了易用性和多设备数据交换支持。同时，参照主流系统软件发展规律，Windows 10 采用同一个应用商店，所有用户可在网络下安装购置各类软件。近年来，Windows 10 的版本大更新一般一年有两次，例如，代号 Windows 10 1909 即表示 2019 年下半年的 Windows 10 的最新版本，而 Windows 10 2004 即表示 2020 年上半年的 Windows 10 的最新版本。

目前，Windows 操作系统的最新版本是 Windows 11。

此外，除了上述根据时间线列举的 Windows 操作系统，针对服务器市场和移动运行环境，Windows 还有一些其他的版本分支，例如主要针对网络服务器的 Windows NT 系列操作系统及后续 Windows Server 系列操作系统（Windows Server 2003、Windows Server 2008、Windows Server 2012、Windows Server 2019），主要针对移动终端的 Windows Mobile 操作系统（Windows Mobile 2003、Windows Mobile 5.0 等）。

（a）Windows 7 操作系统　（b）Windows 8 操作系统　（c）Windows 10 操作系统

图 2-7　Windows 操作系统（7、8、10）

2.2.2　Windows 10的基本操作

个人计算机中安装 Windows 10 后，开机即可登录到 Windows 10 进行各种操作。

1. 熟悉桌面及桌面图标

桌面是打开计算机并登录到 Windows 10 之后看到的主屏幕区域，用于显示屏幕工作区域上的窗口、图标、菜单和对话框。Windows 10 桌面主要由桌面图标、任务栏和桌面背景等部分组成，如图 2-8 所示。

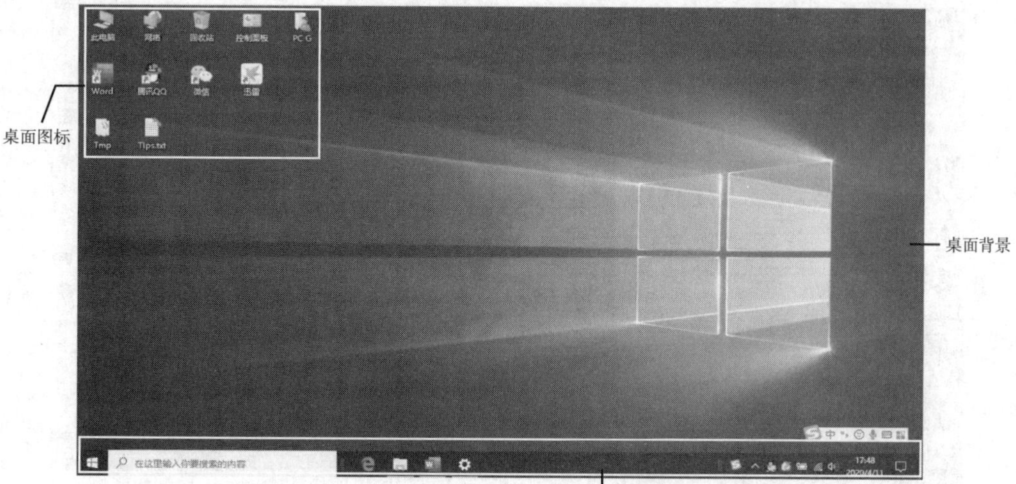

图 2-8　Windows 10 桌面

（1）桌面图标及其使用

桌面图标由图片和文字组成。图片是代表文件、文件夹、程序和其他项目的软件标识。文字用于描述图片所代表的对象。

首次启动 Windows 10 时，在桌面上至少有“回收站”图标。图 2–9 显示了一些常见的桌面图标。

图 2–9　常见的桌面图标

桌面图标有助于用户快速执行命令和打开程序或文件。双击桌面图标，可以启动对应的应用程序或打开文件、文件夹；右击桌面图标，可以打开对象的属性操作菜单（快捷菜单）。

（2）管理桌面图标

将图标放在桌面上，可以快速访问对应的程序、文件和文件夹，但过多的桌面图标会使桌面显得凌乱，从而影响工作效率。下面对不同的图标管理方式分别加以介绍。

管理桌面图标

①添加或删除系统图标。

系统安装完后，用户可以选择要显示在桌面上的系统图标，也可以随时对其进行删除。桌面系统图标包括计算机、个人文件夹、控制面板、回收站和网络，将它们添加到桌面的步骤如下。

a. 右击桌面上的空白区域，从弹出的快捷菜单中选择“个性化”命令，打开系统设置窗口，选择左侧菜单的“主题”，如图 2–10 所示。

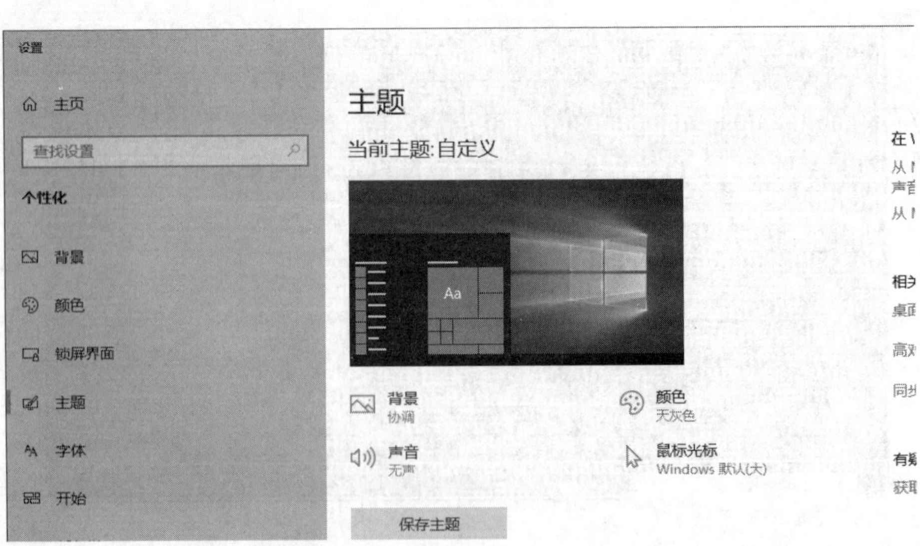

图 2–10　系统设置窗口（主题）

b. 在右边主题的相关设置中，单击“桌面图标设置”链接，打开“桌面图标设置”对话框，如图 2–11 所示。

c. 在“桌面图标”选项卡中，勾选想要添加到桌面的图标前的复选框，或取消勾选想要从桌面上删除的图标前的复选框，然后单击“确定”按钮。

②添加其他快捷方式图标。

如果想要从桌面上轻松访问常用的文件或程序，可在桌面创建它们的快捷方式。快捷方式图标是一个表示与某个项目链接的图标，而不是项目本身。双击快捷方式图标等同于双击该项目，如果该项目是一个应用程序，则双击即打开应用程序；如果该项目是一个文件，则操作系统会启动该文件相关的程序并加载该文件。如果删除快捷方式图标，则只会删除这个快捷方式，而不会删除原始项目。可以通过图标上的箭头来识别快捷方式图标，如图 2–12 所示。

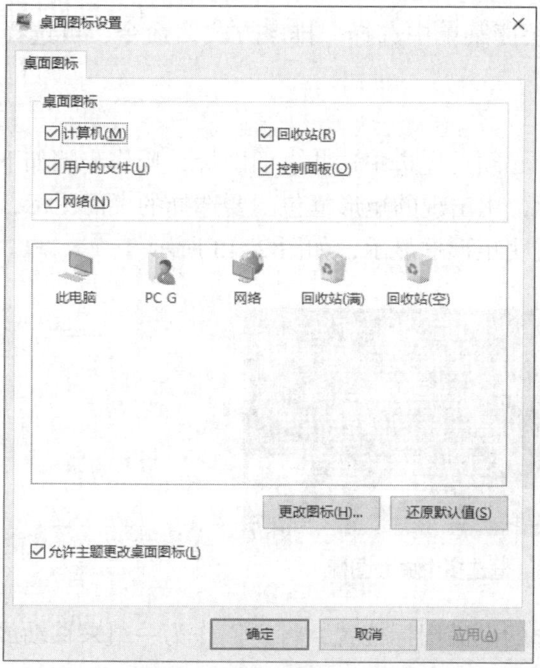

图 2–11　“桌面图标设置”对话框

图 2–12　原始项目图标与快捷方式图标

除了常用的系统程序之外，一些常用的程序或文件，如视频播放器、常玩的游戏等，也可以将它们的快捷方式添加到桌面上（有些情况下，在安装程序的时候，安装过程最后一步会自动在桌面上创建程序的快捷方式），具体方法如下。

a. 找到要为其创建快捷方式的项目（程序或文件等）。

b. 右击该项目，从弹出的快捷菜单中选择“发送到”→“桌面快捷方式”命令，该快捷方式即可出现在桌面上。

③将文件夹中的文件移动到桌面上。

有时，需要将磁盘某个位置（如 U 盘）的文件移动到桌面上，操作步骤如下。

a. 打开包含该文件的文件夹。

b. 按住鼠标左键将该文件拖动到桌面上。

④从桌面上删除桌面图标。

除了系统图标外，桌面上的图标都可按以下方式进行删除，操作步骤如下。

a. 右击该桌面图标。

b. 从弹出的快捷菜单中选择“删除”命令。

注意：如果要删除的桌面图标是快捷方式图标，则只会删除该快捷方式，原始项目不会被删除，而如果删除的桌面图标不是快捷方式，则删除的就是原始项目。

⑤排列桌面图标。

Windows 一般将桌面图标依次排列在桌面左起的位置，并将它们锁定在此位置。若要对桌面图标解除锁定以便移动并重新排列它们，可右击桌面上的空白区域，然后在弹出的快捷菜单中去掉“查看”→“自动排列图标”命令前的标记。若“自动排列图标”命令前有选择标记√，则表示由系统自动排列桌面图标，否则用户可以拖动桌面图标移动它们的位置。

右击桌面上的空白区域，从弹出的快捷菜单中选择“排序方式”命令，可选择桌面图标的排列方式。

⑥一次移动或删除多个桌面图标。

若要一次移动或删除多个桌面图标，必须首先选中这些桌面图标，操作步骤如下。

a. 单击桌面上的空白区域并拖动鼠标，用出现的矩形框包围要选择的桌面图标，然后释放鼠标按键，这时选择的多个图标均有透明矩形框显示，如图 2–13 所示。

图 2–13 框选多个桌面图标

b. 可以把鼠标指针移动到这些被框选的桌面图标位置，将它们作为一组来移动或删除。

⑦隐藏桌面图标。

如果想要临时隐藏所有的桌面图标，而实际并不删除它们，可右击桌面上的空白区域，从弹出的快捷菜单中去掉“查看”→“显示桌面图标”命令前的标记√，此时桌面上不再显示任何桌面图标。可以通过再次选择“查看”→“显示桌面图标”命令来显示桌面图标。

2. 任务栏及其基本操作

任务栏是位于屏幕底部的水平长条。与桌面不同的是，桌面可以被打开的窗口覆盖，而任务栏几乎始终可见。任务栏提供了整理所有窗口的方式，每个窗口都在任务栏上具有相应的按钮。任务栏有 4 个主要部分，如图 2–14 所示。

图 2–14 任务栏的 4 个主要部分

第 1 部分仅包含“开始”按钮，用于打开“开始”菜单。

第 2 部分即中间部分，左端是一个随时可输入的全局搜索框，右面显示锁定在任务栏上的程序图标以及当前正打开的程序和文件图标，单击打开的程序文件图标可以快速切换当前窗口。

第 3 部分是通知区域，包括时钟及一些告知特定程序和计算机设置状态的图标。

第 4 部分仅包含“显示桌面”按钮，单击该按钮可立即显示桌面。

（1）全局搜索框

使用全局搜索框是在计算机上查找项目的便捷方法之一，它让程序的使用变得更加简单，用户无需在开始菜单“所有程序”列表中层层检索就能很方便地找到所需程序。此外，全局搜索框还将遍历用户的程序及个人文件夹 (包括“文档”、“图片”、“音乐”、“桌面”及其他常见位置) 中的所有文件夹，因此，只需在全局搜索框中输入项目名称或部分名称，是否提供项目的确切位置并不重要。

在全局搜索框中输入搜索项，搜索结果将以窗口方式显示在搜索框的上方，并在后续选项卡分类为应用、文档、设置等。当前设备中的程序、文件和文件夹将作为搜索结果直接显示，只要这些内容标题中的任何文字与搜索项匹配或以搜索项开头，或者该文件实际内容中的任何文本 (如文字处理文档中的文本) 与搜索项匹配或以搜索项开头，又或者文件属性中的任何文字 (如作者) 与搜索项匹配或以搜索项开头。

（2）跟踪窗口

用户可以利用任务栏的中间部分跟踪窗口。如果一次打开多个程序和文件，则这些打开的窗口将快速堆叠在桌面上。由于窗口经常相互覆盖或者占据整个屏幕，因此有时很难看到下面的其他内容，或者不记得已经打开的内容。这种情况下使用任务栏会很方便。无论何时打开程序、文件或文件夹，Windows 都会在任务栏上创建对应的按钮，按钮显示为已打开程序的图标。

如图 2–15 所示，打开了“计算器”和“画图”两个程序，每个程序在任务栏上都有自己的按钮。其中，“计算器”窗口的任务栏按钮是高亮突出显示的，这表示“计算器”窗口是活动窗口（当前窗口），意味着它位于其他打开窗口的前面，可以与用户进行交互。若要切换到另一个窗口，可单击它的任务栏按钮。在本示例中，单击“画图”窗口的任务栏按钮会使其位于前面，这时“画图”窗口的任务栏按钮是高亮突出显示的，如图 2–16 所示。

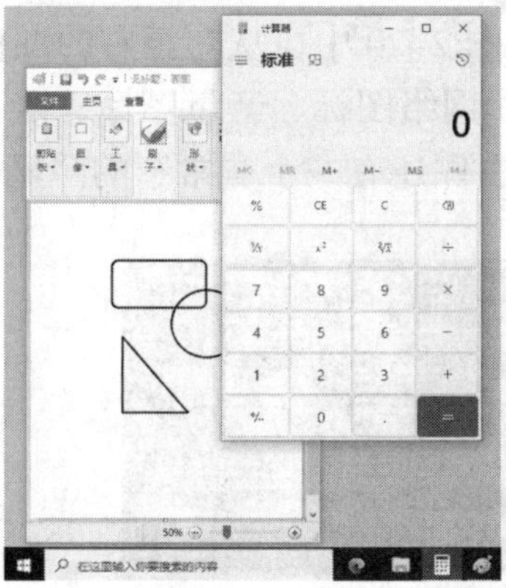

图 2–15　打开的程序及任务栏上对应的按钮

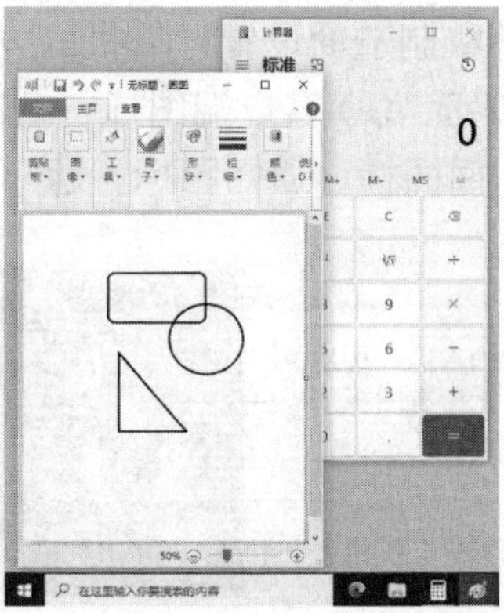

图 2–16　单击任务栏按钮切换活动窗口

（3）最小化、还原窗口

当窗口处于活动状态（窗口是当前窗口，且其任务栏按钮突出显示）时，单击其任务栏按钮会最小化该窗口。这意味着该窗口从桌面上消失。最小化窗口并不是将其关闭或删除其内容，只是暂时不将其在桌面上显示出来。

如图 2–17 所示，“计算器”“画图”两个窗口均被最小化，但是两个程序都没有被关闭。它们也仍然在运行，从任务栏上看，它们还各有一个按钮。

若要还原已最小化的窗口（使其再次显示在桌面上），可单击其任务栏按钮。

也可以通过单击位于窗口右上角的相应按钮来设置窗口显示大小。如图 2–18 所示为窗口右上角的 3 个按钮，依次为“最小化”、“最大化 / 向下还原”和“关闭”按钮。

图 2–17　最小化“计算器”“画图”窗口仅使其任务栏按钮可见

图 2–18　窗口右上角的按钮

（4）查看所打开窗口的缩略图，固定程序图标

将鼠标指针移向任务栏按钮时，会出现一个小图片，上面显示缩小版的相应窗口，称为“预览”或“缩略图”。图 2–19 所示为任务栏“文件资源管理器”按钮的缩略图。

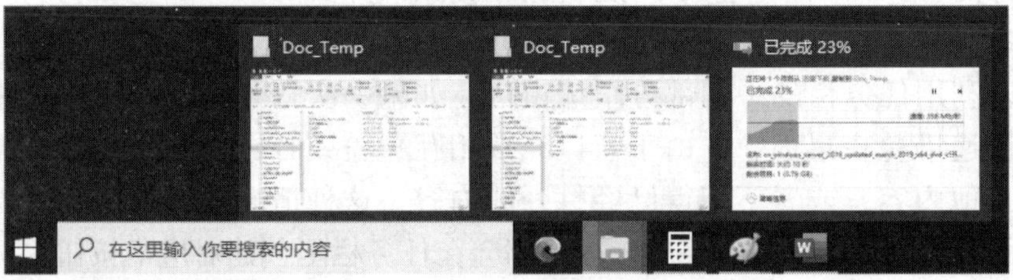

图 2–19　任务栏按钮的缩略图

还可以将常用的程序固定到任务栏上，方便用户快速启动。例如，图 2–19 中的任务栏上有“Microsoft Edge”“计算器”“画图”和“Word 2016”固定程序图标。

（5）通知区域及“显示桌面”按钮

通知区域位于任务栏的右侧，包括一个时钟和一组图标。这些图标或表示计算机上某程序的状态，或提供访问特定设置的途径。通知区域所显示的图标取决于已安装的程序或服务，以及计算机制造商设置计算机的方式。在图 2–20 中，从左至右的图标依次为“显示隐藏的图标”按钮、QQ 客户端图标、电池图标、网络图标、音量图标、语音图标、输入法图标、日期和时间图标、通知图标。通知区域的右侧还有一个非常窄的“显示桌面”按钮。

图 2–20　任务栏的通知区域及“显示桌面”按钮

将鼠标指针移向特定图标时，会看到该图标的名称或某个设置的状态。例如，将鼠标指针指向音量图标，将显示计算机的当前音量级别；将鼠标指标指向网络图标，将显示有关是否连接到网络、连接速度及信号强度等信息。右击通知区域中的图标，通常会打开与其相关的快捷菜单，单击菜单项可进行相关设置。例如，右击音量图标，在打开的快捷菜单中选择“打开声音设置”选项会打开系统设置（声音）；右击网络图标，在打开的快捷菜单中选择“打开‘网络与 Internet’设置”选项会打开系统设置（网络和 Internet）。

有时，通知区域中的图标会显示小的弹出面板（称为通知），向用户通知某些信息。例如，向计算机添加新的硬件设备之后，可能会看到相应的通知面板，单击通知面板右上角的“关闭”按钮可关闭该通知面板。如果没有执行任何操作，则几秒钟之后，通知面板会自行消失。

为了使界面简洁，如果在一段时间内没有使用某图标，Windows 会将其隐藏在通知区域中。如果图标变为隐藏，则单击“显示隐藏的图标”按钮可临时显示隐藏的图标，如图 2-20 所示。

（6）自定义任务栏

有很多方法可以自定义任务栏来满足用户个性化的偏好。例如，可以将整个任务栏移到屏幕的左侧、右侧或顶部，调整任务栏显示区域的大小，让 Windows 在用户不使用任务栏的时候自动将其隐藏，也可以在任务栏上添加自定义的工具栏。

①锁定任务栏和解除任务栏锁定。锁定任务栏可防止用户无意中移动任务栏或调整任务栏大小，具体方法如下。

a. 右击任务栏空白处。

b. 从打开的快捷菜单中选择“锁定任务栏”命令，以便添加或取消复选标记。

②移动任务栏。任务栏通常位于桌面的底部，但可以将其移动到桌面的两侧或顶部（未锁定时），具体方法如下。

a. 解除任务栏锁定。

b. 单击并拖动任务栏上的空白处到桌面的 4 个边缘之一。

c. 当任务栏出现在所需的位置时，释放鼠标按键。

③更改图标在任务栏上的显示方式，包括图标的外观及打开多个项目时这些项目组合在一起的方式，具体方法如下。

a. 右击任务栏空白处。

b. 从打开的快捷菜单中选择“任务栏设置”命令，打开设置（任务栏）窗口，如图 2-21 所示。

c. 在“合并任务栏按钮”下拉列表框中可以选择以下 3 个选项之一。

- 从不：“从不”设置将每个项目显示为一个有标签的图标，任务栏显示效果如图 2-22 所示。
- 始终合并按钮：“始终合并按钮”设置将每个程序显示为一个无标签的图标，任务栏显示效果如图 2-23 所示（这是默认设置）。
- 任务栏已满时：将每个项目显示为一个有标签的图标，但当任务栏变得非常拥挤时，具有多个打开项目的程序将折叠成一个程序图标。

d. 若要减小任务显示区域和按钮大小，可打开图 2–21 中的“使用小任务栏按钮”开关项。若不使用，则关闭该开关项即可。

e. 单击“确定”按钮。

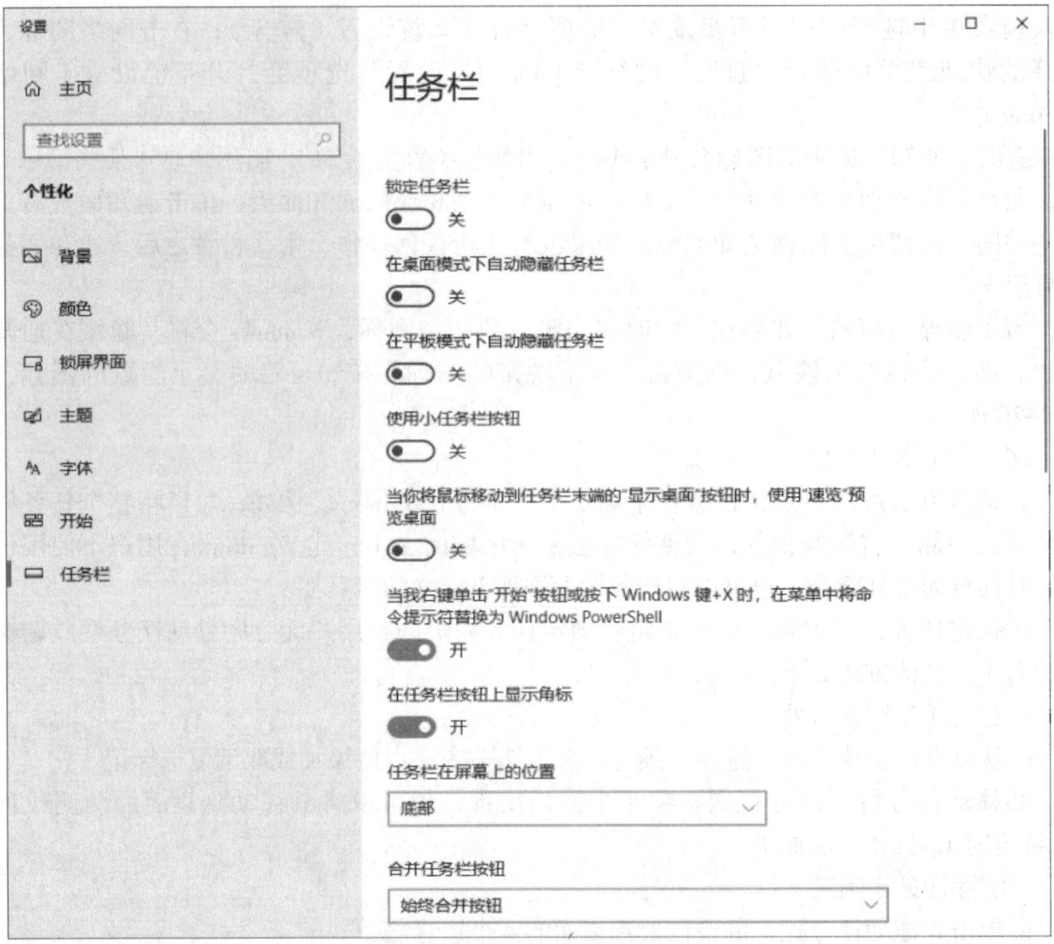

图 2–21 设置（任务栏）窗口

图 2–22 任务栏显示效果（从不）

图 2–23 任务栏显示效果（始终合并按钮）

3.“开始”菜单

“开始”菜单是 Windows 桌面的一个重要组成部分，用户对计算机所进行的各种操作，基本上都可以通过“开始”菜单进行，如打开窗口、运行程序等。使用“开始”菜单可以执行以下常见的操作。

①启动程序。

②打开常用的文件夹。

③打开 Windows 设置。

④关闭、重启计算机。

⑤注销当前用户及对当前用户账户进行设置。

（1）认识“开始”菜单

单击屏幕左下角的“开始”按钮，或者按键盘上的 Windows 徽标键，打开“开始”菜单，如图 2–24 所示。“开始”菜单分为 3 个基本部分。

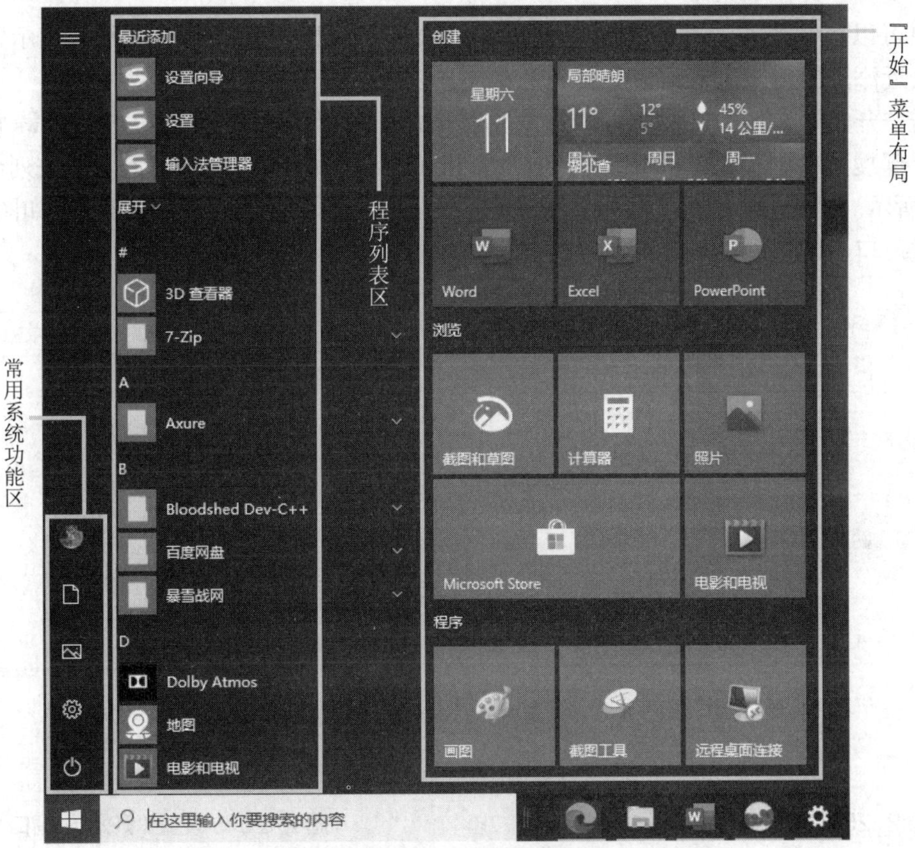

图 2–24　“开始”菜单

常用系统功能区：最左边的一列，用于触发一些 Windows 经常用到的系统功能。这个区域的功能如下。

- 当前用户账户图标，单击后可以进行“注销”和“锁定”操作，也可进行当前账户设置的更改。
- “文档”按钮，单击后打开当前用户的文档文件夹。
- “图片”按钮，单击后打开当前用户的图片文件夹。
- “设置”按钮，单击后会打开“Windows 设置”窗口，所有 Windows 的相关设置都可以从该窗口搜索或分层查找到。
- “电源”按钮，单击后可以选择让计算机关闭、重启或睡眠。

程序列表区：中间的大窗格是“开始”菜单的程序列表区，Windows 系统会根据用户使用程序的频率，自动把最近添加的应用、最常用的应用罗列在上面，而后面跟着的是根据字典顺序排列的程序的完整列表。

“开始”菜单布局：这个区域是用户可定制的程序或文档磁贴，可认为磁贴的本质就是一些指向程序和文档的快捷方式，用户可以将程序列表区中的任何程序、文档拖到开始菜单布局区域形成磁贴，以便快速启动。对这些磁贴图标也可进行简单的设置，例如在其上右击，可从快捷菜单中选择“调整大小”→“小 / 中 / 宽 / 大”命令调整磁贴显示，也可进行所关联目标的相关设置等。

（2）设置“开始”菜单

用户可以控制要在“开始”菜单上显示的项目。例如，可以自定义是否显示常用应用列表、最近添加的应用列表等。具体方法如下。

右击“开始”按钮，在弹出的快捷菜单中选择“设置”命令，打开“Windows 设置”窗口，在上部搜索栏中输入“开始”，会看到本机中与“开始”相关的设置全部被列出来，如图 2–25 所示。选择第一项“‘开始’菜单设置”，打开“设置（开始）”窗口，如图 2–26 所示。通过窗口中的选项，可自定义“开始”菜单。

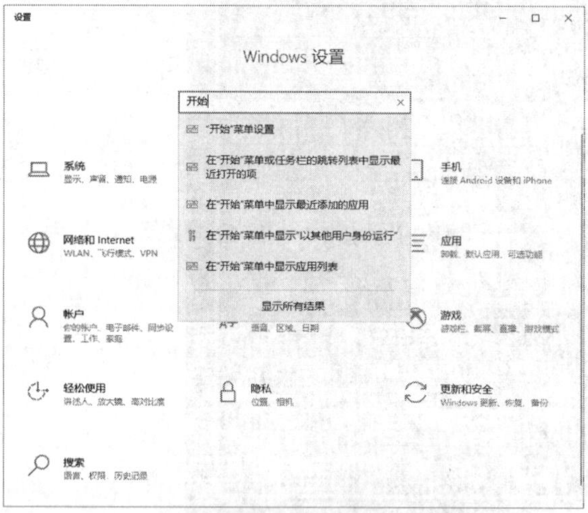

图 2–25 “Windows 设置”窗口

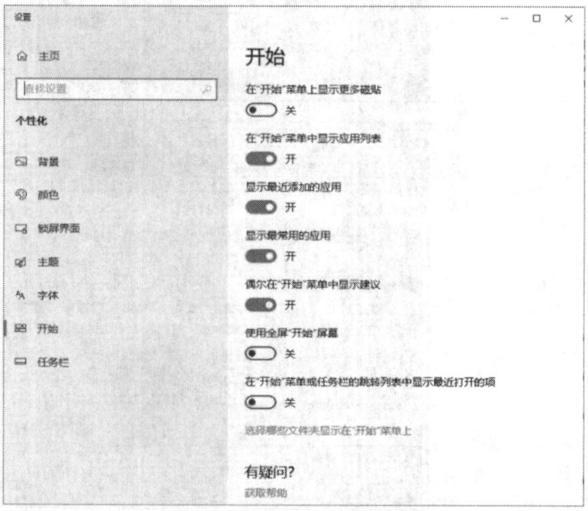

图 2–26 “设置（开始）”窗口

注意：上述第一步打开的“Windows 设置”窗口中，可以搜索或分类找到所有 Windows 的相关设置，桌面图标设置、主题设置、任务栏设置也都可使用此方法进入。

4. 窗口

顾名思义，Windows（视窗）操作系统就是由一个个窗口所组成的操作系统。每当打开程序、文件或文件夹时，它都会在屏幕上称为窗口的框或框架中显示，所以，对窗口的操作是 Windows 系统中最频繁的操作。

窗口操作

（1）认识窗口的基本布局

虽然每个窗口的内容各不相同，但所有窗口都有一些共同点。一方面，窗口始终显示在桌面上；另一方面，大多数窗口都具有相同的组成部分。图 2–27 所示为 Windows 系统所提供的记事本工具的窗口。

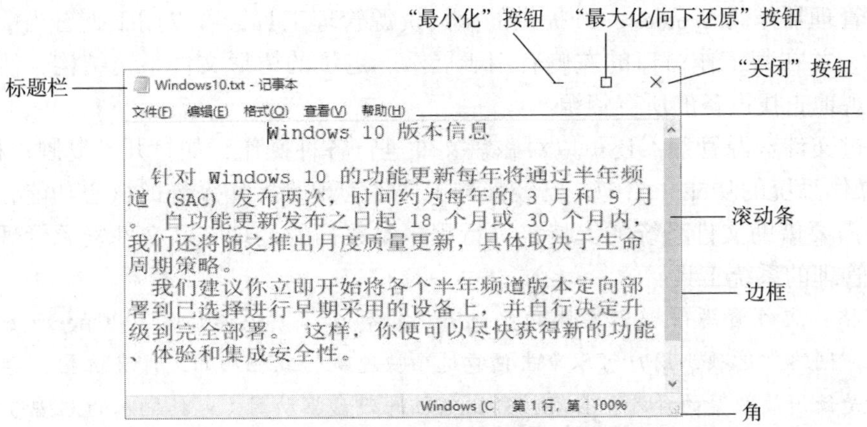

图 2-27　典型窗口示例（记事本）

- 标题栏：显示文档和程序的名称。
- “最小化”“最大化 / 向下还原”“关闭”按钮：这些按钮分别可以隐藏窗口、放大窗口使其填充整个屏幕（/ 还原）及关闭窗口。
- 菜单栏：包含程序中可单击进行选择的命令。
- 滚动条：包括水平滚动条和垂直滚动条，可以滚动以查看当前视图之外的窗口中的内容。
- 边框和角：可以用鼠标指针拖动这些边框和角以更改窗口的大小。

其他窗口可能具有其他的按钮、框或栏，但是它们通常也具有以上组成部分。下面通过“文件资源管理器”窗口了解 Windows 窗口的结构与组成。

（2）“文件资源管理器”窗口的结构与组成

在桌面上双击“此电脑”图标（或者在“开始”按钮处右击，在弹出的快捷菜单中选择“文件资源管理器”命令），打开“文件资源管理器”窗口，如图 2-28 所示。

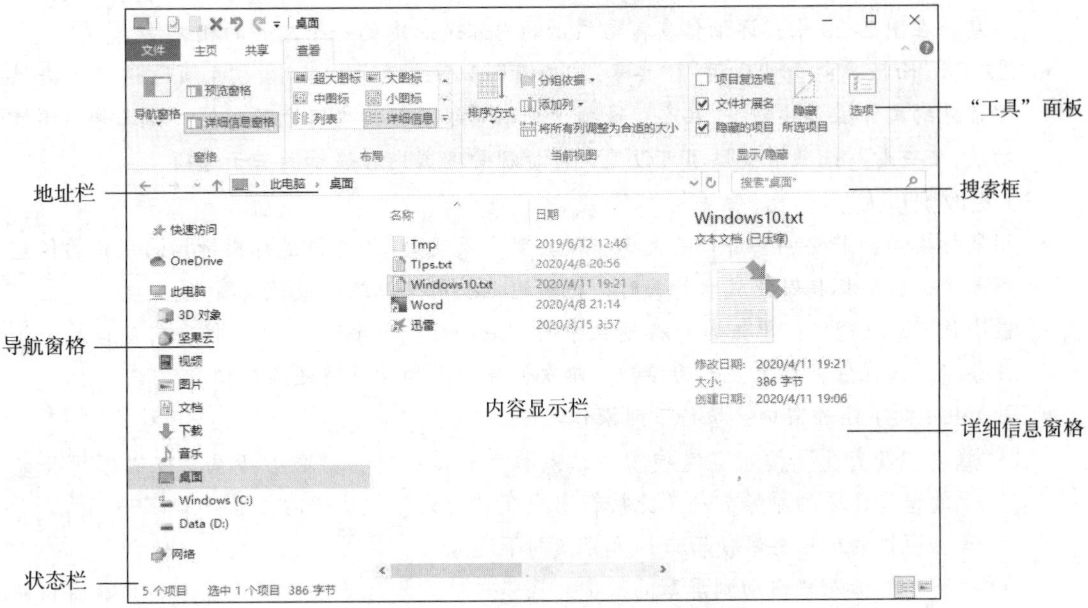

图 2-28　“文件资源管理器”窗口

文件资源管理器作为 Windows 10 提供的全局资源管理工具，可以用于查看当前计算机中的所有资源，并在其工作窗口的左侧有用于展示、定位的树形文件系统结构，使使用者可以清楚、直观地查找设备的所有资源。

此外，通过文件资源管理器还可以对磁盘文件进行各种操作，如打开、复制、移动等。在 2.1.1 小节操作系统的功能介绍中，已经强调了文件管理是操作系统的核心功能，很多其他扩展功能都需要借助文件系统的支持来进行程序及数据的处理。而文件资源管理器就是进行常规文件管理的系统工具。

- 导航窗格：文件资源管理器左侧的导航窗格中列出了“快速访问”“OneDrive”“此电脑”及“网络”选项，用户可以单击任意选项快速跳转到相应的文件夹位置。其中，“此电脑”是使用最频繁的资源，会直接列出电脑的磁盘驱动器（包括插入的 U 盘）。
- 地址栏：地址栏在导航窗格的上部，将用户当前的位置显示为以箭头分隔的一系列链接。图 2–28 中地址栏的显示内容为“此电脑 > 桌面”，可以单击某个链接或输入位置路径导航到其他位置。此外，地址栏上还有“返回”“前进”“最近浏览的位置”“上移到”4 个按钮 ← → ˅ ↑，分别可以迅速返回到上一次位置，前进到返回前的位置，去往浏览过的位置，上移到目前位置的上一层。
- 搜索框：在 Windows 的各种窗口中，都可以看到搜索框的影子，用户可以在搜索框中输入关键字进行搜索。搜索结果与关键字相匹配的部分会以黄色高亮显示，能让用户更加容易地找到需要的结果。
- 内容显示栏：内容显示栏在导航窗格的右边，及地址栏的下面。这个部分是文件资源管理器的主要信息展示区域。内容显示栏会实时显示导航窗格所确定的当前位置的所有资源信息，并跟随导航窗格实时变化，一般以文件形式展示。在图 2–28 中，左侧导航窗格选定位置是桌面，右侧内容显示栏显示出桌面中有一个文件夹、两个文件和两个快捷方式。
- 详细信息窗格：详细信息窗格能为用户提供当前文件夹窗口中所选文件或文件夹的相关信息。在图 2–28 中，详细信息窗格显示的内容是选定的一个文件的相关信息。
- “工具”面板：包含“主页”“共享”“查看”3 个选项卡，其中，“主页”选项卡提供一些常见的文件操作按钮，“共享”选项卡提供网络共享、发送电子邮件、传真等网络操作功能，“查看”选项卡提供了可设置文件资源管理器内容显示的若干选项。

（3）更改窗口大小

- 用鼠标拖动：若要调整窗口的大小（使其变小或变大），可将鼠标指针指向窗口的任意边框或角，当鼠标指针变成双箭头时，拖动边框或角可以缩小或放大窗口。
- 最小化 / 还原窗口：单击窗口标题栏中的“最小化”按钮 —，即可将当前窗口最小化到任务栏，只在任务栏上显示为按钮。单击任务栏上的按钮将还原窗口。
- 最大化 / 向下还原窗口：执行下列操作之一。
  - 单击“最大化”按钮 □ 可使窗口填满整个屏幕；单击“向下还原”按钮 ⧉ 可将最大化的窗口还原到原始大小（此按钮出现在“最大化”按钮的位置上）。
  - 双击窗口的标题栏可使窗口最大化或向下还原。
  - 将窗口的标题栏拖动到屏幕的顶部，该窗口的边框即扩展为全屏显示，释放窗口使其最大化。将窗口的标题栏拖离屏幕的顶部时窗口将还原为原始大小。

（4）调整窗口排列

- 移动窗口：若要移动窗口，可用鼠标指针指向其标题栏，然后将窗口拖动到希望的位置。“拖动”意味着指向项目，按住鼠标左键，用鼠标指针移动项目，然后释放鼠标左键。
- 自动排列窗口：可以在桌面上按层叠、纵向堆叠或并排模式自动排列窗口。

（5）使用“对齐”操作排列窗口

“对齐”操作将在移动窗口的同时自动调整窗口的大小，或将这些窗口与屏幕的边缘对齐。可以使用“对齐”操作并排排列窗口、垂直展开窗口。

①并排排列窗口。

a. 将窗口的标题栏拖动到屏幕的左侧或右侧，直到鼠标指针接触到屏幕边缘，此时会出现已展开窗口的轮廓。

b. 释放鼠标左键即可展开窗口，这时，当前窗口即可填充到整个桌面左侧（或右侧）显示。与此同时，Windows 会将当前运行应用的其他窗口排列在右侧（或左侧），如图 2-29 所示。

选择其中一个即可将这个选中的窗口全部填充到整个桌面的右侧（或左侧），若不想有第二个窗口与第一个窗口并排显示，则只需单击空白处即可。

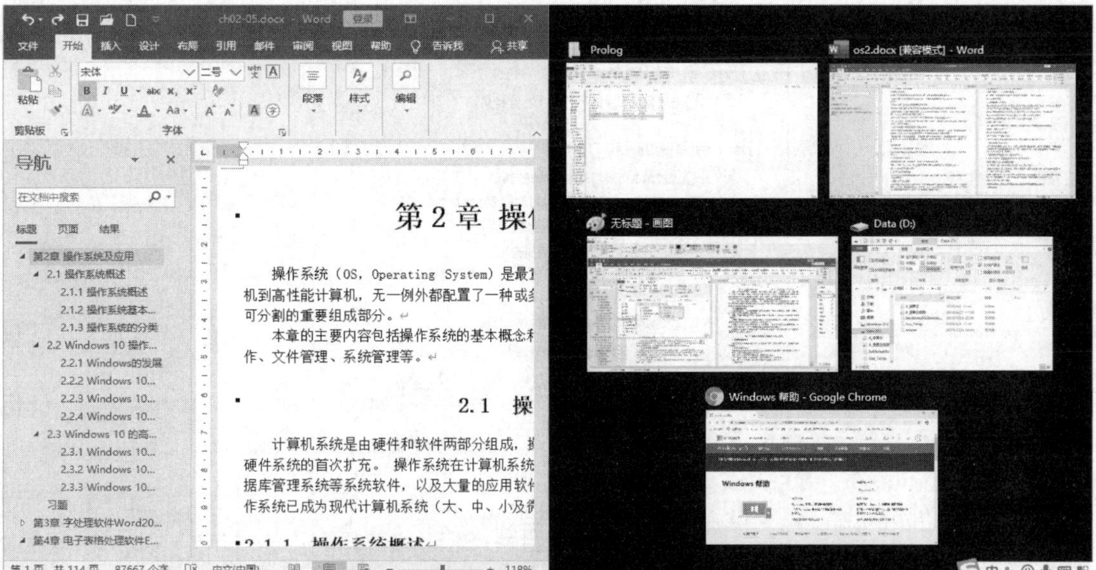

图 2-29　并排排列窗口

②垂直展开窗口。

a. 将鼠标指针指向打开窗口的上边缘或下边缘，直到鼠标指针变为上下双箭头。

b. 将窗口的边缘拖动到屏幕的顶部或底部，使窗口扩展至整个桌面的高度，窗口的宽度不变。

（6）在窗口间切换

如果打开了多个程序或文档，桌面会快速布满杂乱的窗口。此时，不容易跟踪已打开了哪些窗口，因为一些窗口可能部分或完全覆盖了其他窗口。Windows 提供了以下几种方法帮助用户识别并切换窗口。

- 使用任务栏切换窗口：单击任务栏上的某个按钮，其对应窗口将出现在所有其他窗口的前面，成为活动窗口。
- 使用任务栏识别窗口：当用鼠标指针指向任务栏上的某个按钮时，将看到一个缩略图（无论该窗口的内容是文档、图片，还是正在播放的视频），如图2–19所示。
- 使用Alt+Tab组合键：按Alt+Tab组合键将弹出一个缩略图面板，按住Alt键不放，并重复按Tab键将循环切换所有打开的窗口和桌面，释放Alt键可以显示所选的窗口。

（7）对话框

对话框是特殊类型的窗口，它可以提出问题，允许用户选择选项来执行任务，也可以用于提供信息。当程序或Windows需要与用户进行交互时，经常会看到对话框。

与常规窗口不同，多数对话框无法进行最大化、最小化或调整大小等操作，但是它们可以被移动。在“文件资源管理器”窗口的“查看”选项卡中单击“选项”按钮，弹出“文件夹选项”对话框，如图2–30所示。

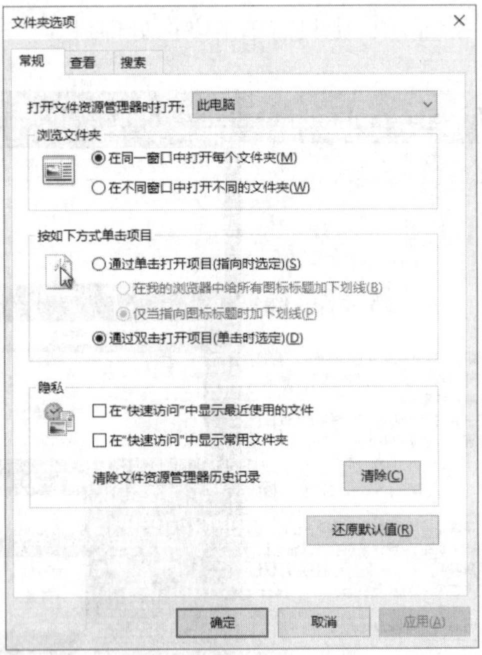

图2–30 “文件夹选项”对话框

（8）显示桌面

只需单击任务栏通知区域右侧的“显示桌面”按钮，即可临时预览或快速查看桌面。此时，原本打开的窗口并没有最小化，只是淡出视图以显示桌面。若要再次显示这些窗口，只需再次单击“显示桌面”按钮即可。

2.2.3 Windows 10的文件管理

一台计算机中，无论是安装的操作系统（几乎所有操作系统）、操作系统上的应用程序，还是存储的数据和信息等，都是统一以文件形式保存的。文件与文件夹的管理是学习计算机时必须掌握的基础操作。

1. 文件管理概述

文件是具有文件名的一组相关信息的集合。在计算机系统中，所有的程序和数据都是以文件的形式存放在计算机的外存（如硬盘、U 盘等）上的。例如，一个 C 语言源程序、一个 Word 文档、一张图片、一段视频、各种可执行程序等都是文件。

在操作系统中，负责管理和存取文件的部分称为文件系统。在文件系统的管理下，用户可以按照文件名查找文件和访问文件（打开、修改、删除等），而不必考虑文件如何保存在磁盘中，以及磁盘中哪个位置有空间可以存放文件、文件目录如何建立、文件如何调入内存等问题。文件系统为用户提供了一个简单、统一地访问文件的方法。

文件管理

（1）文件名

在计算机中，任何一个文件都有文件名，文件名是文件存取和执行的依据。在大部分情况下，文件名分为主名和扩展名两个部分。

文件的主名由程序设计人员或用户自己决定，一般用有意义的英文、中文词汇或数字，以便识别。例如，Windows 中的 Edge 浏览器程序的文件名为 msedge.exe。

不同操作系统的文件命名规则有所不同。例如，Windows 操作系统不区分文件名的大小写，在操作系统执行时，所有文件名的字符都会转换为大写字母，如 test.txt、TEST.TXT、Test.TxT 在 Windows 操作系统中被视为同一个文件。而有些操作系统区分文件名的大小写，如在 Linux 操作系统中，test.txt、TEST.TXT、Test.TxT 被认为是 3 个不同文件。

（2）文件类型

在绝大多数操作系统中，文件的扩展名表示文件的类型。不同类型的文件的处理方法是不同的。用户不能随意更改文件扩展名，否则会因为操作系统无法确定文件类型而导致文件不能被正确打开。在不同的操作系统中，表示文件类型的扩展名并不完全相同（有不同，但差别较小，一般只体现在可执行文件上）。在 Windows 10 操作系统中，虽然允许扩展名为多个英文字符，但是大部分扩展名习惯采用 3 个英文字符。

Windows 10 操作系统中常见的文件扩展名及说明如表 2-1 所示。

表 2-1　Windows 10 操作系统中常见的文件扩展名及说明

文件类型	扩展名	说明
可执行程序	exe，com	可执行程序文件
文本文件	txt	通用性极强，它往往作为各种文件格式转换的中间格式
源程序文件	c，bas，asm	程序设计语言的源程序文件
Office 文件	doc，docx，ppt	Office 系列中 Word、PowerPoint 创建的文件
图像文件	jpg，png，bmp	不同的扩展名表示不同格式的图像文件
视频文件	avi，mp4，mkv	通过视频播放软件播放，视频文件格式不统一
压缩文件	rar，zip	压缩文件
音频文件	wav，mp3，mid	不同的扩展名表示不同格式的音频文件
网页文件	htm，html，jsp	一般来说，前两种是静态网页，后者是动态网页

（3）文件属性

文件除了文件名外，还有大小、占用空间、创建时间、位置等信息，这些信息被称为文件属性。图 2-31 所示是 Windows 10 操作系统中某文件的属性示例。

图 2-31　Windows 10 操作系统中某文件的属性示例

注意：一般情况下，只要在文件对象上右击，弹出的快捷菜单最后一项就是“属性”选项，选择后即可出现“文件属性”对话框。

（4）文件操作

文件中存储的内容可能是数据，也可能是程序代码，不同格式的文件通常会有不同的应用和操作。文件的常用操作有创建文件（一般需要对应的应用程序来创建对应类型的文件，如创建一个电子表格文件可以用 Excel 程序，创建一个音频文件可以用“录音机”程序）、打开文件（也需要对应的应用程序，如打开图片文件可以使用“画图”、“照片”等程序）、编辑文件（在文件中写入内容或修改内容称为编辑文件，也需要对应的应用程序，如修改一个文本文件需要使用“记事本”、“写字板”等程序）、删除文件、复制文件、重命名文件等。

后面的删除文件、复制文件、重命名文件等文件基本操作，使用 Windows 10 提供的文件资源管理器都可以完成，可以认为这是操作系统提供的基本文件管理功能。

（5）目录管理

计算机中的文件成千上万，如果把所有文件存放在一起会有许多不便。为了有效地管理和使用文件，大多数文件系统允许用户在根目录下（C 盘、D 盘等具体逻辑磁盘）建立子目录（也称为文件夹），在子目录下再建立子目录（也称在文件夹中再建文件夹）。

可以将目录建成树状结构，然后将文件分门别类地存放在不同的目录中。这种目录的结构像树，树根为根目录，树中每一个分枝为子目录，树叶为文件。在树状目录结构中，用户可以将相同类型的文件或相同主题的文件放在同一个目录下，同名文件可以存放在不同的目录下。如图 2-32 所示，在 C 盘根目录下建立了一个“Doc”目录（也称为一级目录）；在 Doc 目录下分别建立了“Book”“Video”“图片”三个子目录（也称为二级目录）；其中，在“Book”目录下又建立了一个“学习”子目录，在“图片”目录下又建立了一个“Game”子目录（也称为三级目录）。

图 2-32　树状目录结构

用户可以自行建立不同的目录，也可以对自行建立的目录进行移动、删除、重命名等操作。在安装操作系统和应用软件时，也会建立一些子目录，如 Windows，Program Files，用户等（一般在 C 盘上）。对于这些子目录，用户不能进行移动、删除、重命名等操作，否则将导致操作系统或应用软件不能正常使用。Windows 10 操作系统主目录的目录结构如图 2-33 所示。

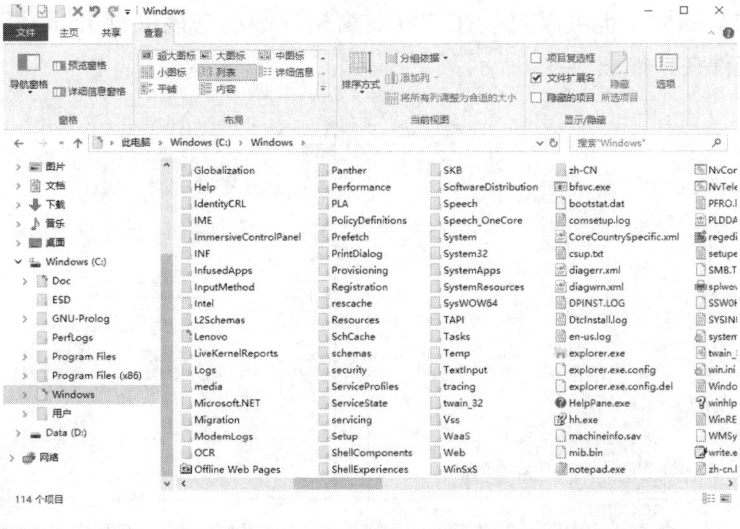

图 2-33　Windows 10 操作系统主目录的目录结构

（6）文件路径

文件路径是文件存取时，需要经过的子目录的名称。目录结构建立后，所有文件分门别类地存放在所属目录中，计算机在访问这些文件时，依据要访问文件的不同路径，进行文件查找。

文件路径有绝对路径和相对路径之分。绝对路径指从根目录开始，依序到该文件之前的子目录名称；相对路径是从当前目录开始，到某个文件之前的子目录名称。

在如图 2-32 所示的目录中，“地球 .txt”的绝对路径为“C:\Doc\Book\ 地球 .txt”，如果用户当前在“C:\Doc\ 图片”目录中，则“地球 .txt”文件的相对路径为“..\Book\ 地球 .txt”(.. 表示上一级目录，即代表文件在当前目录的上一级目录下的 Book 目录中)。

（7）文件查找

在 Windows 10 中查找磁盘中的文件或文件夹十分方便，最直接的方法是打开“文件资源管理器”窗口，在右上角的搜索框中输入需要查找文件的部分文件名即可。

需要注意的是，通过搜索框进行文件搜索时，应该首先在“文件资源管理器”窗口左边的导航窗格中确定相应的搜索范围。例如，如果定位在“此电脑”，则将直接对整个计算机磁盘进行搜索，如果定位在 D 盘，则只针对 D 盘进行搜索。同理，如果进入某个子目录进行搜索，则搜索范围仅为该子目录及其下属各级子目录。很显然，搜索范围越小，搜索定位到所找文件的速度越快。

2. 查看文件和文件夹

对文件进行任何管理操作之前，都必须打开相应的文件浏览窗口。在 Windows 10 中，一般的文件和文件夹查看需要通过“文件资源管理器”窗口进行，只需合理定位“文件资源管理器”左侧导航窗格中的磁盘或文件夹，在内容显示栏中即可浏览、管理对应其上的文件和文件夹。

（1）查看计算机中的磁盘

计算机中的文件和文件夹都是保存在各个磁盘分区中的。打开“文件资源管理器”窗口后，在左侧导航窗格中选择“此电脑”，在“设备和驱动器”栏即可显示所有磁盘分区、分区容量及可用空间等信息，如图 2-34 所示。可以看到当前电脑有两个磁盘，分别是 C 盘（磁盘卷标为 Windows）和 D 盘（磁盘卷标为 Data）。

双击某个磁盘图标（也可以直接在“导航窗格”中单击该磁盘），即可进入该磁盘浏览其中的文件和文件夹，如图 2-35 所示。

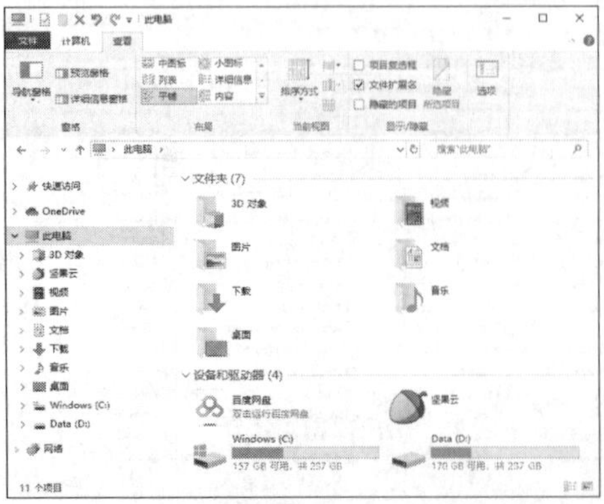

图 2-34　查看“此电脑”的磁盘

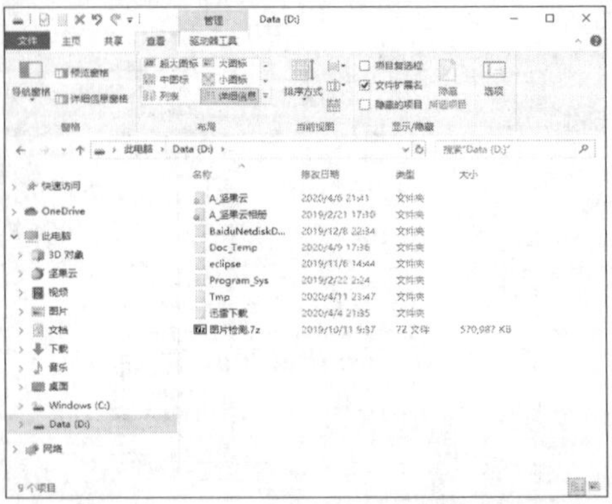

图 2-35　查看 D 盘文件和文件夹

在图 2-35 中还可以看到，“此电脑”中，除了下面的 C 盘和 D 盘外，上面还有“3D 对象”“视频”“图片”“文档”“下载”“音乐”“桌面”等文件夹，这些文件夹由 Windows 10 安装时自动生成，其实际位置就在 C 盘下（默认情况就在 C 盘的“用户”目录下，也可定制修改到其他磁盘），Windows 10 将其归类放在这里只是为了用户打开“此电脑”后，能够第一时间找到它们。

此外，除 C 盘和 D 盘两个具体磁盘外，“设备和驱动器”中的“百度网盘”和“坚果云”其实只是操作系统安装了某些应用程序所产生的链接，双击“百度网盘”链接会打开百度网盘程序，双击“坚果云”链接会打开对应文件目录。

（2）调整查看方式

①设置查看布局：在“文件资源管理器”窗口浏览文件的过程中，单击“查看”选项卡，在“布局”组件中可以选择文件查看布局。

图 2-33 展示的是以“列表”模式显示的窗口，图 2-35 展示的是以“详细信息”模式显示的窗口。

②排序、筛选文件和文件夹：当窗口中包含了太多的文件和文件夹时，可按照一定规律对窗口中的文件和文件夹进行排序，以便于浏览。具体方法如下。

设置窗口中文件和文件夹的显示模式为“详细信息”。单击文件列表上方的相应标题按钮（如名称、修改日期、类型、大小），即可根据相应标题进行升序或降序排列。

如果单击文件列表上方标题按钮边的下拉按钮，打开下拉菜单，则会在排序的同时，按一定的范围进行筛选，如图 2-36 所示。

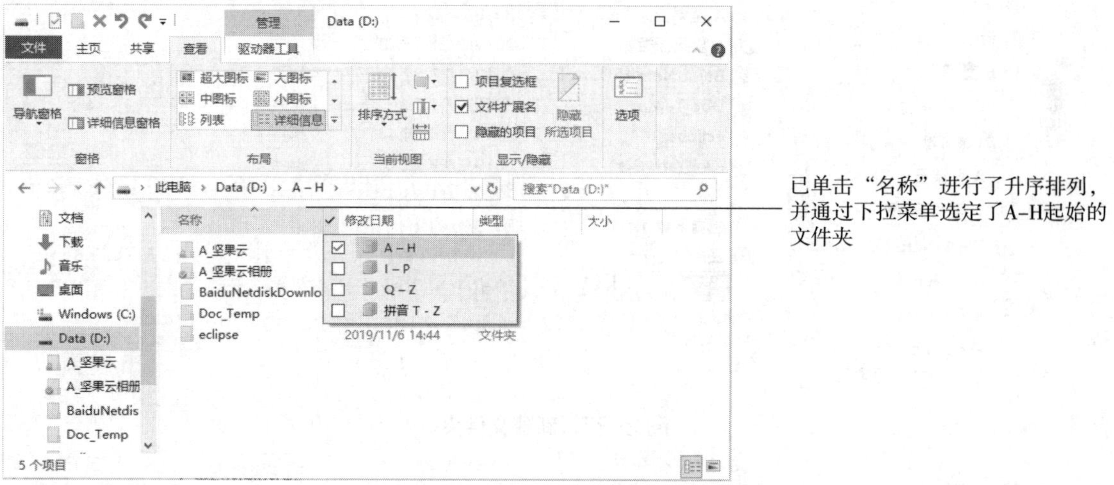

图 2-36　按照用户选择排序、筛选显示文件和文件夹

3. 管理文件和文件夹

管理文件和文件夹包括选择文件或文件夹，新建文件夹，重命名、复制、移动、删除文件或文件夹等。

（1）选择文件或文件夹

在窗口中对文件或文件夹进行任何操作之前，都需要先进行选择操作。选择操作有如下几种。

- 单选：在窗口中单击所需的文件或文件夹。
- 多选（连续）：在窗口中单击所需的连续文件或文件夹的第一个，按住Shift键，再单击所需的最后一个文件或文件夹，或者直接在窗口中按住鼠标左键，拖动鼠标指针进行框选。
- 多选（不连续）：按住Ctrl键再在窗口中逐个单击所需的各个文件或文件夹。
- 全选：按Ctrl+A组合键，可以选中当前窗口中的全部文件或文件夹。

（2）新建文件夹

用户可根据需要新建文件夹，然后将文件分类放置。具体方法如下。

①打开相应的文件夹窗口。

②单击“主页”选项卡中的“新建文件夹”按钮，会在文件列表区域生成一个新的文件夹图标及标识，如图2-37所示。也可以在文件夹窗口的空白区域右击，在弹出的快捷菜单中选择“新建”→“文件夹”命令。

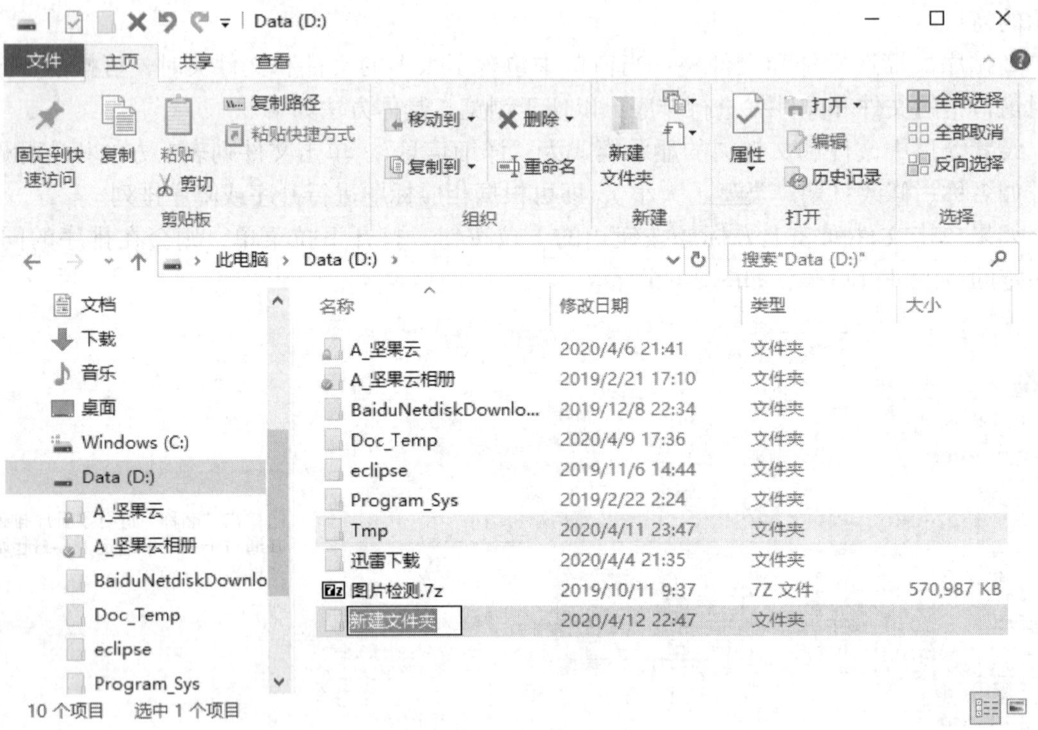

图2-37 新建文件夹

③新建文件夹后，可通过键盘输入文件夹的名字。如果未做修改时鼠标单击了其他位置或直接按了回车键，则新建文件夹由Windows默认命名。后续可以通过重命名来修改文件夹名。

（3）重命名、复制、移动、删除文件或文件夹

这几项操作有共同之处，步骤都可概括为：选择文件或文件夹，单击“主页”选项卡上的相应按钮（如图2-37所示，在“新建文件夹”按钮左侧，有“移动到”“复制到”“删除”“重命名”按钮）。

以复制文件或文件夹为例，具体方法如下。

①选择要复制的文件或文件夹。

②单击“主页”选项卡下的“复制到”按钮的下拉按钮，打开下拉菜单。

③在下拉菜单中选择“选择位置”命令。

④在打开的“复制项目”对话框中，选择希望复制到的磁盘位置。

⑤单击“复制”按钮，即可完成操作。

上述操作也可以使用对应的按键或组合键完成。Ctrl+X 组合键对应“剪切”命令；Ctrl+C 组合键对应“复制”命令；Ctrl+V 组合键对应“粘贴”命令；Delete 键对应“删除”命令。

4. 文件和文件夹的高级管理

文件和文件夹的高级管理包括查看文件或文件夹信息、显示或隐藏文件扩展名，以及显示 / 隐藏文件或文件夹等操作。

（1）查看文件或文件夹信息

在管理计算机中的文件或文件夹的过程中，经常需要查看文件或文件夹的详细信息，以进一步了解详情。例如，对于文件，需要查看文件类型、打开方式、大小、存放位置及创建与修改的时间信息；对于文件夹，需要查看其中包含的文件和子文件夹的数量。整个过程与文件管理中查看文件属性操作一致。

（2）显示或隐藏文件扩展名

每个类型的文件都有自己的文件扩展名，Windows 会在文件资源管理器中，根据文件的类型显示文件对应的图标，所以 Windows 默认是不显示文件扩展名的，这样做是为了防止用户在修改文件名时，将文件扩展名改错而导致文件不可用。

如果用户需要设置显示（或隐藏）文件扩展名，具体操作如下。

①在任一文件夹窗口中，单击“查看”选项卡下的“选项”按钮。

②在弹出的“文件夹选项”对话框中，选择“查看”选项卡。

③在“高级设置”列表框中取消勾选（勾选）“隐藏已知文件类型的扩展名”复选框，如图 2–38 所示。

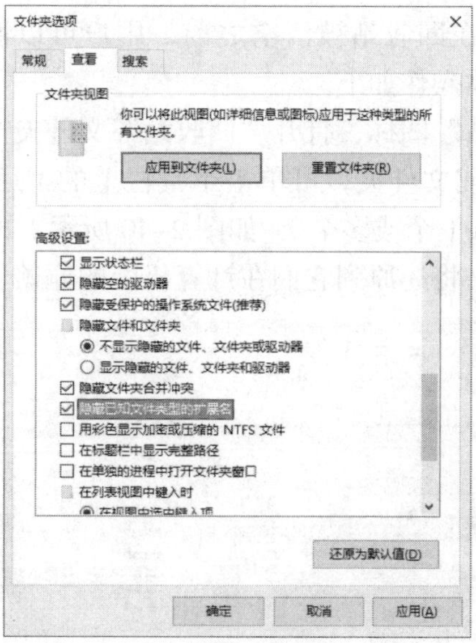

图 2–38 “文件夹选项”对话框

④单击“应用”或“确定”按钮。

返回文件夹窗口，再进入磁盘中查看文件时，就可以看到文件的扩展名了。

注意：在上述操作中如果设置了隐藏已知文件类型的扩展名，并不能保证所有文件扩展名不显示，一些 Windows 系统不认识的特殊类型的文件，其扩展名无论什么时候都会显示出来。

（3）显示 / 隐藏文件或文件夹

对于计算机中的重要文件或文件夹，为了防止其被其他用户查看或修改，可以将其隐藏起来，隐藏后所有计算机用户都无法看到被隐藏的文件和文件夹。隐藏文件夹时，还可以选择仅隐藏文件夹或者将文件夹中的文件与子文件夹一同隐藏。

下面以隐藏文件为例进行介绍，具体操作如下。

①在文件夹窗口中，右击要隐藏的文件图标，弹出快捷菜单。

②选择“属性”命令，打开“属性”对话框。

③在“常规”选项卡中勾选“隐藏”复选框，单击“确定”按钮。

④返回文件夹窗口，单击“查看”选项卡的“选项”按钮，打开“文件夹选项”对话框。

⑤选择“查看”选项卡，在“高级设置”列表框中选中“不显示隐藏的文件、文件夹或驱动器”单选按钮（如果选中“显示隐藏的文件、文件夹或驱动器”单选按钮，则显示隐藏的文件或文件夹）。

⑥单击“应用”或“确定”按钮。

返回文件夹窗口，再进入磁盘中查看文件时，就看不到具有隐藏属性的文件了。

5. 管理回收站

回收站用于临时保存用户从磁盘中删除的各类文件和文件夹。当用户对文件或文件夹进行删除操作后，它们并没有从计算机中直接被删除，而是保存在回收站中。对于误删的文件或文件夹，可以随时通过回收站恢复；对于确认无用的文件或文件夹，可以从回收站彻底删除。

（1）恢复删除的文件或文件夹

从计算机中删除文件或文件夹时，文件或文件夹实际上只是移动到并暂时存储在回收站中，直至回收站被清空。在回收站被清空之前，用户可以恢复被删除的文件或文件夹，将它们还原到原始位置。具体操作如下。

①双击桌面上的“回收站”图标，打开“回收站”文件夹窗口，如图 2-39 所示。

②若要还原所有的文件或文件夹，可单击工具栏上的“还原所有项目”按钮。否则先选中要还原的文件或文件夹（1 个或多个），如图 2-40 所示，再单击工具栏上的“还原选定的项目”按钮，文件或文件夹将还原到它们在计算机上的原始位置。

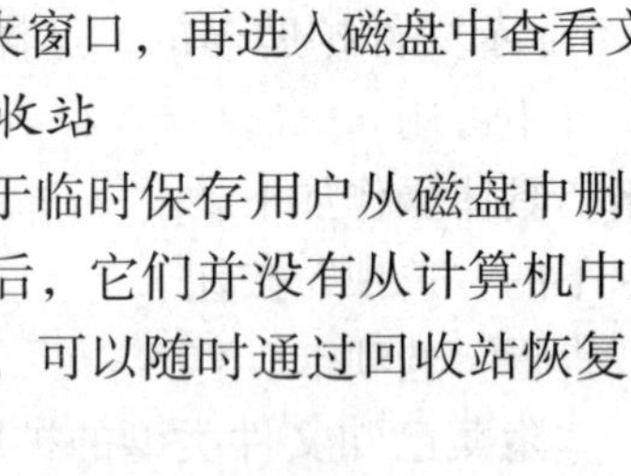

图 2-39 “回收站”文件夹窗口 (1)

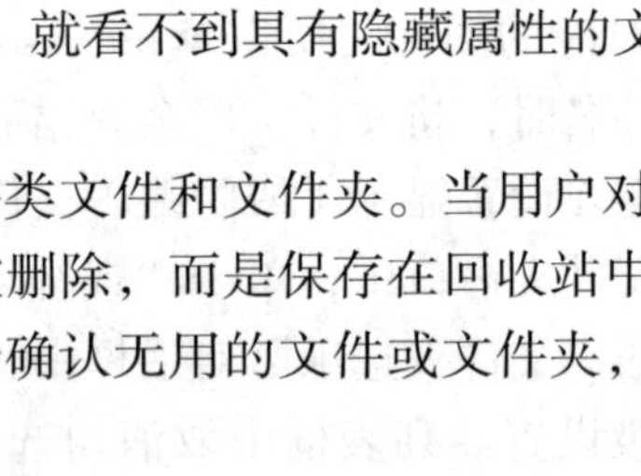

图 2-40 “回收站”文件夹窗口 (2)

（2）彻底删除文件或文件夹

将回收站中的文件或文件夹彻底删除的具体操作如下。

①打开“回收站”文件夹窗口。

②执行以下操作之一：选中要删除的特定文件或文件夹，右击弹出快捷菜单，选择“删除”命令；或者不选择任何文件或文件夹，单击工具栏上的“清空回收站”按钮，删除所有文件。

③在打开的删除文件提示对话框中单击“是”按钮，即可完成删除操作。

注意：Windows 默认会预留一部分磁盘空间作为回收站存放文件使用，如果用户磁盘空间紧张，也可通过图 2-39 中的回收站属性设置回收站所占磁盘空间比例。也可设置不把删除的文件移到回收站，这样用户在做日常删除操作时，等同于彻底删除。

2.2.4　Windows 10的实用工具

Windows 10 中附带了很多实用工具，这些工具能够满足用户日常工作的基本需求。下面介绍的 Windows 10 的实用工具均位于开始菜单的程序列表中，可以通过查找程序列表或者程序列表中的“Windows 附件”文件夹，单击相应程序命令打开它们，“Windows 附件”文件夹如图 2-41 所示。

1. 记事本与写字板

（1）记事本

记事本是 Windows 10 自带的一款文本编辑工具，用于记录各种文本内容。使用记事本处理的一般是扩展名为 .txt 的文本文件，文本文件的通用性强，几乎可以在任何设备和操作系统上交互查看。

（2）写字板

写字板是 Windows 10 自带的一款文字处理软件，除了具有记事本的功能外，它还可以对文档的格式、页面排列进行调整，从而编排出更加规范的文档。写字板处理的文档附带了一定的格式，所以在通用性方面不如文本文件。

图 2-41　“Windows 附件”文件夹

2. 画图工具与截图工具

（1）画图工具

画图工具是 Windows 10 自带的一款简单的图形绘制工具。使用画图工具，用户可以绘制各种简单的图形，也可以对计算机中的图片进行简单的处理，包括裁剪图片、旋转图片以及在图片中添加文字等。另外，通过画图工具，用户还可以方便地转换图片格式，如打开 .bmp 类型的图片，然后将其另存为 .jpg 类型。

（2）截图工具

截图工具是 Windows 10 自带的一款简单的用于截取屏幕图像的工具，使用该工具能够将屏幕中显示的内容截取为图片，并保存为文件或直接粘贴应用到其他文件中。

3. 其他工具

（1）远程桌面连接

远程桌面连接是 Windows 10 提供的一种远程控制功能，用户能够通过它连接远程计算机，访问远程计算机的所有应用程序、文件和网络资源，实现实时操作，如安装软件、运行程序、排查故障等。其体验就像用户直接坐在那台计算机前面一样，不论实际距离有多远。

如图 2-42 所示，用户通过远程桌面连接远程计算机（目前阿里云、华为云均提供云计算服务，可方便购置远程服务器，如果购置的服务器安装的是 Windows 系列操作系统即可连接），可以看到远程计算机的桌面直接作为一个窗口在当前桌面上显示，在其范围内可直接使用鼠标操作。

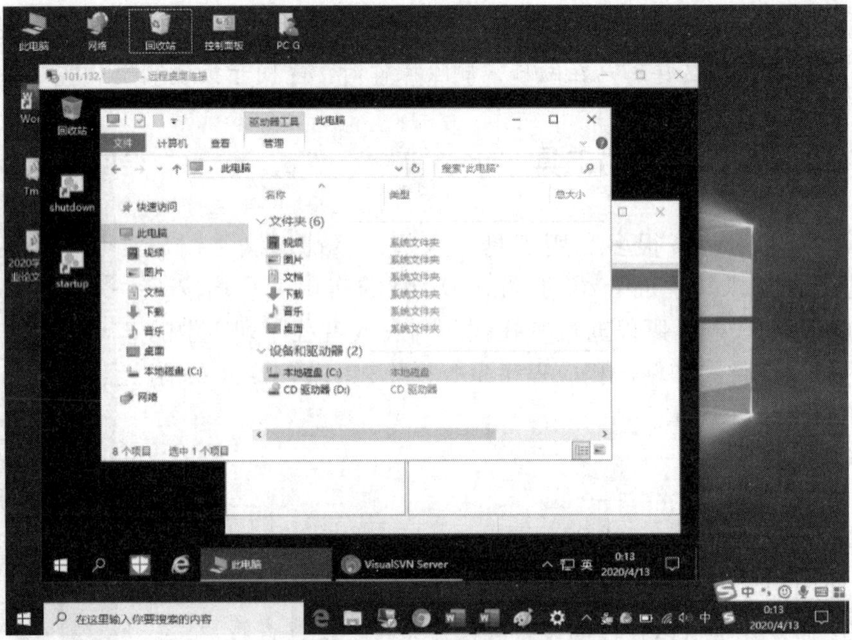

图 2-42 “远程桌面连接”工具

（2）计算器

利用 Windows 10 自带的计算器（见图 2-43），除了可以进行简单的加、减、乘、除运算外，还可以进行各种复杂的函数计算与科学计算。这些计算对应于不同的计算模式，不同模式的转换是通过“计算器”窗口中的“导航”菜单进行的。

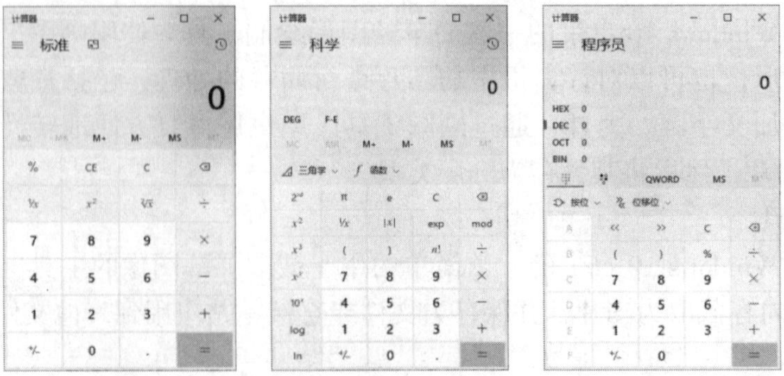

（a）“标准”模式　（b）“科学”模式　（c）“程序员”模式

图 2-43 “计算器”各种模式窗口

"标准"模式："标准"模式与现实生活中的计算器的使用方法相同。

"科学"模式："科学"模式提供了各种方程、函数与几何计算功能，用于日常进行各种较为复杂的公式计算。在"科学"模式下，计算器会精确到 32 位小数。

"程序员"模式："程序员"模式提供了程序代码的转换与计算功能，以及不同进制数的快速计算功能。"程序员"模式只进行整数计算，小数部分将被舍弃。

（3）放大镜

Windows 10 提供的放大镜工具位于程序列表"Windows 轻松使用"文件夹中，用于将计算机屏幕显示的内容放大若干倍，从而使用户更清晰地查看内容，如图 2-44 所示。

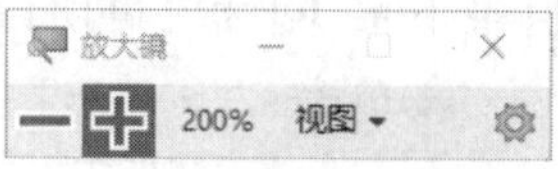

图 2-44 "放大镜"窗口

如果单击放大镜窗口中的 +，当前屏幕内容会按放大镜的默认设置倍率（200%）放大。整个桌面放大后，实际可看到的显示区域就会变小，这时可通过将鼠标指针移到屏幕四周来移动当前显示区域。

2.3 Windows 10的高级设置

2.3.1 Windows 10的软件与硬件管理

操作系统作为计算机系统中最底层的系统软件，其最主要的任务就是对硬件资源进行有效管理，对安装在其上的应用程序提供有效支持，Windows 10 提供了应用程序和硬件设备管理方面的常用功能。

1. 应用程序的安装与管理

Windows 10 中应用程序的安装有两种方式，一种是通过系统自带的 Microsoft Store 应用直接进行网络在线安装（见图 2-45），Microsoft Store 可直接从"开始"菜单里的程序列表中找到。使用这种方式安装软件十分简便，且能保证所安装的程序完全无毒且为正版。其不足之处在于目前 Microsoft Store 中的软件还不太全面，主要是常用工具、娱乐和游戏。

图 2-45 Microsoft Store 应用

另一种应用程序安装方式就是传统的方法，安装过程中的几个基本环节都是一样的，具体如下。

①在网络上下载应用程序的安装程序（或者直接从其他来源的U盘和光盘上得到）。

②双击安装程序进入安装过程。

③正式安装开始前一般会让用户选择程序安装路径（一般默认是C盘的Program Files目录下），阅读许可协议和附加选项，选择安装组件。

④单击“下一步”或“开始安装”按钮，安装程序即把程序所有文件复制到磁盘中，再向Windows注册程序信息，完成安装。

注意：传统程序安装过程中，第③步的若干步骤目前基本都十分自动化，安装者一般只需一步步单击“下一步”（英文软件单击“Next”）按钮即可完成，但有些软件的安装过程会捆绑一些第三方程序，在安装时可以仔细查看，合理选择。

2. 设备管理

设备管理包括添加或删除打印机和其他硬件设备、更改系统声音、显示设置、电源设置、更新设备驱动程序等。

（1）设备管理器

使用设备管理器可以查看和更新计算机上安装的设备驱动程序，查看硬件是否正常工作及修改硬件设置。

可以连接到网络或计算机上的任何设备（包括打印机、键盘、外置磁盘驱动器或其他外围设备），要在Windows操作系统下正常工作，均需专门的软件（设备驱动程序）支持。

可在桌面“开始”按钮上右击，在弹出的快捷菜单中选择“设备管理器”命令，打开“设备管理器”窗口，如图2-46所示，窗口中列出了本机的所有硬件设备。通过菜单或工具栏上的命令可以对全部设备进行相应管理。例如，可以查看具体设备的属性，图2-47所示的对话框显示了当前计算机的监视器设备属性。

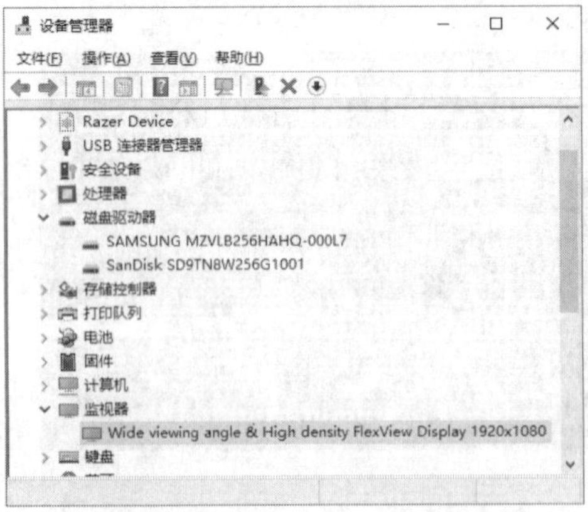

图2-46 “设备管理器”窗口

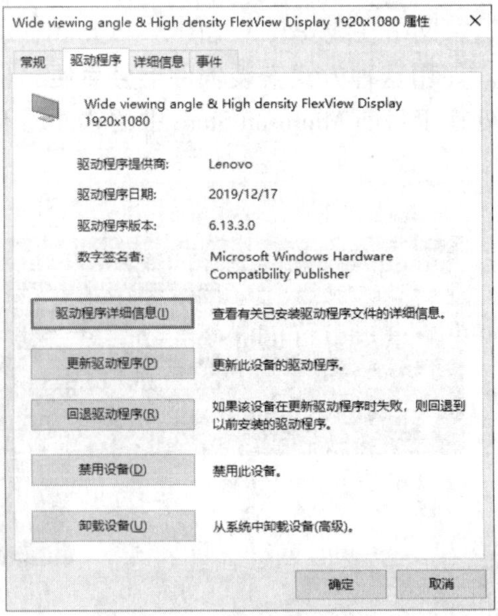

图2-47 监视器设备属性

（2）调整屏幕显示效果

调整屏幕显示效果主要是指调整显示器的分辨率和刷新率。分辨率是指屏幕上显示的像素点数。例如，分辨率 1 920×1 080 的意思是水平像素点数为 1 920，垂直像素点数为 1 080。分辨率越高，像素点越多，显示的图像越精密。在屏幕尺寸一样的情况下，分辨率越高，显示效果就越精细和细腻。

刷新率是指屏幕上每秒画面刷新的次数。刷新率越高，所显示的图像（画面）的稳定性就越好。刷新率的高低直接决定显示器价格的高低，但是由于刷新率与分辨率两者相互制约，因此，只有在高分辨率下达到高刷新率的显示器才能称为性能优秀。

①查看显示器的最佳分辨率。在刚安装好操作系统后，Windows 会自动为显示器设置正确的分辨率（目前的显示器基本上都是液晶显示器，存在一个最佳分辨率），如果需要检查或者手动更改当前分辨率的设置，具体方法如下。

a. 右击桌面空白处，弹出快捷菜单。

b. 在快捷菜单中选择“显示设置”命令，打开“设置（显示）”窗口，如图 2-48 所示。

c. 打开“分辨率”下拉列表，在其中可以查看并选择当前显示器所支持的分辨率。

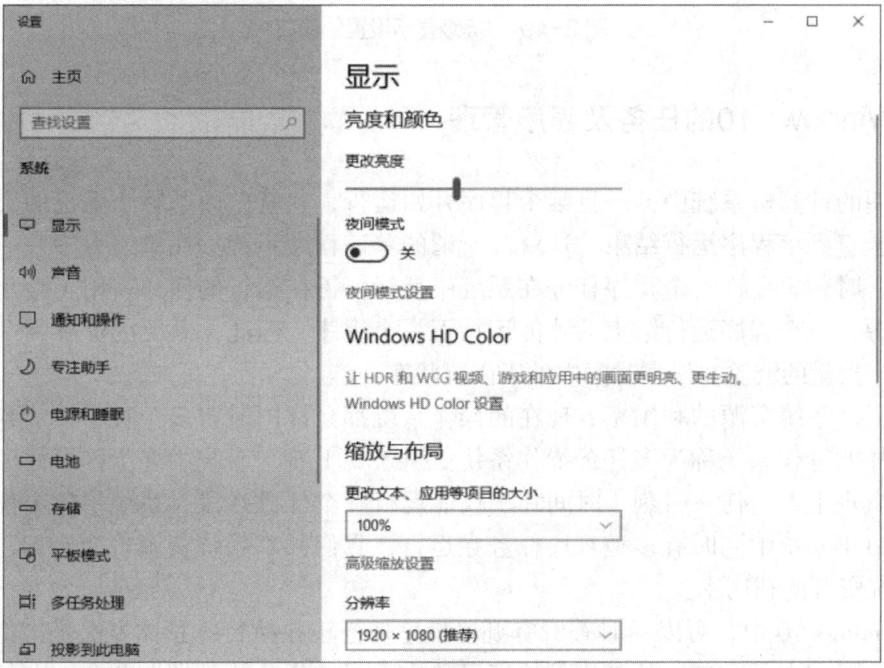

图 2-48　“设置（显示）”窗口

②查看显示器的刷新率。对于液晶显示器而言，日常工作中刷新率一般保持在 60 Hz 即可。但如果某些应用（如 3D 游戏）需要配置更高的显示器刷新率，用户可以自行查看当前显示器刷新率是否可以保证应用流畅运行。具体方法如下。

a. 打开“设置（显示）”窗口。

b. 向下拖动找到“高级显示设置”选项，单击即可查看显示器的高级设置，如图 2-49 所示。

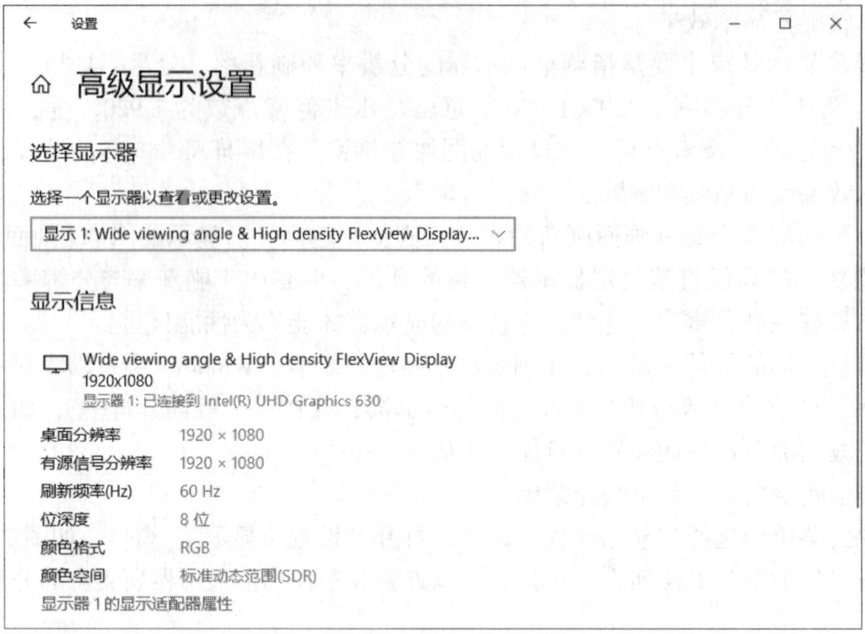

图 2-49 “高级显示设置”窗口

2.3.2 Windows 10的任务及程序管理

在早期的计算机系统中，一旦某个程序开始运行，它就占用了整个系统的所有资源，直到该程序运行结束，这就是所谓的单道程序系统。在单道程序系统中，任一时刻只允许一个程序任务在系统中运行，正在运行的任务占用了整个系统资源，一个程序运行结束后才能运行下一个程序。因此，系统的资源利用率不高，大量的资源在许多时间内处于闲置状态。

任务管理器

为了提高系统资源的利用率，现在的操作系统都允许同时有多个程序被加载到内存中运行，这样的操作系统称为多任务操作系统。从宏观上看，系统中多个程序任务同时在运行，但从微观上看，任一时刻（时间片）仅能运行一个任务片段，系统中各个任务片段交替运行。由于系统中同时有多道程序任务在运行，它们共享系统资源（如CPU、内存等），提高了系统资源的利用率。

在Windows 10中，可以随时查看有哪些程序任务正在执行，具体方法是：将鼠标指针移动到任务栏空白处右击，从弹出的快捷菜单中选择“任务管理器”命令，在打开的“任务管理器”窗口中，可以观察当前任务的运行情况（见图2-50）。

可以看到，在图2-50所示的“任务管理器”窗口中，当前运行的程序任务有5个，如希望结束某个任务，只需单击选中任务，再单击右下角的“结束任务”按钮即可。

Windows 10默认打开的是任务管理器的简略窗口，如需更专业详细地了解当前系统的任务运行情况，可单击图2-50左下角的“详细信息”按钮，即可打开“任务管理器（详细信息）”窗口，如图2-51所示。在“任务管理器（详细信息）”窗口中，除了用户打开的应用外，还可以看到系统后台运行的所有任务，并可以在“性能”等选项卡中了解当前设备的CPU、内存、磁盘、网络的利用和运行情况以及应用历史、启动等信息。

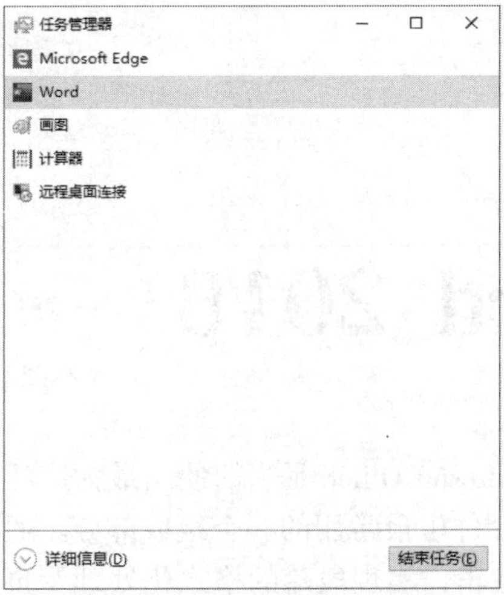

图 2-50　“任务管理器”窗口

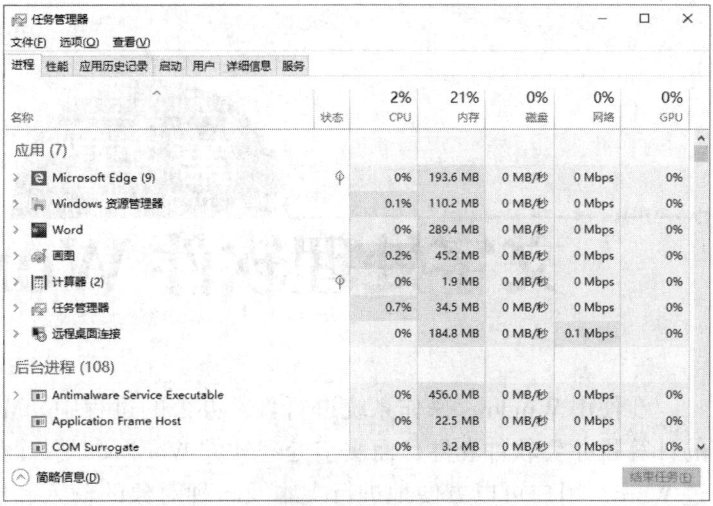

图 2-51　“任务管理器（详细信息）”窗口

习　题　2

1. 简单描述操作系统的作用和基本功能。

2. 试述使用文件资源管理器复制多个文件或文件夹的过程。

3. 试述 Windows 10 中安装应用程序的两种方法。

4. 试述 Windows 10 提供的 3 个常用工具，介绍它们的基本功能。

5. 在某磁盘（或 U 盘上）根目录下建立“大学学习”“音乐”“数据资料”目录，接着在“大学学习”目录下建立“大学计算机基础”“高等数学”“大学英语”3 个子目录；在“音乐”目录下建立“古典”“流行”2 个子目录；在“数据资料”目录下建立“书籍”“视频”2 个子目录。

中国操作系统变迁史

第3章

文字处理软件 Word 2016

在使用 Windows 操作系统进行日常办公的过程中，Microsoft Office 是当前使用最为广泛的计算机办公软件套件，而文字处理软件 Word 又是整个套件中最常用的一个组成部分。通过 Word，用户可以方便地进行文本及各种对象的输入和编辑，实现段落的格式化处理及页面排版，生成规范的办公文档和可供印刷的出版物等。

本章将以 Word 2016 为例，介绍文字处理软件的基本功能和使用方法。

3.1 Word 2016的工作环境

使用 Word 2016 可以快速、规范地生成公文信函和报告，制作内容丰富、外观精美的各类文档。要做到这一点，首先需要熟悉 Word 2016 的工作环境。

3.1.1 Word 2016的启动与退出

和任何其他正常安装在 Windows 10 的应用程序一样，Word 2016 的启动与退出都可以由多种方式完成，下面是 3 种启动 Word 2016 的常用方法。

①常规启动：单击“开始”按钮，查找程序列表，找到 Word 程序并单击。

②快捷启动：直接双击桌面上的 Word 快捷方式图标。

③通过双击已有 Word 文档启动 Word 2016：在文件夹窗口中，双击需要打开的 Word 文档，就会在启动 Word 2016 的同时打开该文档。

在实际使用过程中，一般会根据情况选择 Word 2016 的启动方式，例如，若已从网络上直接得到了一个已有的 Word 文件（扩展名为“.docx”或“.doc”），通常情况下会直接在文件资源管理器中找到该文件，直接双击启动 Word 并同时打开该文件进行查看和编辑；若希望直接建立一个新文档从头开始进行文字编辑工作，则会采取上述第①、②种方式启动 Word 2016。

注意：采用第①、②种方式启动 Word 2016 时，会先打开启动窗口，只需在窗口中选择“空白文档”，即可切换到工作窗口，开始文字处理工作。

Word 2016 的退出也与其他窗口应用程序一样，一般在 Word 2016 完成文字处理工作并存盘后，可采用以下几种方法退出 Word 2016。

①单击 Word 2016 窗口右上角的“关闭”按钮。

②右击 Word 2016 对应任务栏图标，在弹出的快捷菜单中选择“关闭窗口”命令。

③单击标题栏左上角空白区域，在下拉菜单中选择“关闭”命令。

④双击标题栏左上角空白区域。

⑤按 Alt+F4 组合键。

如果在退出 Word 2016 之前，当前编辑的文档还没有存盘，系统会弹出对话框提示用户是否将编辑的文档存盘。如果单击“保存”按钮，则会直接保存最新文档内容然后退出 Word 2016；如果单击“不保存”按钮，则会直接退出 Word 2016，前面所有针对文档的修改都会丢失；如果单击“取消”按钮，则会返回到编辑状态。

3.1.2　Word 2016的工作窗口

1. 工作窗口的组成

Word 2016 的工作窗口如图 3-1 所示（按上述第①、②种方式启动，选择启动窗口中的“空白文档”），它主要包括快速访问工具栏、功能区、编辑区等部分。

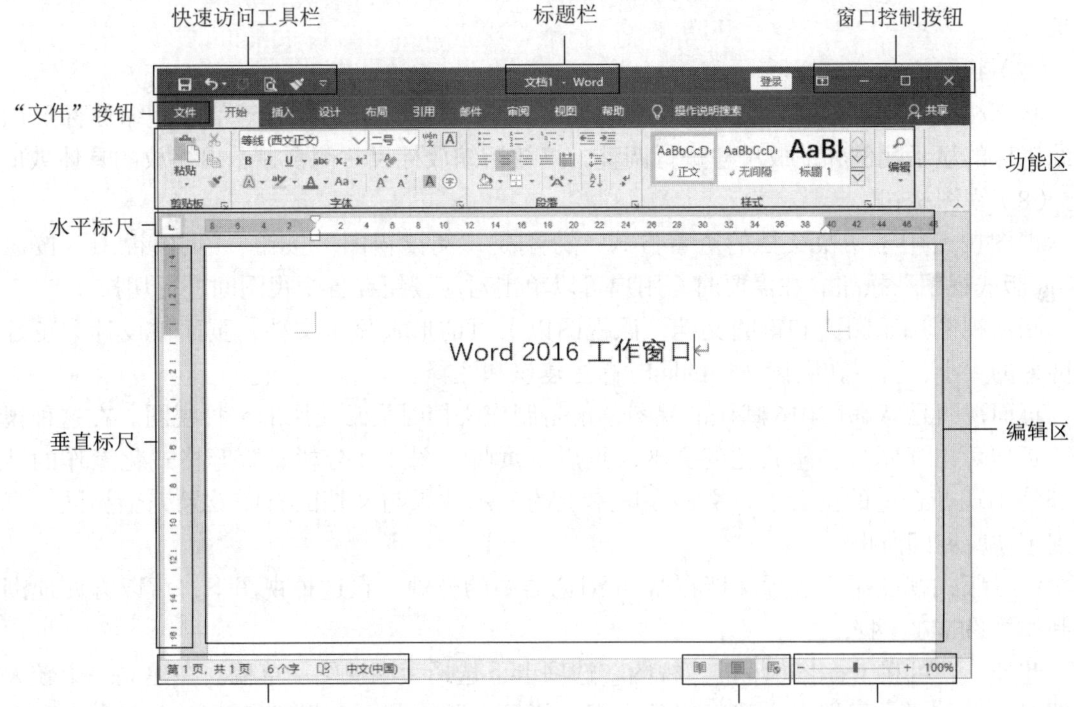

图 3-1　Word 2016 的工作窗口

Word 2016 工作窗口各部分的作用如下。

（1）快速访问工具栏

快速访问工具栏用于放置一些常用按钮，默认情况下包括“保存”“撤销”和“重复”3 个按钮，用户可以根据需要进行添加。其中，单击了“撤销”按钮，“重复”按钮会转换为“恢复”按钮。

（2）标题栏

标题栏显示了当前文档名和应用程序名。首次进入 Word 2016 时，默认打开的文档名为“文档 1”，其后依次是“文档 2”“文档 3”等。

（3）窗口控制按钮

窗口控制按钮包括“最小化”“最大化 / 向下还原”和“关闭”3 个按钮，用于对文档窗口的大小和关闭进行相应控制。

（4）功能区

功能区中的选项卡用于索引，单击选项卡就可以进入相应的功能区。功能区用于放置编辑文档时所需的功能按钮，程序将各功能按钮划分为组。

（5）水平标尺和垂直标尺

水平标尺和垂直标尺用于显示或定位文档的位置，也可以用来设置或查看文档段落缩进、制表位、页面边界和栏宽等信息。

（6）编辑区

编辑区是用于显示或编辑文档内容的工作区域，编辑区中闪烁着的垂直条称为“光标”或“插入点”，它代表当前的文字插入位置，键盘输入或部分鼠标操作会默认以它为对象。

（7）状态栏和缩放标尺

状态栏用于显示当前文档的页数、字数、使用语言、输入状态等信息。缩放标尺用于对编辑区的显示比例和缩放尺寸进行调整，缩放后缩放标尺右侧会显示出缩放的具体数值。

（8）视图按钮

视图按钮用于切换文档的查看方式，分别是“阅读视图”按钮、“页面视图”按钮和“Web 版式视图”按钮。在需要时，用户可以单击对应按钮在各个视图间进行切换。

阅读视图用于阅读和审阅文档，该视图以书页的形式显示文档，页面被设计为正好填满屏幕的大小，可以在阅读文档的同时标注建议和注释。

页面视图是 Word 2016 默认的视图，也是制作文档时最常使用的一种视图。在这种视图下，不但可以显示各种格式化的文本，页眉、页脚、图片和分栏排版等格式化操作的结果也都将出现在合适的位置上，文档在屏幕上的显示效果与文档的打印效果完全相同，真正做到了“所见即所得”。

Web 版式视图用于显示文档在 Web 浏览器中的外观。在这种视图下，可以方便地浏览和制作简易 Web 网页。

此外，还可在 Word 2016 的“视图”选项卡下选择大纲视图和草稿。在建立一个较大的文档时，人们通常习惯于先建立它的大纲或标题，再在每个标题下面插入详细内容，大纲视图提供了这样一种建立和查看文档的方式。草稿可用于录入文本和插入图片，在这种视图下，文本的显示是经过简化的，只显示基本格式化效果（如字符、段落的排版），不显示复杂的格式内容（如水印、图片、文本框等），因此浏览速度相对较快。在草稿下，页与页之间采用单虚线分页，节与节之间采用双虚线分节。

2. Word 2016 的工作界面设置

如果 Word 2016 的工作界面默认设置不符合用户的个人习惯，用户可以对 Word 2016 的工作界面进行自定义设置，从而提高使用效率。

（1）自定义快速访问工具栏

快速访问工具栏中的默认按钮只有 3 个，如果用户常用的按钮不止这 3 个，可对快速访问工具栏中的按钮进行添加或删除。以添加“打开”按钮为例，操作步骤如下。

①单击快速访问工具栏右侧的下拉按钮，在打开的“自定义快速访问工具栏”下拉列表中，勾选要添加的按钮名称（如“打开”），如图 3–2 所示。

②返回文档后就可以在快速访问工具栏中看到所添加的“打开”按钮，如图 3–3 所示。

注意：删除快速访问工具栏中的按钮时，在下拉列表中取消勾选要删除的按钮名称即可。

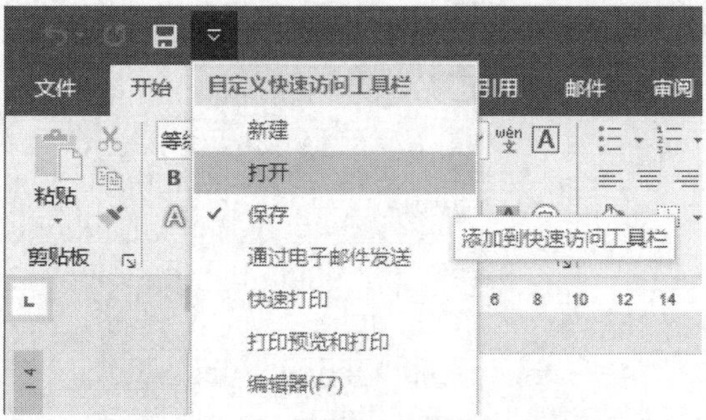

图 3–2　添加“打开”按钮

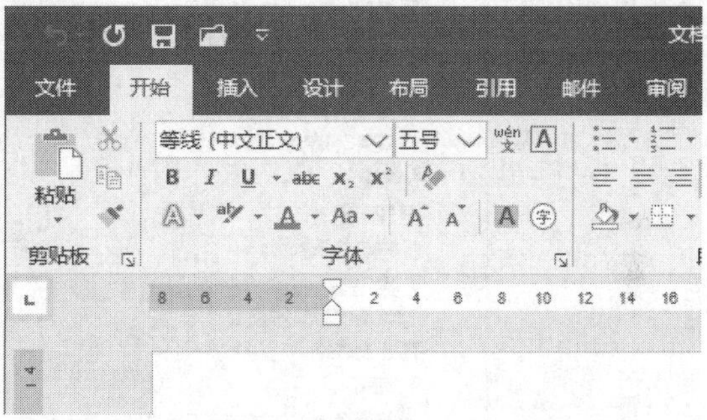

图 3–3　添加“打开”按钮后的效果

（2）自定义功能区

功能区用于放置 Word 2016 编辑文档时所使用的全部功能按钮，包括“开始”“插入”“布局”等几个主要选项卡。在编辑图片、图表、形状等内容时，还会显示出相应的选项卡。使用时，用户可根据自身习惯，对功能按钮进行添加或删除、更改位置，以及新建或删除选项卡等。

以在“插入”选项卡中添加“文本框”组及其按钮为例，操作步骤如下。

①单击“文件”按钮，在菜单中选择“选项”命令，打开“Word 选项”对话框。选择“自定义功能区”标签，确保“自定义功能区”下拉列表框中的内容为“主选项卡”，在列表框中单击“插入”前的 >，单击“插图”，如图 3–4 所示。选项组添加的具体位置就会在“插入”选项卡中的“插图”组之后。

②继续单击列表框下方的“新建组”按钮，然后单击“重命名”按钮，在打开的“重命名”对话框的“显示名称”文本框中输入组的名称“文本框”，然后单击“确定”按钮，此时在列表框中的“插图”后出现“文本框（自定义）”。

③继续在左边“从下列位置选择命令”列表框中选择“绘制竖排文本框”（下拉列表框默认为“常用命令”），单击“添加”按钮，按钮便出现在刚才的“文本框（自定义）”下。用同样的方法添加“绘制表格”命令，然后单击“确定”按钮。

④返回文档后，切换到“插入”选项卡，即可看到所添加的自定义组及其按钮，如图 3–5 所示。

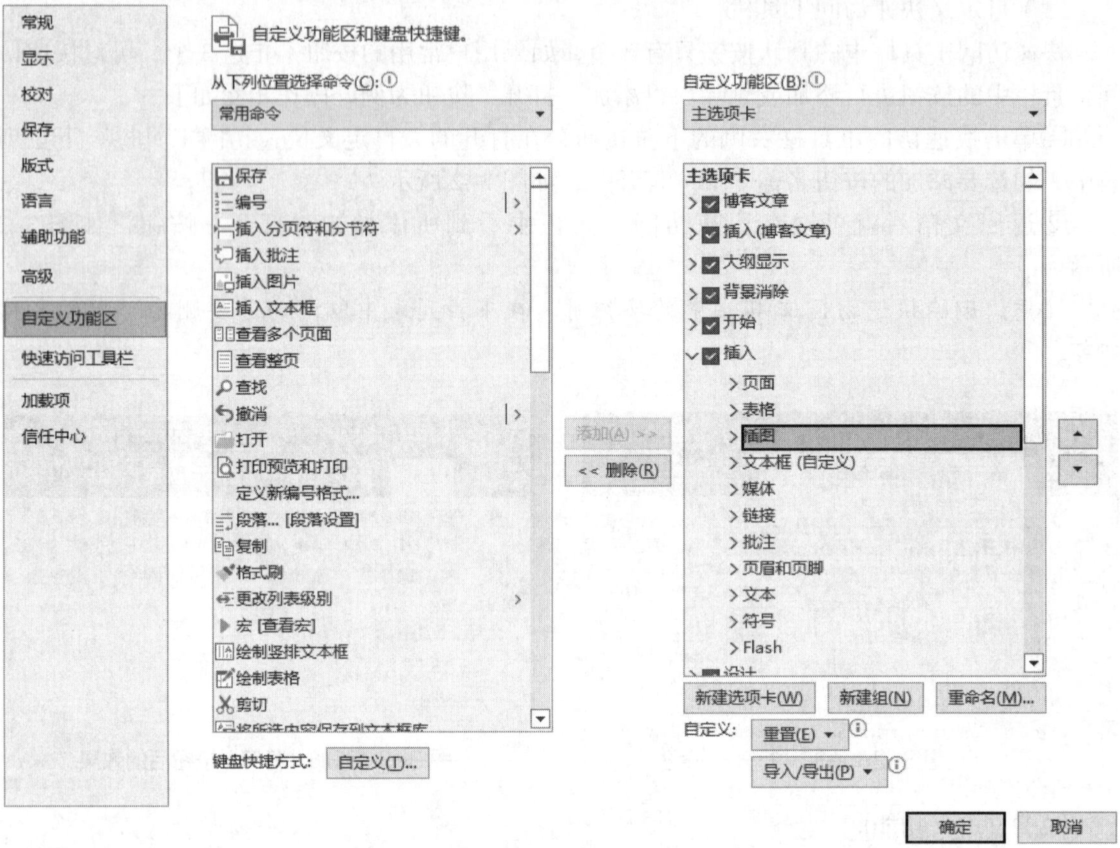

图 3-4　自定义功能区

图 3-5　在“插入”选项卡中添加的“文本框”组及其按钮

注意：需要删除功能区组中的功能按钮时，只要在打开的“Word 选项”对话框中的“自定义功能区”选项卡中选择需要删除的组，单击列表框左侧的“删除”按钮（也可利用快捷菜单中的“删除”命令），然后单击“确定”按钮即可。

3.1.3　Word 2016功能命令的使用

利用 Word 2016 进行文字处理时，所有的工作都是在工作窗口中进行的，其过程主要包括以下环节：新建或打开一个文档文件，输入文档的文字内容并进行编辑；及时保存文档文件；利用排版功能对文档的字符、段落和页面进行排版；在文档中制作表格和插入对象；

将文件预览后打印输出。这些环节的实现都需要依靠一系列功能命令。

要熟练使用 Word 2016 一系列功能命令，主要是要掌握两点：一是在哪里可以找到需要的命令；二是怎样执行命令，包括先做什么、后做什么以及执行时的注意事项。Word 2016 功能命令的使用包括选择命令、撤销命令、重复命令和恢复命令。

（1）选择命令

选择命令泛指在文字处理过程中，Word 2016 所提供的各项功能指令，完成这些命令的途径通常都不止一种，一般都具有下面 3 种方法。

①从各功能区中选择相应的功能按钮、使用功能组对话框。其中，功能组对话框是通过单击功能组右下角的箭头图标（对话框启动器）打开的。简单的操作单击功能按钮完成，复杂的操作使用对话框启动器启动特定功能的对话框完成。

②使用快捷菜单。快捷菜单是一种常用的选择命令方式。在 Word 2016 中，几乎在工作区任何位置右击，都将弹出一个快捷菜单，而快捷菜单中列出的命令与当前鼠标指针位置或选定内容有关。

③使用快捷键。使用键盘迅速键入快捷键（一般为两个按键组合），可以最快速地启动当前环境下的对应命令，例如，按 Ctrl+B 组合键把当前选定的文本加粗，按 Ctrl+U 组合键把当前选定的文本加下画线。

（2）撤销命令

Word 具有记录近期刚完成的一系列操作步骤的功能。若用户操作失误，可以通过单击快速访问工具栏中的“撤销”按钮（或按 Ctrl+Z 组合键），取消对文档所作的修改，使操作回退一步。Word 2016 还具有多步撤销功能，如果需要取消再前一次的操作，可继续单击“撤销”按钮。用户也可以单击“撤销”按钮右边的下拉按钮，打开下拉菜单。该下拉菜单按从后向前的顺序列出了可以撤销的所有操作，用户只要在该下拉菜单中用鼠标选定需要撤销的操作，就可以一次撤销多步操作，如图 3-6 所示。

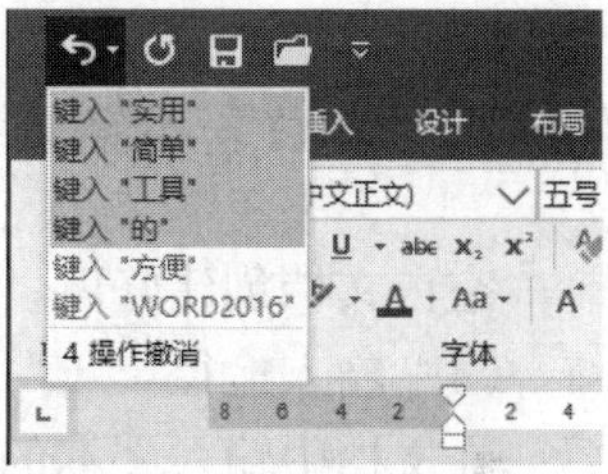

图 3-6　撤销最近的 4 次操作

（3）重复命令和恢复命令

快速访问工具栏上还有一个“重复”按钮，如果需要多次进行某种同样的操作，可以单击快速访问工具栏上的“重复”按钮（或按 Ctrl+Y 组合键），重复前一次的操作。单击“撤销”按钮后，其变为“恢复”按钮，功能与“撤销”按钮正好相反，通过它可以恢复被撤销的一步或任意步操作。

3.2　创建文档的基本操作

使用 Word 2016 可以创建多种类型的文档，其基本操作是类似的，主要包括新建文档、录入文档文本、编辑文档、保存和保护文档及打开文档等。这些操作可以通过单击“文件”按钮，然后在弹出的菜单中选择相应的命令，或者通过“开始”选项卡中的相应按钮来实现。

3.2.1 新建文档

要对文字进行处理，首先需要输入文字，如果希望从头开始，就需要新建一个文档，这与写字应先准备好纸是一样的道理。

新建 Word 空白文档有以下两种常用方法。

①在快速访问工具栏中添加“新建”按钮后，单击该按钮即可。

②单击“文件”按钮，在菜单中选择“新建”命令，在右边的选择区域选择空白文档即可。

其中，前一种方法是 Word 2016 启动后建立新的空白文档最快捷的方法，这种方法建立的空白文档无任何可选的模板内容，而后一种方法可以根据文档模板来建立新文档，包括简历、日历、求职信、宣传册等，这类经模板选择产生的文档具有预先设置好的外观框架，用户只要在相应位置输入文字，就可以快速建立满足一定要求的文档。

除了内置的常用模板外，Word 2016 还允许通过搜索联机模板连接到 Office .com 网站，浏览并选择下载合适的扩展文档模板以供用户使用。总的来说，利用模板可以方便、快速地完成某一类特定的文字处理工作，而新建空白文档则应用更普遍，因为一切都根据用户的后续录入，经编辑形成文档内容。

3.2.2 文档文本输入

空白文档创建好后，接下来的工作就是输入文本。

（1）输入途径

在文档中输入文本的途径有多种：键盘输入、语音输入、手写输入和扫描输入等。

①键盘输入：指利用输入法软件通过键盘输入文本。输入法软件主要有两类：以拼音为主和以字形为主。以拼音为主的输入法有搜狗拼音输入法、微软拼音输入法、智能 ABC 输入法等；以字形为主的输入法主要有万能五笔和陈桥五笔等。目前，虽然以拼音为主的输入法软件在专业场景下不如以字形为主的输入法软件打字快，但对一般文字工作人员来说，其上手更简单容易。

②语音输入：指使用语音代替键盘输入文本的输入形式，即让计算机具有“听懂”语音的能力，这利用到了语音识别技术。计算机对语音的识别主要采用样板匹配法，即对输入的语音信息和识别系统中的词汇表内的词条进行匹配来实现语音识别。随着计算机技术的发展，语音输入的实用性已经非常高了，后续人们与计算机的沟通也可能由语音输入识别来完成。

③手写输入：指利用输入设备（如输入板或鼠标）模仿一支笔进行书写。联机手写输入主要用来解决两个问题，一是输入生僻字或只会写不会读的字，二是对电子文档进行手写体签名。它对手写汉字的识别原理是，输入板或屏幕中内置的高精密的电子信号采集系统将笔画变为一维电信号，输入计算机的是以坐标点序列表示的笔尖移动轨迹，因而被处理的是一维的线条（笔画）串，这些线条串中含有笔画数目、笔画走向、笔顺和书写速度等信息。

如图 3-7、图 3-8 所示，搜狗输入法除键盘输入外，也支持手写输入和语音输入。

图 3-7　搜狗输入法中的手写输入方式

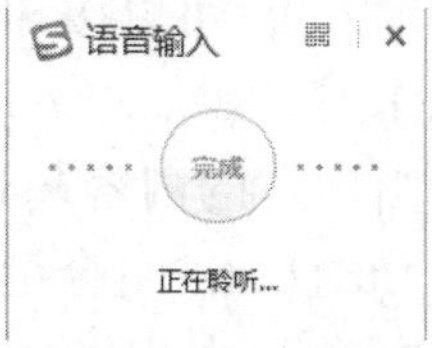

图 3-8　搜狗输入法中的语音输入方式

④扫描输入：是利用扫描仪将纸介质上的字符和图形数字化后输入到计算机，再经过光学字符识别（optical character recognition，OCR）软件对输入的字符和图形进行判断，转换成文字并输出。在目前智能输入设备日益普及的条件下，扫描输入一般会在移动 APP 中使用。

（2）输入状态

通过键盘输入文本有两种状态：插入和改写。在插入状态下，输入的字符插在光标后的字符前，光标后的字符会自动后移；在改写状态下，输入的字符将替代光标后的字符（Word 在默认情况下是插入状态）。要在插入和改写状态间切换，可以单击状态栏上的“插入”或“改写”按钮，或者按键盘上的 Insert 键。一般情况下，输入文本都在插入状态下进行。

（3）输入文本的一般步骤

①光标定位分为两种情况。光标定位在文档中，可在欲插入文本处单击；光标定位在文档外，在当前文本范围之外的区域双击即可。

②选择输入法有 3 种方法。单击任务栏右侧的输入法图标，在打开的菜单中选择需要的输入法；按 Ctrl+Shift 组合键（有的计算机设置为 Alt+Shift），在英文和各种中文输入法之间进行切换；按 Ctrl+Space 组合键，在英文和系统首选中文输入法之间进行切换。

（4）输入文字

选择好中文输入法（如搜狗拼音输入法）之后，就会有一个如图 3-9 所示的输入法状态栏出现在整个屏幕的右下方。状态栏最左边的是输入法设置按钮，接着是最常用的 6 个按钮，名称从左至右依次为“中 / 英文”“中 / 英文标点”“表情”“语音”“输入方式”“智能输入助手”，可用鼠标单击各按钮实现相应功能。

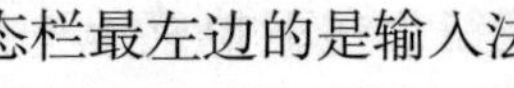

图 3-9　搜狗拼音输入法状态栏

输入文字时应注意以下几点。

①随着字符的输入，光标从左向右移动，到达文档的右边界时自动换行。只有在开始一个新的自然段或需要产生一个空行时才需要按 Enter 键，按 Enter 键后会产生一个段落标记，用于区分段落。在 Word 中，还存在一些有特殊意义的字符，称为非打印字符（不能被打印出来的字符），除了段落标记符外，还有手动换行符、分页符、制表符和空格符等。

②如果录入没有到达文档的右边界就需要另起一行，而又不想开始一个新的段落（如诗歌的输入），可以按 Shift+Enter 组合键产生一个手动换行符，实现既不产生新段落又可换行的操作。

③当输入的内容超过一页时，系统会自动换页。如果要强行将后面的内容另起一页，可以按 Ctrl+Enter 组合键，产生分页符来达到目的。

④在输入过程中，如果遇到只能输入大写英文字母而不能输入中文的情况，可能是因为大小写锁定已打开，按 Caps Lock 键使之关闭回到小写输入状态即可解决问题。

⑤如果不小心输入了错误的字符，可以用 Backspace 键或 Delete 键删除。前者删除的是光标前面的字符，而后者删除的是光标后面的字符。

（5）输入符号

文档中除了普通文字外，经常需要输入一些符号。各种常用符号的输入方法如下。

①常用的标点符号：在中文标点符号状态下，直接按键盘的标点符号，如输入英文句号“.”，会显示为小圆圈“。”；输入“\”，会显示为顿号“、”；输入小于、大于符号“＜”和“＞”，会显示为书名号“《”和“》”。可以按 Ctrl+. 组合键实现中英文标点符号的切换。

②特殊的标点符号、数学符号、单位符号、希腊字母：可以利用输入法状态栏的软键盘，方法是单击“输入方式”按钮，选择“软键盘”选项，再单击右上角的“软键盘”按钮，在快捷菜单中选择字符类别所属键盘，再在键盘中选择需要的符号。

③特殊的图形符号：可以单击“插入”选项卡“符号”组中的“符号”下拉按钮，选择其中的“其他符号”命令，在打开的“符号”对话框中进行操作。

（6）插入日期和时间

如果需要快速地在文档中加入各种标准的日期和时间，可以单击“插入”选项卡“文本”组中的“日期和时间”按钮，打开“日期和时间”对话框，选择需要的日期和时间格式即可。如果希望每次打开文档时，时间自动更新为打开文档的时间，那么需要在“日期和时间”对话框中勾选“自动更新”复选框。

（7）插入文件

有时需要将另一个文件的全部内容插入到当前文档的光标处，可以单击“插入”选项卡“文本”组中的“对象”下拉按钮，在下拉菜单中选择“文件中的文字”命令，打开“插入文件”对话框，在其中选择需要的文件。

（8）插入网络文字素材

有时在文档中需要引用从网络上找到的信息，这时，可以将网络文字素材复制到文档中。首先在浏览器窗口中选择所需文字，右击，在快捷菜单中选择“复制”命令，将所选文字放入剪贴板；然后打开 Word 文档，定位光标，单击“开始”选项卡“剪贴板”组中的“粘贴”下拉按钮，在下拉菜单中选择“选择性粘贴”命令；在打开的“选择性粘贴”对话框中选择“无格式的 Unicode 文本”，如图 3-10 所示，将不带任何格式的文字插入文档。

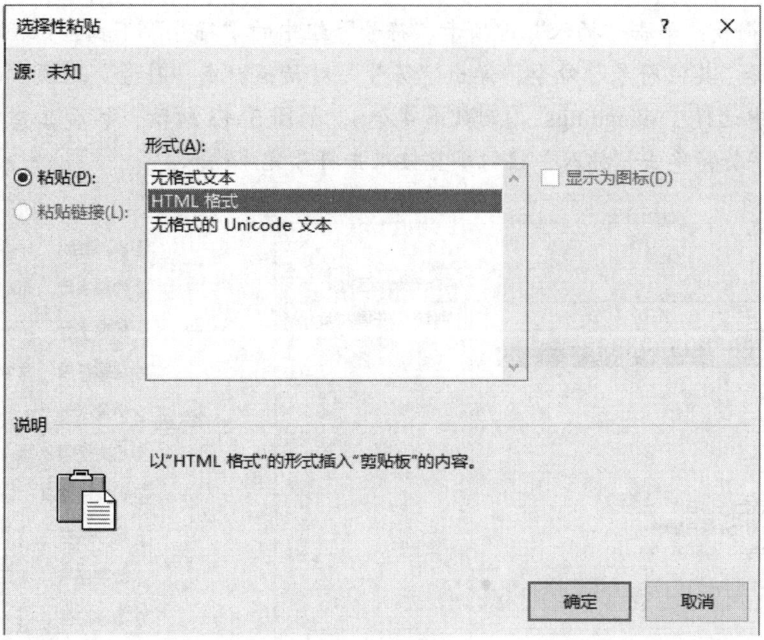

图 3-10　“选择性粘贴”对话框

注意：不要直接单击“粘贴”按钮，这样会把网页文字中的许多排版格式一同带到文档中（如表格边框），这些格式信息将给文档后续的排版操作带来困难，增加许多工作量。

【例 3-1】创建一个新文档，写一封信，内容如下（要求其中的日期有自动更新功能）。

> Mike：
>
> 你好！
>
> 听说你最近对历史很着迷，特寄给你两本我国古代著名的史书『春秋·左传』和『史记』，希望你能喜欢！
>
> 有空常联系。☎：888-888-12345678 🖃：xiaoming@163.com。
>
> 纸短情长，再祈珍重！
>
> 小明
>
> 2020 年 4 月 10 日星期五晚 🕘

操作步骤如下。

参考 3.2.1 节中新建文档的方法，建立一个空白文档，再输入文档内容。其中，日期和一些特殊符号使用下面的方法输入。

- 日期：参照前文，在“日期和时间”对话框中进行相应设置，如图 3-11 所示，单击“确定”按钮。当计算机系统的日期发生变化时，该文档的日期也会进行相应的更改。
- 『·』符号：单击输入法状态栏上的“输入方式”按钮，选择“软键盘”选项，打开软键盘，再单击右上角的“软键盘”按钮，在弹出的快捷菜单（见图 3–12）中选择“标点符号”选项，找到相应的符号，单击完成输入，最后单击“输入方式”按钮使之关闭。

- ☎📇🕗 符号：单击“插入”选项卡“符号”组中的“符号”下拉按钮，在弹出的下拉菜单中选择“其他符号”命令，弹出“符号”对话框。在“符号”选项卡的“字体”下拉列表框中选择“Wingdings”（倒数第 4 个），如图 3–13 所示，然后在相应符号集中选择需要的字符，单击“插入”按钮或直接双击符号完成输入。

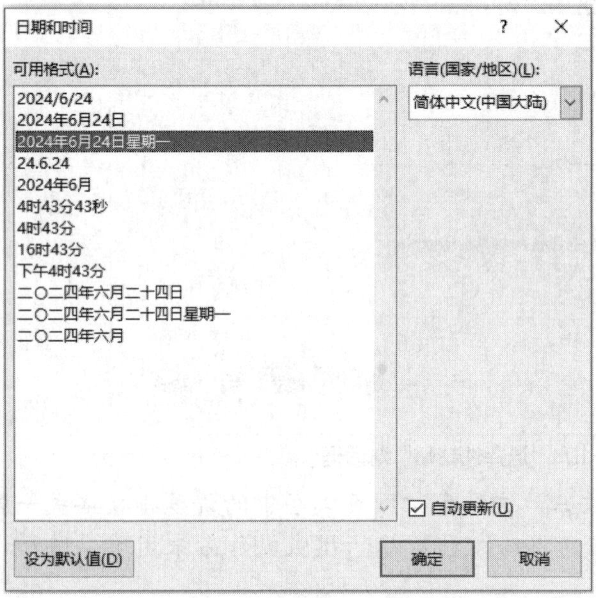

图 3–11 “日期和时间”对话框

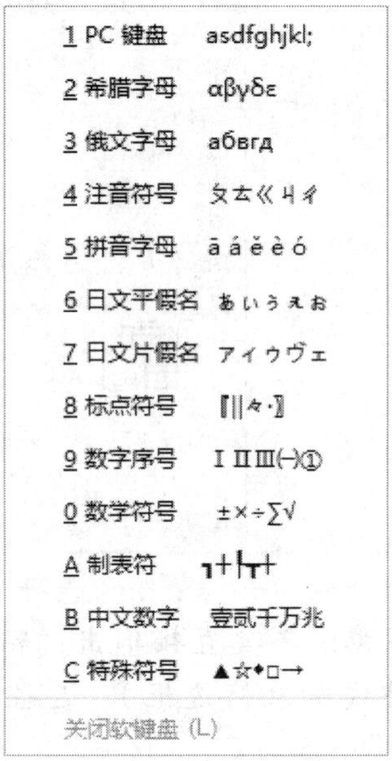

图 3–12 “软键盘”的快捷菜单

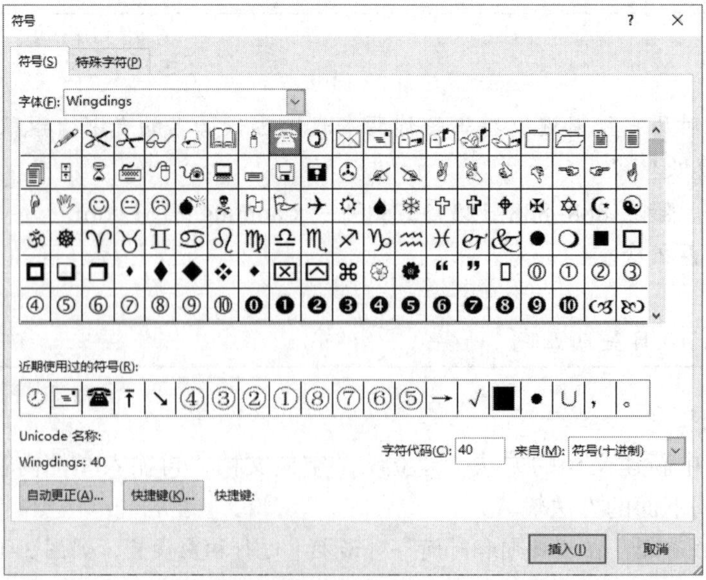

图 3–13 “符号”对话框

3.2.3　文档编辑

对于输入的内容经常要进行插入、删除、移动、复制、替换、拼写和语法检查等编辑操作，这些操作都可以通过“开始”选项卡“剪贴板”“编辑”组中的相应按钮来实现。文档编辑遵守的原则是“先选定，后执行”。被选定的文本一般以高亮显示，以便与未被选定的文本区分。

1. 选定文本

选定文本有两种方法，即基本的选定方法和利用选定区的方法。

（1）基本的选定方法

①鼠标选定：将光标移动到欲选定的段落或文本的开头，按住鼠标左键拖曳经过需要选定的内容后松开鼠标。

②键盘选定：将光标移动到欲选定的段落或文本的开头，同时按住 Shift 键和光标移动键来选定内容。

（2）利用选定区的方法

在文本区的左边有一垂直的长条形空白区域，该区域称为选定区。当鼠标指针移动到选定区时会变为右向箭头，在选定区中单击，可选定鼠标指针所指的一整行文字；双击可选定鼠标指针所在的段落；三击可选定整个文档。另外，在选定区中拖动鼠标指针可选定连续的若干行。

选定文本的常用技巧如表 3–1 所示。

表 3–1　选定文本的常用技巧

选取范围	鼠标操作
字和词	双击要选定的字和词
句子	按住 Ctrl 键，同时单击该句子
行	单击该行的选定区
段落	双击该行的选定区，或者在该段落的任何地方三击
垂直的一块文本	按住 Alt 键，同时拖动鼠标指针
一大块文字	单击所选内容的开始处，然后按住 Shift 键，单击所选内容的结束处
全部内容	三击选定区

Word 2016 还提供了可以同时选定多块区域的功能，通过按住 Ctrl 键再加选定操作来实现。若要取消选定，在文本窗口的任意处单击或按光标移动键即可。

2. 编辑文档

（1）插入

将光标移动到想要插入字符的位置，然后输入字符即可（注意要确保此时的输入状态是插入状态）。如果要插入一个空行，只需要将光标定位在需要产生空行的行首，按 Enter 键即可。

（2）删除

对于单个字符，用 Backspace 键或 Delete 键删除；对于大量文字，可以先选定要删除的内容，然后采用下面任何一种方法删除。

①按 Backspace 键或 Delete 键。

②右击，在快捷菜单中选择“剪切”命令，或单击“开始”选项卡“剪贴板”组中的“剪切”按钮（或按 Ctrl+X 组合键）。

删除段落标记可以实现合并段落的功能。要将两个段落合并，可以将光标定位在第一段的段落标记前，然后按 Delete 键，这样两个段落就合并成了一个段落。

【例 3-2】对例 3-1 中的“一封信”文档进行如下编辑处理。

①在信的最前面插入一行标题“一封信”。

②在“Mike：你好！”后面插入一段内容。

③将“纸短情长，再祈珍重！”与前一段落合并为一段。文档编辑效果如图 3-14 所示。

一封信

Mike：

你好！

我近来在学习《论语》中为人处世的道理，其中，“三人行，必有我师焉”让我学会了选择朋友；“不耻下问”让我学会了如何攻克更多难题；“君子成人之美，不成人之恶”让我学会了怎样做一个君子……

听说你最近对历史很着迷，特寄给你两本我国古代著名的史书『春秋·左传』和『史记』，希望你能喜欢！

有空常联系。☎：888-888-12345678 ✉：xiaoming@163.com。纸短情长，再祈珍重！

小明

2020 年 4 月 10 日星期五晚 ◴

图 3-14 “一封信”文档编辑效果

操作步骤如下。

①将光标置于“Mike：你好！”段首，按 Enter 键，产生一个空行，在空行中输入“一封信”。

②将光标置于“Mike：你好！”段尾，按 Enter 键，产生一个空行，输入需要的内容。

③将光标置于“有空常联系。☎：888-888-12345678 ✉：xiaoming@163.com。”这一段的段落标记前，按 Delete 键。

3. 移动或复制

在编辑文档时，可能需要把一段文字移动到另外一个位置。这时，可以根据移动距离的远近选择不同的操作方法。

（1）短距离移动

短距离移动时，可以采用鼠标拖曳的简便方法。选定文本，移动鼠标指针到选定内容上，当鼠标指针形状变成左向箭头时，按住鼠标左键拖曳。此时，箭头右下方出现一个虚线小方框，随着箭头的移动又会出现一条竖虚线，此虚线表明移动的位置。当虚线移到指定位置时，松开鼠标左键，完成文本的移动。

（2）长距离移动（如从一页到另一页，或在不同文档间移动）

长距离移动时，可以利用剪贴板进行操作。选定文本块并右击，在快捷菜单中选择

“剪切”命令，或单击“开始”选项卡“剪贴板”组中的“剪切”按钮，然后将光标移动到要插入文本的位置并右击，在快捷菜单中的“粘贴选项：”下，Word 2016 提供了 4 种粘贴方式：保留源格式（默认方式）、合并格式、图片及只保留文本，用户可以根据需要自行选择。

剪贴板是 Windows 操作系统专门在内存中开辟的一块存储区域，主要作为移动或复制的中转站。它功能强大，不仅可以保存文本信息，也可以保存形状、图片和图表等信息。Word 2016 的剪贴板可以存放多次移动（剪切）或复制的内容，单击“开始”选项卡“剪贴板”组右下角的对话框启动器，打开“剪贴板”任务窗格，其中可显示剪贴板的内容。只要不破坏剪贴板上的内容，连续执行粘贴操作可以实现一段文本的多处移动和复制。

复制文本和移动文本的区别在于：移动文本，选定的文本在原处消失；复制文本，选定的文本仍在原处。它们的操作相似，不同的是：在使用鼠标拖曳的方法复制文本时，要同时按下 Ctrl 键；在利用剪贴板进行操作时，应单击“复制”按钮（或按 Ctrl+C 组合键）。

注意：应灵活使用文档之间的复制功能，Word 的复制不仅仅局限于一个 Word 文档内部或两个 Word 文档之间，用户还可以从其他程序如浏览器、其他文本文件、某些图形软件中直接复制文本或图形到 Word 文档中。

4. 查找和替换

查找和替换

如果想在一篇长文档中查找某段文字，或者想用新输入的一段文字代替文档中已有的且出现在多处的特定文字，可以使用 Word 2016 提供的查找和替换功能。

查找和替换功能既可以将文本的内容与格式完全分开，并单独对文本或格式进行查找和替换，也可以把文本和格式看成一个整体统一处理。除此之外，该功能还可作用于特殊字符和通配符。

从网上获取文字素材时，由于网页制作软件排版功能的局限性，文档中经常会出现一些非打印字符，此时，可利用查找和替换功能进行处理。例如，当文档中空格比较多时，可以在“查找和替换”对话框的“查找内容”组合框中输入空格符号，在“替换为”组合框中不进行任何字符的输入，单击“全部替换”按钮将多余的空格删除；再如，当要把文档中不恰当的手动换行符替换为真正的段落标记时，可以在“查找内容”组合框中通过“特殊格式”下拉列表选择“手动换行符”，在“替换为”组合框中通过“特殊格式”下拉列表选择特殊格式“段落标记”，如图 3–15 所示，再单击“全部替换”按钮。

还可以利用替换功能简化输入，例如，在一篇文章中，如果多次出现“Microsoft Office Word 2016”字符串，在输入时可先用一个不常用的字符（如 #）表示该字符串，然后利用替换功能用“Microsoft Office Word 2016”字符串代替该约定的不常用的字符。

【例 3–3】把例 3–2“一封信”文档中所有的“你”替换为带着重号的蓝色字“您”。

操作步骤如下。

①单击“开始”选项卡“编辑”组中的“替换”按钮，打开“查找和替换”对话框。在“查找内容”组合框中输入待查找文字“你”。

②在“替换为”组合框中输入目标文字“您”，单击“更多”按钮（此时按钮标题变为“更少”），然后单击“格式”按钮，选择“字体”选项，在“替换字体”对话框中设置字体颜色为“蓝色”，着重号为“.”，单击“确定”按钮，如图 3–16 所示。

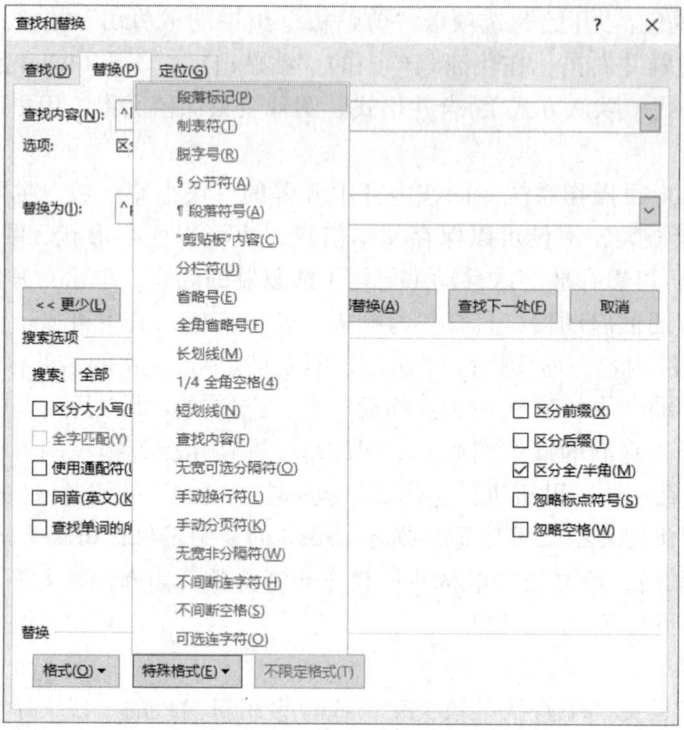

图 3-15　将手动换行符替换为段落标记

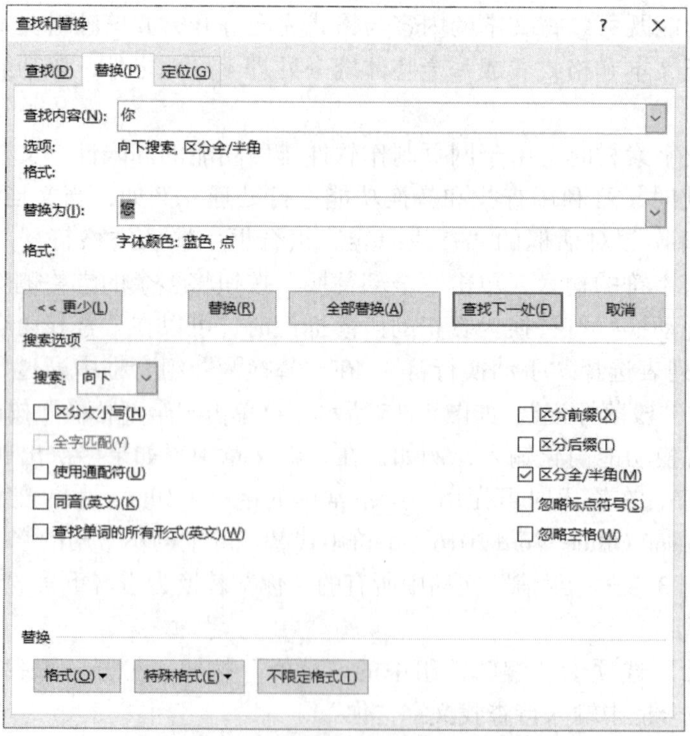

图 3-16　“查找和替换”对话框

③单击“全部替换”按钮，文档中所有满足条件的文字均被替换成目标文字。

若单击“替换”按钮，则只是将根据默认方向查找到的第一处文字替换成目标文字。

注意：在单击“格式”按钮前，光标应定位在“替换为”下拉列表框中，如果不小心对“查找内容”下拉列表框中的文字进行了格式设置，可以单击“不限定格式”按钮来取消该格式设置，然后重新操作。

5. 检查拼写和语法

用户输入的文本难免会出现拼写和语法上的错误，如果自己检查，会花费大量时间。Word 2016 提供了自动拼写和语法检查功能，这是由拼写检查器和语法检查器来实现的。

单击“审阅”选项卡“校对”组中的“拼写和语法”按钮，拼写检查器就会使用拼写词典检查文章中的每一个词。如果该词在拼写词典中，拼写检查器就认为它是正确的，否则就会加红色波浪线来报告错词信息，并根据拼写词典中能够找到的词给出修改建议。如果 Word 2016 指出的错误不是拼写或语法错误（人名、公司名或专业名称的缩写等），可以单击“忽略”或“全部忽略”按钮忽略错误提示，继续文档其余内容的检查工作，也可以把它们添加到拼写词典中，避免以后再出现同样的问题。语法检查器会根据当前语言的语法结构，指出文章中潜在的语法错误，并给出解决方案参考，帮助用户校正句子的结构或词语的使用。

3.2.4　保存和保护文档

用户输入和编辑的文档是存放在内存中并显示在显示器上的，如果不执行存盘操作的话，一旦计算机死机或断电，所做的工作就可能因为得不到保存而丢失。只有外存（如磁盘）上的文件才可以长期保存，所以当完成文档的编辑工作后，应及时把工作成果保存到外存中。

（1）保存文档

保存文档的常用方法有两种。

①单击快速访问工具栏中的“保存”按钮。这是使用频率最高的一种保存方法。

②单击“文件”按钮，在菜单中选择“保存”或“另存为”命令。

“保存”和“另存为”命令的区别在于：“保存”命令是以新替旧，用新编辑的文档取代原文档，原文档不再保留；而“另存为”命令则相当于文档复制，它建立了当前文档的一个副本，原文档依然存在。

新文档第一次执行“保存”命令时，右侧会出现“另存为”的相关内容，并把常见的保存位置罗列出来，“另存为”下面列出了“最近”“OneDrive”“这台电脑”“添加位置”“浏览”等选项。选择“最近”即可再在右侧看到最近保存文件的具体位置，选择“OneDrive”则会把文件保存到云端（微软提供的 OneDrive 云盘，选择此项一般需要用户使用微软账户登录），选择“这台电脑”则会把文件保存在当前电脑外存位置，选择“添加位置”则会要求当前用户添加云盘登录账户，选择“浏览”则会弹出“另存为”对话框，如图 3-17 所示。

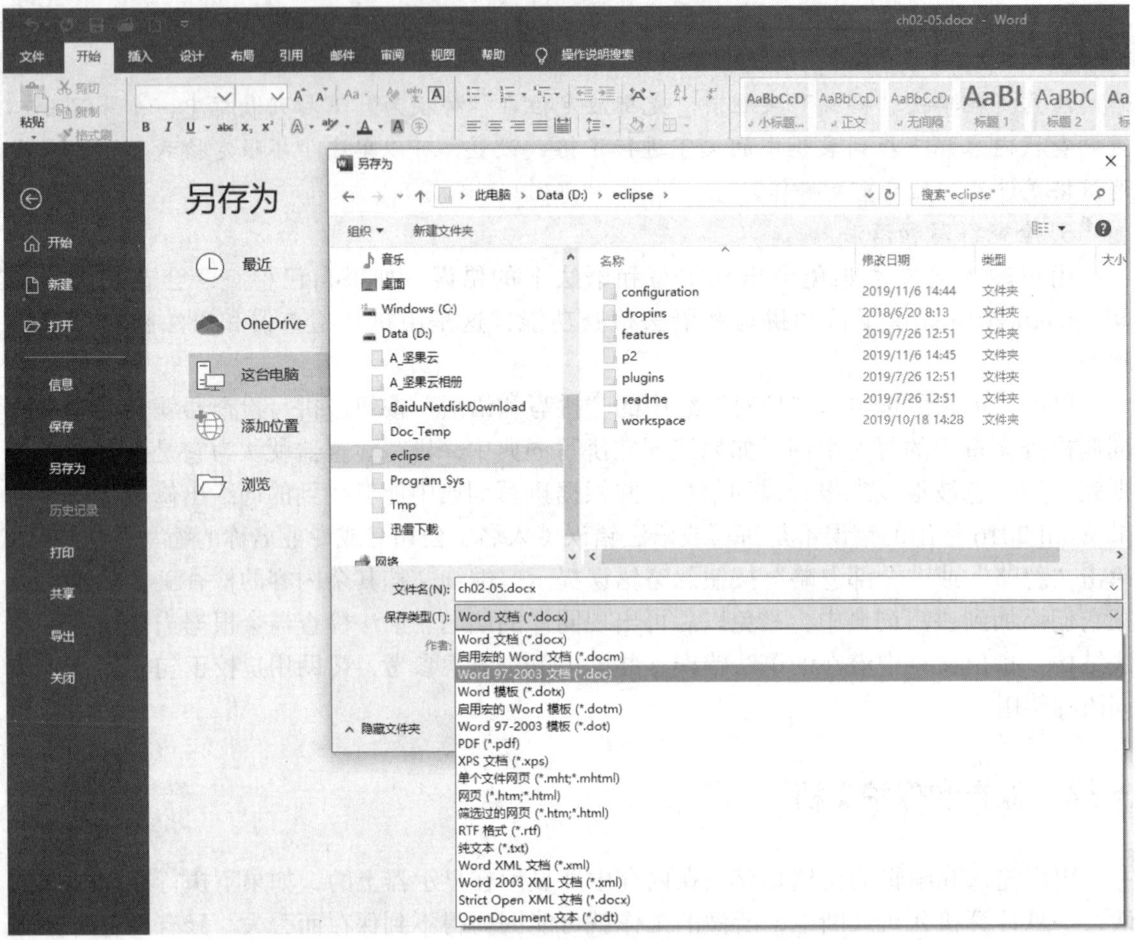

图3-17 “另存为”对话框

注意：选择“最近”中的具体位置和选择“这台电脑”的具体位置时，也会弹出“另存为”对话框。

在“另存为”对话框中，需要在保存文档前指定文件的三要素：保存位置、文件名、文件类型。Word默认的文件类型是“Word文档（*.docx）”，也可以选择保存为文本文件（.txt）、HTML文件或其他文件。

注意：如果希望保存的文档能被低版本的Word打开，保存类型应选择“Word 97-2003文档”，此时保存的文件扩展名是.doc；如果希望保存为PDF文档，则保存类型应选择“PDF”。

保存文档时，如果文件与已有文件重名，系统会弹出对话框，提示用户改变文件名。保存文档后，可以继续编辑文档，直到关闭文档。以后再次执行“保存”命令时将直接保存文档，不会再出现“另存为”对话框。对于已经保存过的文档，当单击“文件”按钮，在其菜单中选择“另存为”命令时，会打开“另存为”对话框，供用户将文档保存在其他位置，或者另取一个文件名，或者保存为其他类型。

为了使文档能够及时保存，避免因突然断电等意外情况造成文件丢失，Word 2016设置了自动保存功能。在默认的情况下，Word 2016每10 min自动保存一次，如果用户所编辑的文档十分重要，可缩短文档的自动保存时间，操作方法如下。

单击“文件”按钮，在菜单中选择“选项”命令，打开“Word 选项”对话框，再选择对话框左侧的“保存”标签，单击“保存自动恢复信息时间间隔”文本框右侧的下调按钮，设置好需要的数值，如图 3–18 所示。需要注意的是，此步骤通常在输入文档内容之前设置，而且只对 Word 文档类型有效。

图 3–18　设置自动保存文档的时间

（2）保护文档

当用户编辑的文档属于机密性文件时，为了防止其他用户随意查看，可使用密码将其保护起来。这样，只有知道密码的人才可以打开文档进行查看或编辑。操作方法如下。

单击“文件”按钮，在弹出的菜单中选择“信息”命令，再在右侧的界面中单击“保护文档”按钮，在展开的下拉菜单中选择“用密码进行加密”命令，如图 3–19 所示。在弹出的“加密文档”与“确认密码”对话框中分别输入要设置的密码，然后单击“确定”按钮即可。

图 3-19　加密文档

注意：如果要取消文档密码保护，操作和设置密码一样，不同的是在弹出“加密文档”对话框后，需要将“密码”文本框中设置的密码删除。

3.2.5　打开文档

在进行文字处理时，往往难以一次性完成全部工作，还需要对已输入的文本进行补充或修改，这就要将存储在磁盘上的文档调入 Word 工作窗口，也就是打开文档。打开文档的方法通常有两种。

①在快速访问工具栏中添加“打开”按钮并单击。

②单击“文件”按钮，在菜单中选择“打开”命令。

不论哪一种方法，操作后都将弹出“打开”对话框，在该对话框中选择文档所在的文件夹，再双击需要打开的文件即可。

在 Word 2016 中，如果要打开最近使用过的文档，可以单击“文件”按钮，直接在右侧选择“最近”列表下的文件，单击后即可打开。

Word 2016 允许同时打开多个文档，实现多文档之间的数据交换。当使用上述方法打开一个文件后，之前打开的文件并不会关闭，而是同时存在两个或多个 Word 窗口显示，可以在 Windows 任务栏上单击进行切换。

3.3 文档排版

文档编辑好后，就可以按要求对文本外观进行修饰了，使其变得美观易读、丰富多彩。这就是文档排版。按照操作对象从小到大的顺序，文档排版包括字符排版、段落排版和页面排版。文档排版一般在页面视图下进行（可以达到“所见即所得”的效果），它与文档编辑一样，同样需要遵守“先选定，后执行”的原则。

3.3.1 字符排版

字符是指文档中输入的汉字、字母、数字、标点符号和各种符号。字符排版有两种：字符格式化和中文版式。字符格式化包括设置字符的字体、字号、字形（加粗和倾斜）、字符颜色、下画线、着重号、删除线、上下标、文本效果、字符缩放、字符间距、字符和基准线的上下位置等，字符格式化效果如图 3-20 所示。

五号宋体	*倾斜*	~~删除线~~	
四号黑体	**字符加粗**	上标 x^2	**四号文本效果**
三号仿宋	红色字符	字 符 间 距 加 宽 2 磅	
12 磅华文行楷	加下画线	降低 8 磅标准位置	
14 磅华文琥珀	着重号		

图 3-20 字符格式化效果

进行字符格式化时需要先选定文本，否则只对光标处新输入的字符有效。

字符格式化设置主要包括以下几个方面。

（1）字体

字体指文字在屏幕或纸张上呈现的书写形式。字体包括中文字体（如宋体、楷体、黑体等）和英文字体（如 Times New Roman 和 Arial 等），英文字体只对英文字符起作用，而中文字体则对中文字符和英文字符都起作用。Word 中字体数量的多少取决于计算机中安装的字体数量的多少。

（2）字号

字号指文字的大小，有号数制和点数制两种表示。号数制一般针对汉字大小定位，按初号、一号、二号等由大到小排列，在字号等级之间还增加了一些过渡字号，并取名为“小几字号”，如“小三号”“小五号”等，号数制中，数值越小字体越大。点数制则是数字越小字体越小，其是以字符在一行中垂直方向上所占用的点（磅值，pt）来表示的，以

pt 为单位，1 pt 约为 1/72 in 或 0.353 mm，在外文中用点数制表示的字号要多于用号数制表示的字号。选择字号时，可以选择这两种字号表示方式的任何一种，但如果需要使用大于“初号”的大字号，则只能使用点数制的方式进行设置，方法是根据需要直接在“字号”下拉列表框内输入表示字号大小的阿拉伯数字。默认状态下，字体为宋体，字号为五号。

（3）字形

字形指常规、倾斜、加粗、加粗倾斜形式。

（4）字符颜色

字符颜色指字符的颜色。

（5）字符缩放

字符缩放指对字符的横向尺寸进行缩放，以改变字符横向和纵向的比例。

（6）字符间距

字符间距指两个字符之间的距离，标准的字符间距为 0。当规定了一行的字符数后，可通过加宽或紧缩字符间距来进行调整，以保证一行能够容纳规定的字符数。

（7）字符位置

字符位置指字符在垂直方向上的位置，包括字符提升和降低。

（8）特殊效果

特殊效果指根据需要进行的多种设置，包括删除线、上下标、文本效果等。其中，文本效果可以为文档中的普通文本应用多彩的艺术字效果，使文本更加多样、美观。设置时，可以直接使用 Word 2016 中预设的外观效果，也可以从轮廓、阴影、映像、发光 4 个方面进行自定义设置。

字符格式化一般通过“开始”选项卡“字体”组中的相应按钮（见图 3–21）及“字体”对话框来实现。单击“字体”组右下角的对话框启动器，打开“字体”对话框，其中有“字体”和“高级”两个选项卡。

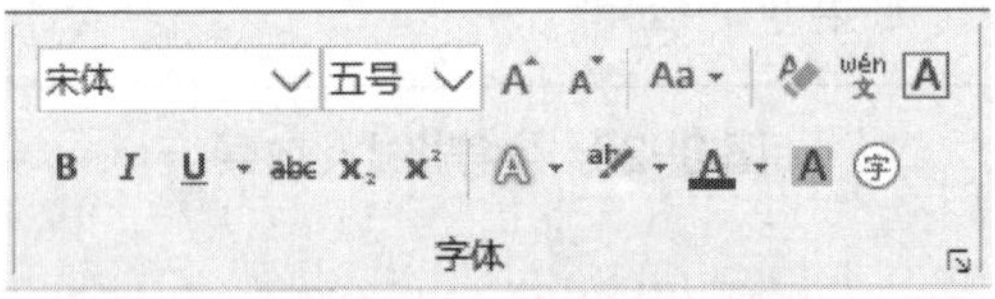

图 3–21 “字体”组中各按钮

- “字体”选项卡：用于设置字体、字号、字形、字体颜色、下画线、着重号和静态效果。
- “高级”选项卡：用于设置字符的缩放比例、字符间距、字符位置等。

注意：选中文本后，右上角会出现“字体”浮动工具栏，字符格式化也可以通过单击其中的相应按钮快捷完成。

【例 3–4】打开例 3–3 中的“一封信”文档，进行字符排版。

①将标题“一封信”设置为华文琥珀、三号、倾斜；字符缩放 150%，加宽 2 pt。

②使用喜欢的文本效果预设样式设置标题“一封信”，再单独添加阴影和发光效果。

③给正文第 2 段加波浪线。

字符排版效果如图 3–22 所示。

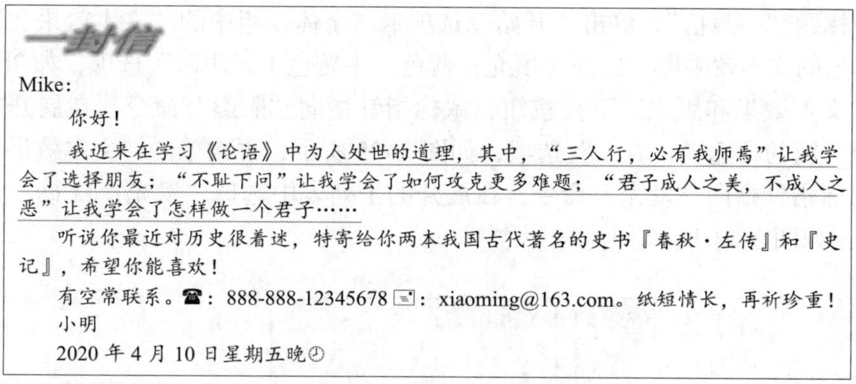

一封信

Mike:

你好！

我近来在学习《论语》中为人处世的道理，其中，“三人行，必有我师焉”让我学会了选择朋友；“不耻下问”让我学会了如何攻克更多难题；“君子成人之美，不成人之恶”让我学会了怎样做一个君子……

听说你最近对历史很着迷，特寄给你两本我国古代著名的史书『春秋·左传』和『史记』，希望你能喜欢！

有空常联系。☎：888-888-12345678 ✉：xiaoming@163.com。纸短情长，再祈珍重！

小明

2020 年 4 月 10 日星期五晚

图 3-22 “一封信”字符排版效果

操作步骤如下。

①打开文档，选中标题“一封信”，单击“开始”选项卡“字体”组中的“字体”下拉按钮，选择“华文琥珀”，然后单击该组中的“字号”下拉按钮，选择“三号”，再单击该组中的“倾斜”按钮。设置好字体、字号、字形后，单击该组右下角的对话框启动器，打开“字体”对话框，在“高级”选项卡中的“缩放”下拉列表框中选择“150%”，在“间距”下拉列表框中选择“加宽”，在“磅值”文本框中选择或输入“2 磅”，如图 3-23 所示，单击“确定”按钮。

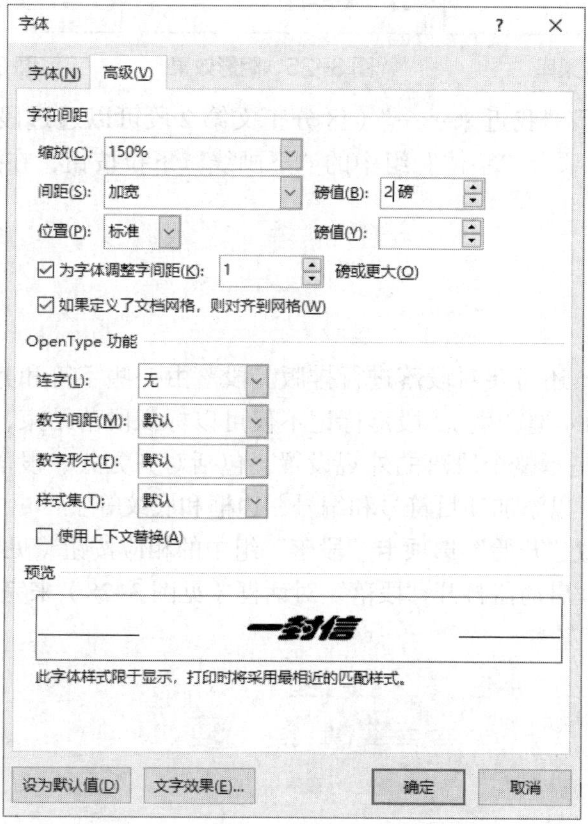

图 3-23 “字体”对话框“高级”选项卡

②选中标题“一封信”，单击“开始”选项卡“字体”组中的“文本效果和版式”下拉按钮，在弹出的文本效果库中选择“填充：蓝色，主题色 1；阴影”选项，如图 3–24 所示；再次单击“文本效果和版式”下拉按钮，鼠标指针指向“阴影”命令，在展开的子列表中选择“透视”区的“透视：右上”选项，如图 3–25 所示；再次单击“文本效果和版式”下拉按钮，鼠标指针指向“发光”命令，在展开的子列表中选择“发光：11 磅；蓝色，主题色 1”选项，如图 3–26 所示。

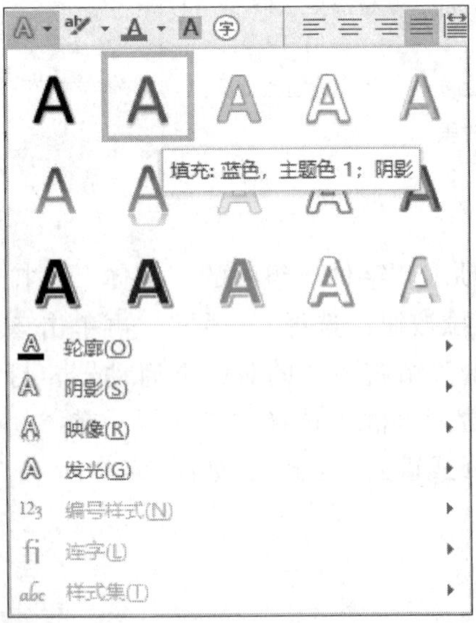

图 3–24 文本效果库

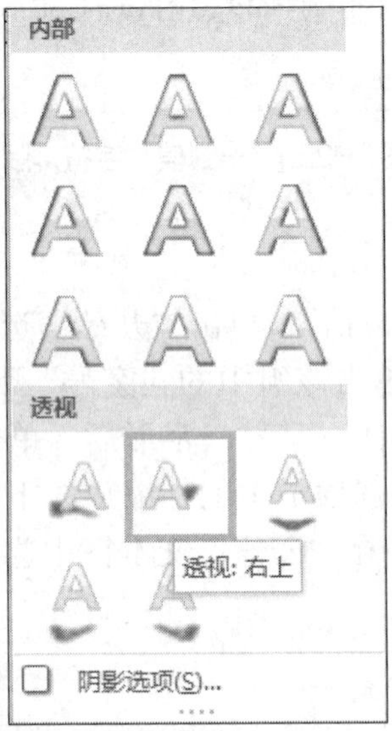

图 3–25 阴影效果

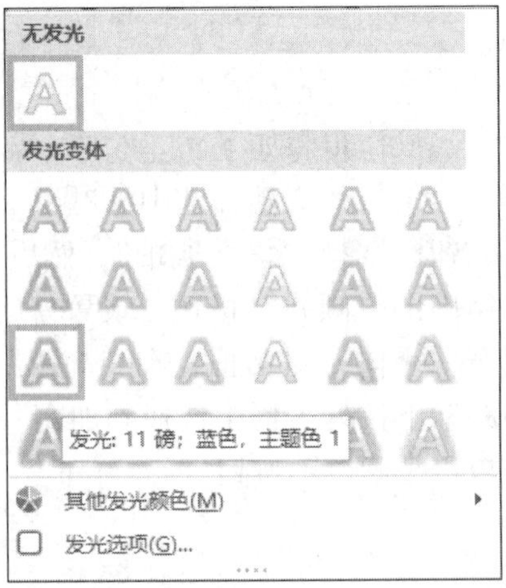

图 3–26 发光效果

③选中正文第 2 段“我近来……”（区分正文第 2 段可以通过段落标记，标题段落除外），单击“开始”选项卡“字体”组中的“下画线”下拉按钮，在列表中选择“波浪线”选项。

3.3.2 段落排版

完成字符排版后，还需要对段落进行排版。段落由一些字符和其他对象组成，最后是段落标记（↵，按 Enter 键产生）。段落标记不仅可以标识段落结束，还存储这个段落的排版格式。段落的排版是指整个段落的外观设置，包括对齐方式、段落缩进、段落间距、行距等的设置，同时还可以添加项目符号和编号、边框和底纹等。

段落排版一般通过“开始”选项卡“段落”组中的相应按钮（见图 3–27），或单击“段落”组右下角的对话框启动器打开“段落”对话框（见图 3–28）来完成。

图 3–27 “段落”组中各按钮

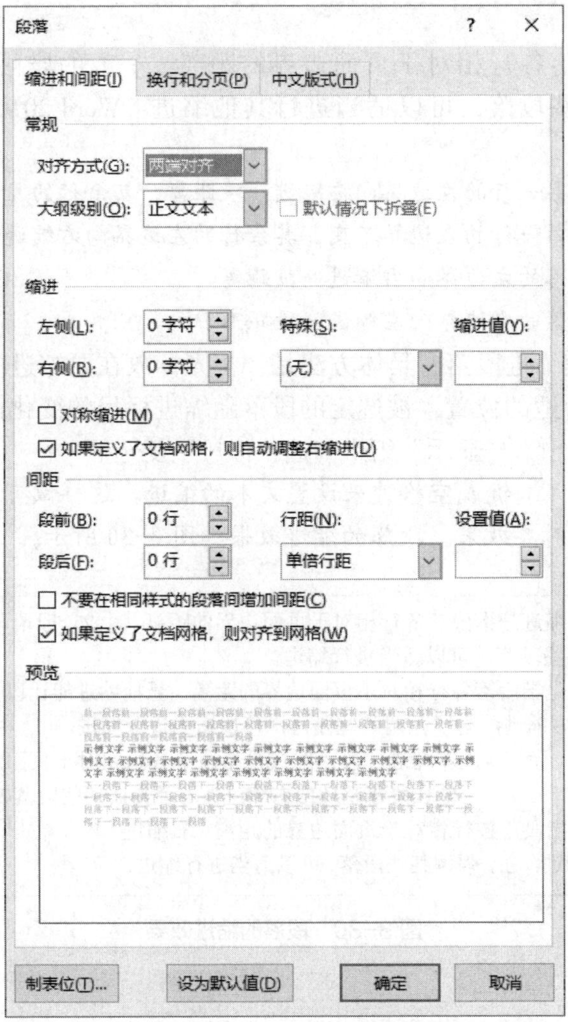

图 3-28 “段落”对话框

段落排版主要是从以下几个方面进行设置的。

1. 对齐方式

在文档中对齐文本可以使文本清晰易读。对齐方式一般有 5 种：左对齐、右对齐、居中、两端对齐和分散对齐。其中，两端对齐以词为单位，自动调整词与词间空格的宽度，使正文沿页的左、右边界对齐。这种方式可以防止出现英文文本中一个单词跨两行的情况，但对于中文，其效果基本等同于左对齐。分散对齐使字符均匀地分布在一行上。各种对齐方式的效果如图 3-29 所示。

我是左对齐：文字在页面左侧

我是右对齐：文字在页面右侧

我是居中：文字在页面中间

我是两端对齐：中文时与左对齐一致。

我 是 分 散 对 齐 ： 所 有 字 符 均 匀 分 布 在 一 行

图 3-29　各种对齐方式的效果

2. 段落缩进

段落缩进是指段落各行相对于页面边界的距离。一般的段落都规定首行缩进两个字符，但为了强调某些段落，可以适当进行其他缩进。Word 2016 提供了 4 种段落缩进方式。

- 首行缩进：段落第一行的左边界向右缩进一段距离，其余行的左边界不变。
- 悬挂缩进：段落第一行的左边界不变，其余行的左边界向右缩进一段距离。
- 左缩进：整个段落的左边界向右缩进一段距离。
- 右缩进：整个段落的右边界向左缩进一段距离。

可以使用标尺快速缩进段落，具体方法是：将光标放在要缩进的段落中，然后将标尺上的缩进符号拖动到合适的位置，被选定的段落随缩进标尺的变化而重新排版。要显示标尺，需要在“视图”选项卡“显示”组中勾选“标尺”复选框。

注意：最好不要用 Tab 键或空格键来设置文本的缩进，这样做可能会使得不同行由于文字内容不同而无法达到对齐效果。段落的缩进效果如图 3-30 所示。

首行缩进：段落缩进是指段落各行相对于页面边界的距离。中文一般段落都规定首行缩进两个字符，为了强调某些段落，可以适当进行缩进。

悬挂缩进：段落缩进是指段落各行相对于页面边界的距离。悬挂缩进能让段落中除了首行的其他行统一向右缩进，为了强调某些段落，可以适当进行缩进。

左缩进：段落缩进是指段落各行相对于页面边界的距离。左缩进能让段落整体向右缩进，为了强调某些段落，可以适当进行缩进。

右缩进：段落缩进是指段落各行相对于页面边界的距离。右缩进能让段落整体向左缩进，为了强调某些段落，可以适当进行缩进。

图 3-30　段落的缩进效果

3. 段落间距与行距

段落间距指当前段落与相邻两个段落之间的距离，合理设置段前间距和段后间距可使文档段落显示清晰。行距指段落中行与行之间的距离，有“单倍行距”“1.5 倍行距”等，选择其中的“最小值”“固定值”和“多倍行距”选项，可在“设置值”文本框中选择或输入磅数。如果希望显示得尽量紧凑，可以选择“最小值”选项，当文本高度超出该值时，Word 会自动调整高度以容纳较大字体；当行距选择“固定值”选项时，如果文本高度大于设置的固定值，则该行的文本不能完全显示出来。

设置段落缩进和段落间距时，单位有“磅”“厘米”“毫米”“英寸”等。可以通过单击“文件”按钮，在菜单中选择“选项”命令，打开“Word 选项”对话框，然后单击“高级”标签，在“显示”栏中进行度量单位的设置。一般情况下，如果度量单位选择“厘米”，而“以字符宽度为度量单位”复选框也被勾选的话，默认的缩进单位为“字符”，对应的段落间距和行距单位为“磅”；如果取消勾选“以字符宽度为度量单位”复选框，则缩进单位为“厘米”，对应的段落间距和行距单位为“行”。

【例 3-5】将例 3-4“一封信”文档中的正文第 3 段设置为左、右各缩进 1 cm，首行缩进 0.8 cm，行距为最小值 15 pt，段后间距为 8 pt。段落排版效果如图 3-31 所示。

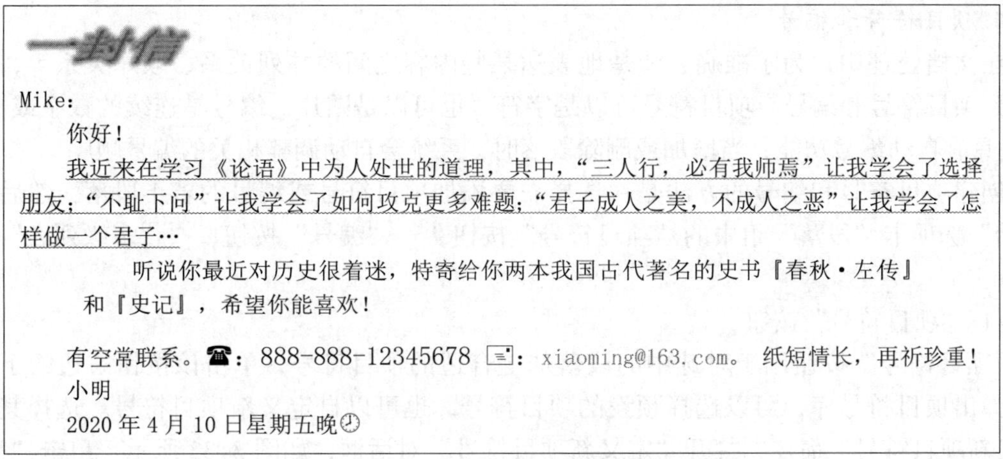

一封信

Mike：

你好！

我近来在学习《论语》中为人处世的道理，其中，“三人行，必有我师焉”让我学会了选择朋友；“不耻下问”让我学会了如何攻克更多难题；“君子成人之美，不成人之恶”让我学会了怎样做一个君子…

听说你最近对历史很着迷，特寄给你两本我国古代著名的史书『春秋·左传』和『史记』，希望你能喜欢！

有空常联系。☎：888-888-12345678 ✉：xiaoming@163.com。纸短情长，再祈珍重！

小明

2020 年 4 月 10 日星期五晚

图 3-31 “一封信”文档段落排版效果

操作步骤如下。

①单击“文件”按钮，在菜单中选择“选项”命令，打开“Word 选项”对话框。单击“高级”标签，在“显示”栏中选择度量单位为“厘米”，注意不要勾选下面的“以字符宽度为度量单位”复选框，如图 3-32 所示。

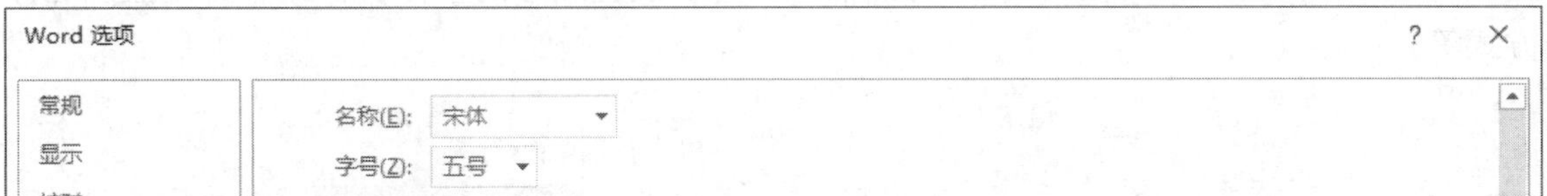

图 3-32 设置段落缩进和间距单位

②选中正文第 3 段（注意要将段首的空格删除，否则特殊格式的度量值会是字符而不是厘米），单击“开始”选项卡“段落”组右下角的对话框启动器，打开“段落”对话框，进行相应设置，然后单击“确定”按钮。

4. 项目符号和编号

在文档处理中，为了准确、清楚地表达某些内容之间的并列关系、顺序关系等，经常要用到项目符号和编号。项目符号可以是字符，也可以是图片；编号是连续的数字或字母。Word 具有自动编号功能，当增加或删除段落时，系统会自动调整相关的编号顺序。

创建项目符号和编号的方法是：选择需要添加项目符号或编号的若干段落，然后单击“开始”选项卡“段落”组中的“项目符号”按钮、“编号”按钮、“多级列表”按钮。

（1）“项目符号”按钮

“项目符号”按钮用于对选中的段落加上合适的项目符号。单击该按钮右边的下拉按钮，弹出项目符号库，可以选择预设的项目符号，也可以自定义新项目符号。选择其中的“定义新项目符号”命令，打开“定义新项目符号”对话框，如图 3–33 所示，单击“符号”或“图片”按钮选择项目符号的样式。如果新项目符号是字符，还可以通过单击“字体”按钮进行格式化设置，如改变项目符号的大小和颜色、加下画线等。

（2）“编号”按钮

“编号”按钮用于对选中的段落加上需要的编号样式。单击该按钮右边的下拉按钮，弹出编号库，选择需要的编号样式，或选择“定义新编号格式”命令，打开“定义新编号格式”对话框，如图 3–34 所示。在该对话框中，可以设置编号的字体、样式、起始值、对齐方式等。

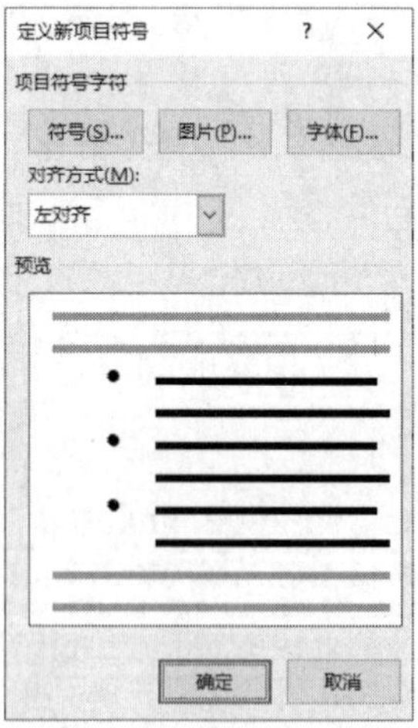

图 3–33 “定义新项目符号”对话框

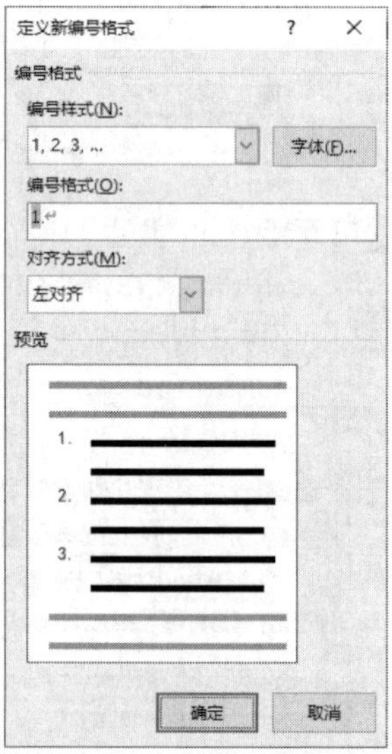

图 3–34 “定义新编号格式”对话框

（3）“多级列表”按钮

“多级列表”按钮用于创建多级列表，多级列表可以清晰地表明各层次的关系。创建多级列表时，需先确定多级格式，然后输入内容，再通过“段落”组中的“减少缩进量”按钮和“增加缩进量”按钮来确定层次关系。

要取消项目符号、编号和多级列表，只需要再次单击相应的按钮，在项目符号库、编号库、多级列表库中单击“无”按钮即可。

5. 边框和底纹

给段落加上边框和底纹，可以起到强调和美化的作用。

简单地添加边框和底纹，可以分别单击“开始”选项卡“段落”组中的“底纹”和“边框”按钮，较复杂的设置则可通过“边框和底纹”对话框来完成。选定段落，单击“开始”选项卡“段落”组中的“边框”按钮右边的下拉按钮，在下拉菜单中选择“边框和底纹”命令，打开“边框和底纹”对话框，如图 3-35 所示，其中有“边框”“页面边框”和“底纹”3 个选项卡。

（1）“边框”选项卡

“边框”选项卡用于对选定的段落或文字加边框，可以选择边框的类别、样式、颜色和线条宽度等。如果需要对某些边设置边框线，如只对段落的上、下边框设置边框线，可以单击“预览”栏中的左、右边框按钮将左、右边框线去掉。

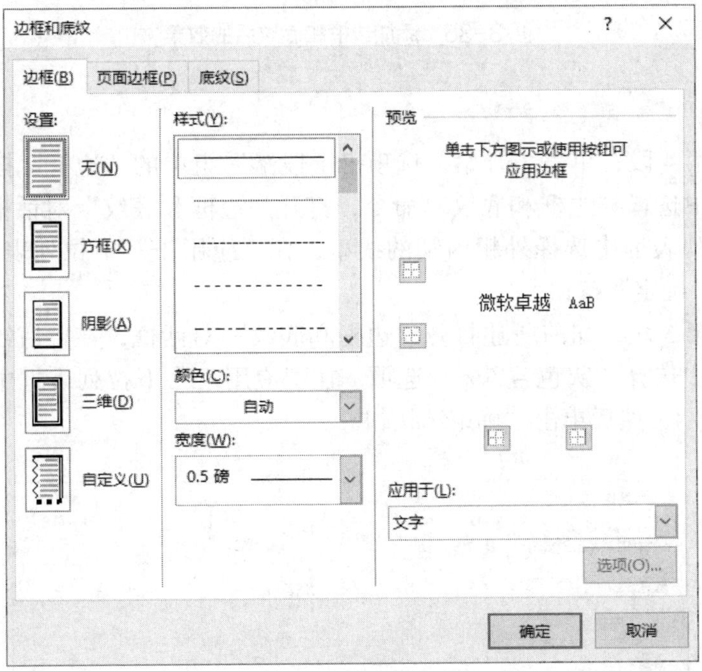

图 3-35　“边框和底纹”对话框

（2）“页面边框”选项卡

“页面边框”选项卡用于对页面或整个文档加边框。它的设置与“边框”选项卡类似，但增加了“艺术型”下拉列表框。

（3）“底纹”选项卡

“底纹”选项卡用于对选定的段落或文字加底纹。其中，“填充”下拉列表框用于设置底纹的背景色；“样式”下拉列表框用于设置底纹的图案样式（如浅色上斜线）；“颜色”下拉列表框用于设置底纹图案中点或线的颜色。

注意：在设置段落的边框和底纹时，要在“应用于”下拉列表框中选择“段落”选项；设置文字的边框和底纹时，要在“应用于”下拉列表框中选择“文字”选项。

【例 3-6】给例 3-5“一封信”文档中的正文第 4 段添加外粗内细的边框，给第 5 段文字添加“灰色 -25%”底纹，给整个页面添加“气球”页面边框，效果如图 3-36 所示。

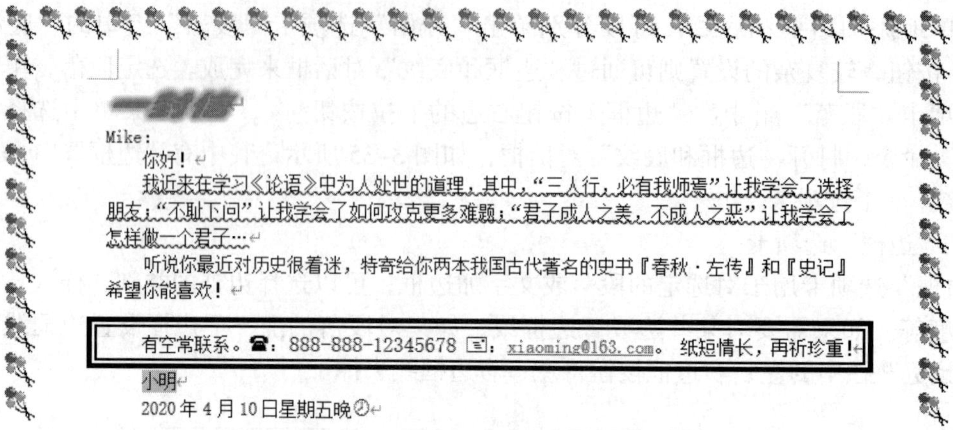

图 3-36　添加边框和底纹后的效果

操作步骤如下。

①选中正文第 4 段，单击“开始”选项卡“段落”组中的“边框”按钮右边的下拉按钮，在下拉菜单中选择“边框和底纹”命令，打开“边框和底纹”对话框。在“边框”选项卡的“样式”列表框中选择外粗内细的线型，在“应用于”下拉列表框中选择“段落”选项，然后单击“确定”按钮。

②选中正文第 5 段，如前所述打开“边框和底纹”对话框，在“底纹”选项卡的“样式”下拉列表框中选择“灰色 -25%”选项，在“应用于”下拉列表框中选择“文字”选项，如图 3-37 所示，然后单击“确定”按钮。

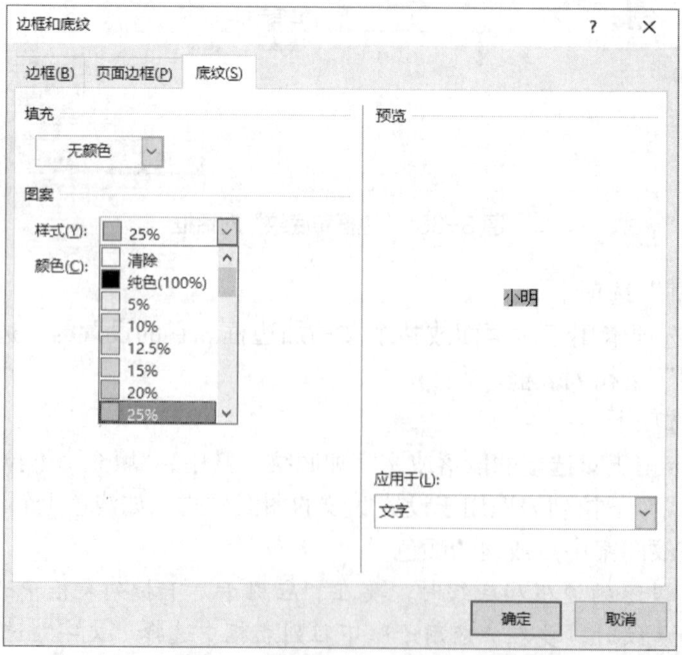

图 3-37　设置“灰色 -25%”底纹

③将光标置于文档中的任意位置，如前所述打开“边框和底纹”对话框，在“页面边框”选项卡的“艺术型”下拉列表框中选择“气球”边框类型，然后单击“确定”按钮。

6. 格式刷

有时候需要对多个段落使用同一格式，利用“开始”选项卡“剪贴板”组中的“格式刷”按钮 格式刷，可以快速地复制格式，提高效率。该按钮也可用来实现字符格式的快速复制。格式刷的使用方法如下。

①选定要复制格式的文本或段落（如果是段落，在该段落的任意处单击即可）。

②单击“开始”选项卡“剪贴板”组中的“格式刷”按钮。

③拖曳鼠标指针经过要应用此格式的文本或段落（如果是段落，在该段落的任意处单击即可）。

若需要多次复制同一格式，可在第②步操作时双击“格式刷”按钮。若需要退出多次复制操作，可再次单击“格式刷”按钮或按 Esc 键。

3.3.3　页面排版

页面排版反映了文档的整体外观和输出效果，页面排版主要包括页面设置、页眉和页脚设置、脚注和尾注设置、特殊格式设置（首字下沉、分栏、文档竖排、页面背景）等。

1. 页面设置

页面设置通常包括设置页边距、纸张大小、页眉和页脚的位置、每页容纳的行数和每行容纳的字数等，可通过“布局”选项卡“页面设置”组中的相应按钮或通过“页面设置”对话框来实现。

“页面设置”对话框可通过单击“布局”选项卡“页面设置”组右下角的对话框启动器打开，如图 3-38 所示，该对话框有 4 个选项卡。

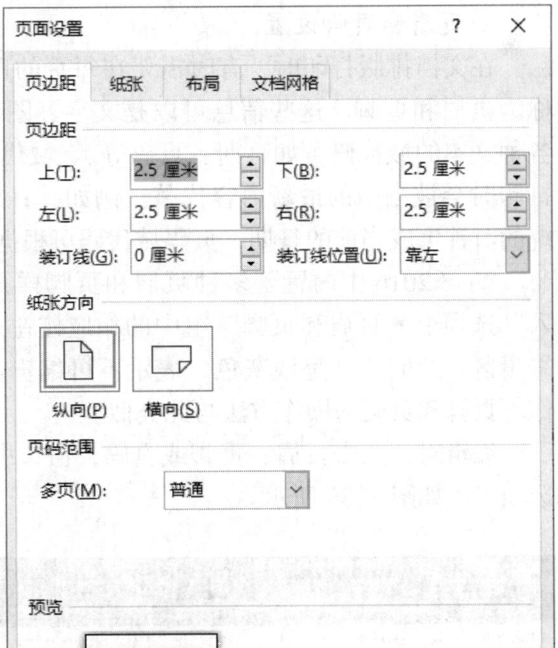

图 3-38　“页面设置”对话框

（1）“页边距”选项卡

“页边距”选项卡用于设置文档内容与纸张四边的距离，从而确定文档版心的大小。通常正文显示在页边距以内，包括脚注和尾注，而页眉和页脚显示在页边距上。页边距包括“上边距”“下边距”“左边距”和“右边距”。“页面设置”对话框设置页边距的同时，还可以设置装订线的位置或选择纸张打印方向等。其中，页边距还可以通过“页面设置”组中的“页边距”下拉按钮快捷设置，它提供了“常规”“窄”“中等”“宽”“对称”5 种预设方式。纸张方向也可以通过该组中的“纸张方向”下拉按钮快捷设置。

（2）“纸张”选项卡

“纸张”选项卡用于选择纸张的大小，一般默认值为 A4 纸。如果要使用特殊规格的纸张，可以选择“自定义大小”选项，并通过“宽度”和“高度”文本框定义纸张的大小。纸张大小也可以通过“页面设置”组中的“纸张大小”下拉按钮快捷设置。

（3）“布局”选项卡

“布局”选项卡用于设置页眉和页脚的特殊选项，如奇偶页不同、首页不同、距边界的距离、垂直对齐方式等。

（4）“文档网格”选项卡

“文档网格”选项卡用于设置每页容纳的行数和每行容纳的字数，以及文字打印方向和行列网格线是否要打印等。

通常，页面设置作用于整个文档，如果只对部分文档进行页面设置，应在“应用于”下拉列表框中选择“所选文字”选项。

2. 页眉和页脚设置

在文档排版打印时，有时需要在每页的顶部和底部加入一些说明性信息，称为页眉和页脚。这些信息可以是文字、图形、图片等，还可以是用来生成各种文本的域代码（如日期、页码等）。域代码与普通文本不同，它在显示和打印时会被当前的最新内容代替。例如，日期域代码可根据显示或打印时系统的时钟生成当前的日期；页码域代码可根据文档的实际页数生成当前的页码。

页眉和页脚

Word 2016 中内置了多种页眉和页脚样式，可以直接应用于文档。这是通过单击“插入”选项卡“页眉和页脚”组中的相应按钮来完成的。插入页眉时，选好样式，进入页眉编辑区，此时正文呈浅灰色，表示不可编辑。页眉内容输入完成后，双击正文部分完成操作。页脚和页码的操作方法与此类似。

编辑时，双击页眉、页脚或页码，窗口中会出现“页眉和页脚工具”→“页眉和页脚”选项卡，如图 3-39 所示。

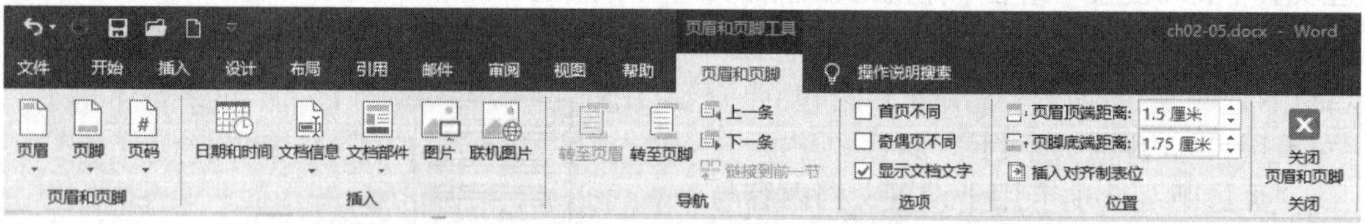

图 3-39 “页眉和页脚工具”→“页眉和页脚”选项卡

可以根据需要插入图片、日期或时间、域（单击“插入”选项卡“文本”组中的“文档部件”下拉按钮，在打开的下拉菜单中选择“域”命令）等内容。如果要关闭页眉和页脚的编辑状态回到正文，那么直接单击最右侧“关闭”组中的“关闭页眉和页脚”按钮即可。如果要删除页眉和页脚，那么先双击页眉和页脚，选定要删除的内容，按 Delete 键，或者单击“插入”选项卡“页眉和页脚”组中的“页眉”或“页脚”下拉按钮，在打开的下拉菜单中选择相应的“删除页眉”“删除页脚”命令。

在文档中可自始至终使用同一个页眉和页脚，也可在文档的不同部分使用不同的页眉和页脚。例如，首页不同、奇偶页不同，这需要通过在“页眉和页脚工具”→“页眉和页脚”选项卡“选项”组中勾选相应的复选框来设置。如果文档被分为多个节，还可以设置节与节之间的页眉和页脚互不相同。

3. 脚注和尾注设置

脚注和尾注用于给文档中的文本加注释。脚注用于对文档某处内容进行注释说明，通常位于页面底端；尾注用于说明引用文献的来源，一般位于文档末尾。在同一个文档中，可以同时包括脚注和尾注，但一般只在页面视图下可见。

脚注和尾注由两部分组成：注释引用标记和与其对应的注释文本。对于注释引用标记，Word 可以自动为其编号，还可以创建自定义标记。添加、删除或移动了自动编号的注释时，Word 将对其他注释引用标记重新编号。注释可以使用任意长度的文本，可以像其他文本一样为其设置文本格式。可以自定义注释分隔符，即自定义用来分隔文档正文和注释文本的线条。

脚注和尾注设置通过单击“引用”选项卡“脚注”组中的相应按钮，或单击“脚注”组右下角的对话框启动器，在打开的“脚注和尾注”对话框中进行，如图 3–40 所示。

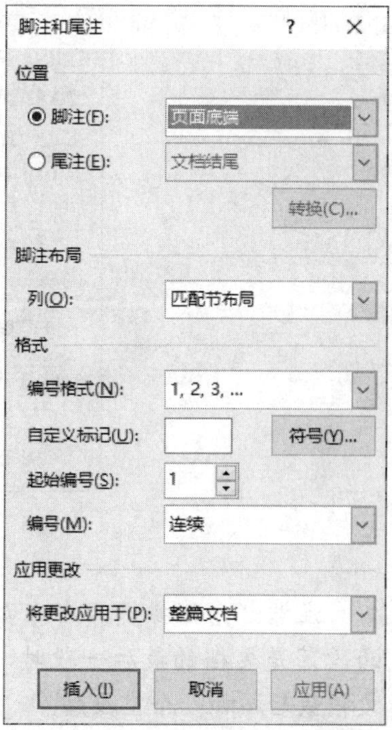

图 3–40 “脚注和尾注”对话框

4. 特殊格式设置

（1）分栏

分栏是指将一页纸的版面分为几栏，使页面更生动和更具可读性。这种排版方式在报纸、杂志中经常用到。

分栏是通过单击“布局”选项卡“页面设置”组中的“栏”下拉按钮来操作的。如果分栏较复杂，需要在打开的下拉菜单中选择“更多栏”命令，打开“栏”对话框进行设置，如图 3–41 所示。该对话框的“预设”栏用于设置分栏方式，可以等宽地将版面分成两栏、三栏；如果栏宽不等，则只能分成两栏。此外，用户可以选择分栏时各栏之间是否带分隔线，还可以自定义分栏形式，按需要设置“宽度”和“间距”即可。

如果要对文档进行多种分栏，只要分别选定需要分栏的段落，执行分栏操作即可。多种分栏并存时，系统会自动在应用了不同分栏格式的文本之间增加双虚线的分节符（草稿视图下可见）。

分栏排版不满一页时，会出现分栏长度不一致的情况，采用等长栏排版可使栏长一致，操作如下：首先将光标移到分栏文本的结尾处，然后单击“布局”选项卡“页面设置”组中的“分隔符”下拉按钮，在打开的下拉菜单中选择“分节符”区中的“连续”命令。

若要取消分栏，只要选择已分栏的段落，改为一栏即可。

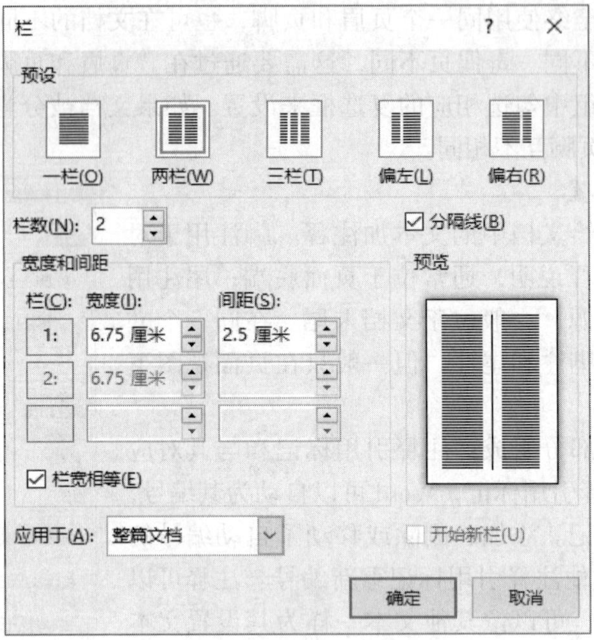

图 3-41 “栏”对话框

注意：分栏操作只有在页面视图下才能看到效果。当分栏的段落是文档的最后一段时，为使分栏有效，必须在分栏前在文档最后添加一个空段落。

（2）首字下沉

首字下沉是将选定段落的第一个字放大数倍，以引导阅读，它也是报纸、杂志中常用的排版方式。

建立首字下沉的方法如下：选中段落或将光标定位于需要首字下沉的段落中，单击“插入”选项卡“文本”组中的“首字下沉”下拉按钮，在下拉菜单中选择需要的形式即可。若选择其中的“首字下沉选项”命令，将打开“首字下沉”对话框，如图 3-42 所示。在该对话框中，不仅可以选择“下沉”或“悬挂”的位置，还可以设置字体、下沉行数及与正文的距离。

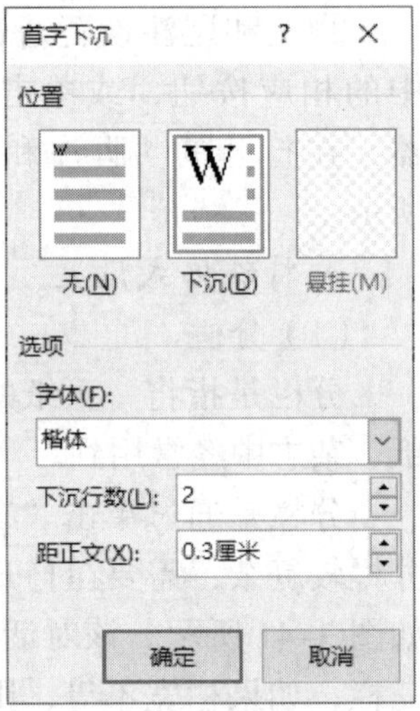

图 3-42 “首字下沉”对话框

若要取消首字下沉，只要选定已首字下沉的段落，单击“插入”选项卡“文本”组中的“首字下沉”下拉按钮，在下拉菜单中选择“无”命令即可。

【例 3-7】将例 3-6 中的“一封信”文档正文第 3 段分为等宽 2 栏，栏宽为 4 cm，栏间加分隔线，并设置首字下沉，字体为楷体，下沉行数为 2，距正文 0.3 cm，效果如图 3-43 所示。

图 3-43 分栏、首字下沉效果

操作步骤如下。

①选定正文第 3 段，单击“布局”选项卡“页面设置”组中的“栏”下拉按钮，在下拉菜单中选择“更多栏”命令，打开“栏”对话框。在“预设”栏中选择“两栏”，宽度设为“4 cm”，勾选“分隔线”复选框，然后单击“确定”按钮。

②单击“插入”选项卡“文本”组中的“首字下沉”下拉按钮，在下拉菜单中选择“首字下沉选项”命令，在打开的“首字下沉”对话框中进行相应设置，如图 3-42 所示，然后单击“确定”按钮。

（3）文档竖排

通常情况下，文档都是从左至右横排的，但是有时需要特殊效果，如古文、古诗的排版需要文档竖排。这时，可以单击“布局”选项卡“页面设置”组中的“文字方向”下拉按钮，在下拉菜单中根据需要选择其中的一种竖排样式。

注意：如果把一篇文档中的部分文字进行文档竖排，竖排文字会独占一页进行显示，如果想在一页上既出现横排文字，又出现竖排文字，则需要利用到后面介绍的竖排文本框解决问题。

（4）页面背景

可以通过为文档添加文字或图片水印，设置文档的颜色或图案填充效果、为页面添加边框使页面更加美观。上述操作可通过“设计”选项卡“页面背景”组中的相应按钮实现。

【例 3-8】为例 3-7 中的“一封信”文档添加喜欢的图片水印效果。

操作步骤如下。

①单击“设计”选项卡“页面背景”组中的“水印”下拉按钮，选择“自定义水印”命令，打开“水印”对话框。

②选中“图片水印”单选按钮，再单击“选择图片”按钮，打开“插入图片”对话框，从磁盘中选择需要的图片，单击“插入”按钮。返回“水印”对话框后，根据图片大小在“缩放”下拉列表框中输入图片的缩放比例，然后取消勾选“冲蚀”复选框，如图 3-44 所示，最后单击“确定”按钮，其效果如图 3-45 所示。

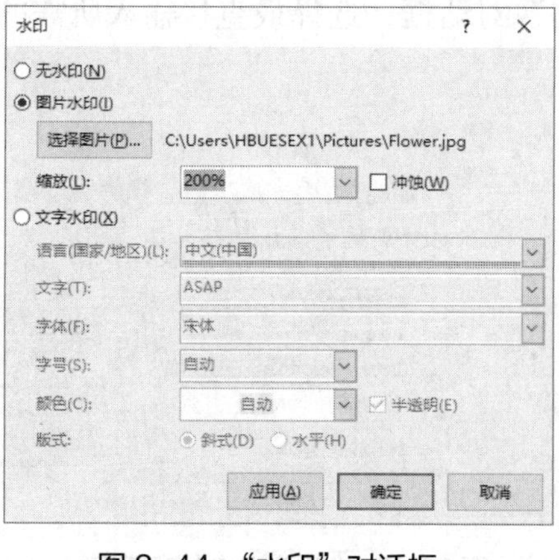

图 3-44　“水印”对话框

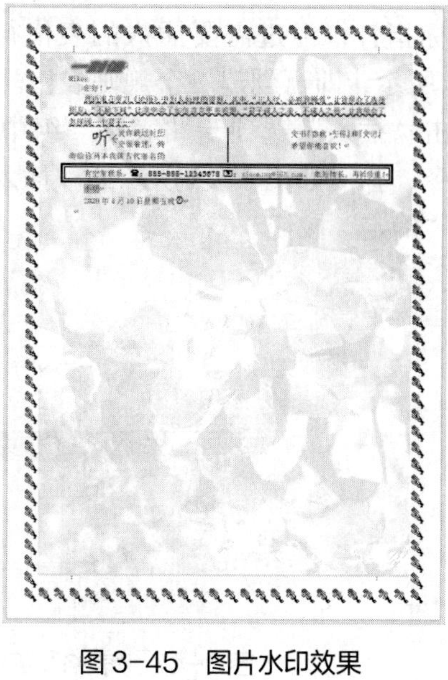

图 3-45　图片水印效果

3.4 制作表格

表格具有分类清晰、简明直观的优点。文档中经常需要使用表格来组织文档中有规律的文字和数字，有时还需要利用表格将文字段落并行排列（如履历表）。Word 2016 提供的表格处理功能可以方便地处理各种表格，特别适用于简单表格（如课程表、作息时间安排表、成绩表等）。如果要制作大型、复杂的表格（如年度销售报表），或是要对表格中的数据进行大量、复杂的计算和分析，Excel 2016 是更好的选择。

Word 中的表格主要有 3 种类型：规则表格、不规则表格、文本转换成的表格，如图 3-46 所示。表格由若干行和若干列组成，行和列的交叉处称为单元格。单元格内可以输入字符、插入图形，或再插入一个子表格。

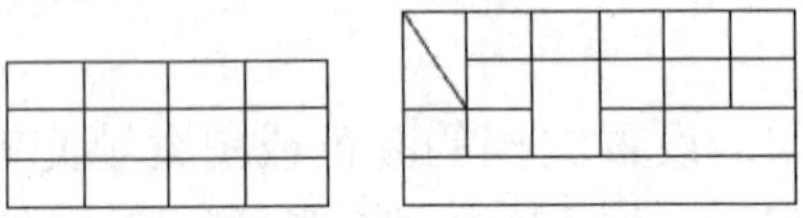

课程	学时	学分
高等数学	72	4
离散数学	54	3
计算机基础	36	2

（a）规则表格　（b）不规则表格　（c）文本转换成的表格

图 3-46　Word 中的表格

对表格的操作可以通过“插入”选项卡“表格”组中的“表格”下拉按钮完成。

3.4.1 创建表格

1. 创建规则表格

创建规则表格有两种方法。

①单击“插入”选项卡“表格”组中的“表格”下拉按钮，在下拉菜单中的虚拟表格里移动鼠标指针，经过需要插入的表格行列，确定显示出的表格行列数符合要求后单击，如图 3-47 所示，即可创建一个规则表格。

②单击“插入”选项卡“表格”组中的“表格”下拉按钮，在下拉菜单中选择“插入表格”命令，弹出如图 3-48 所示的“插入表格”对话框，选择或直接输入所需的列数和行数，单击“确定”按钮。

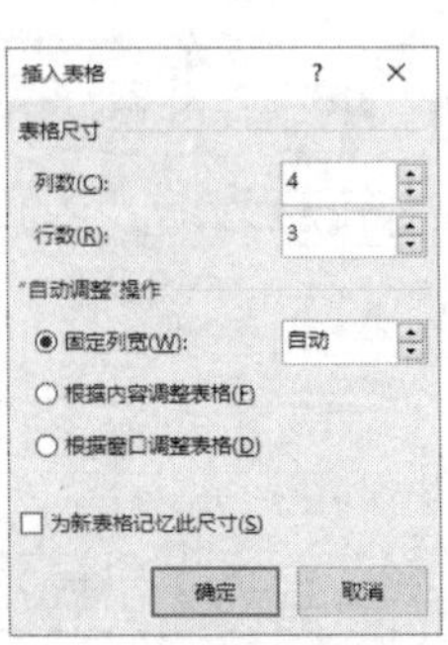

图 3-47　“表格”下拉按钮　　图 3-48　“插入表格”对话框

2. 创建不规则表格

单击“插入”选项卡“表格”组中的“表格”下拉按钮，在下拉菜单中选择“绘制表格”命令，此时，鼠标指针呈铅笔状，可直接绘制表格外框行列线和斜线（在线段的起点单击并拖曳至终点释放）。表格绘制完成后，如果光标在表格内，则在系统选项卡右侧会出现“表格工具”→“表设计”和“表格工具”→“布局”两个选项卡。

单击“表格工具”→“布局”选项卡“绘图”组中的“绘制表格”按钮，可取消选定状态。对多余的线段可利用“橡皮擦”按钮，用鼠标指针沿表格线拖曳或单击即可。此外，在绘制过程中，可以根据需要选择表格线的线型、宽度和颜色等，这些直接通过“表格工具”→“表设计”选项卡“表格样式”和“边框”组完成。

3. 将文本转换成表格

按规律分隔的文本可以转换成表格，文本的分隔符可以是空格、制表符、逗号或其他符号等。要将文本转换成表格，需先选定文本，再单击“插入”选项卡“表格”组中的“表格”下拉按钮，在下拉菜单中选择“文本转换成表格”命令即可。

注意：文本分隔符不能是中文或全角状态的符号，否则转换不成功。创建表格时，有时需要绘制斜线表头，即将表格中第1行第1列的单元格用斜线分成几部分，每一部分对应表格中行和列的内容。对于表格中的斜线表头，可以使用“插入”选项卡“插图”组中的“形状”下拉按钮，通过在下拉菜单中“线条”区的“直线”和“基本形状”区的“文本框”共同完成。

3.4.2 输入表格内容

表格创建好后，可以在表格的任一单元格中定位光标并输入文字，也可以插入图片、图形、图表等内容。在单元格中输入和编辑文字的操作与文档的其他文本段落一样，单元格的边界作为文本的边界，当输入内容到达单元格的右边界时，文本自动换行，行高也将自动调整。

输入时，按 Tab 键使光标往下一个单元格移动，按 Shift+Tab 组合键使光标往前一个单元格移动，也可以将鼠标指针直接指向所需的单元格后单击。

要设置单元格中文字的特定对齐方式（分上中下、左中右，共9种对齐组合方式），可将光标定位在单元格内（或选定多个单元格），在“表格工具”→“布局”选项卡“对齐方式”组中选择需要的对齐方式即可，如图3–49所示。也可以分别设置文字在单元格中的水平对齐方式和垂直对齐方式。其中，水平对齐方式可以利用“开始”选项卡“段落”组中的对齐按钮操作；垂直对齐方式则需要单击“表格工具”→“布局”选项卡“表”组中的“属性”按钮，在打开的“表格属性”对话框中的“单元格”选项卡中进行操作，如图3–50所示。

在表格单元格空间比较紧凑的情况下，也可合理调整单元格边距，使得单元格内对象可完整利用单元格所有空间。单击“表格工具”→“布局”选项卡“对齐方式”组中的“单元格边距”按钮，即可弹出“表格选项”对话框，如图3–51所示，其中可以设置单元格内对象距单元格上、下、左、右边界的准确距离。

其他设置如字体、缩进等与前面介绍的文档排版操作相同。

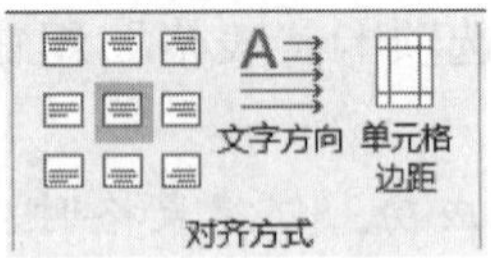

图 3-49 设置单元格对齐方式

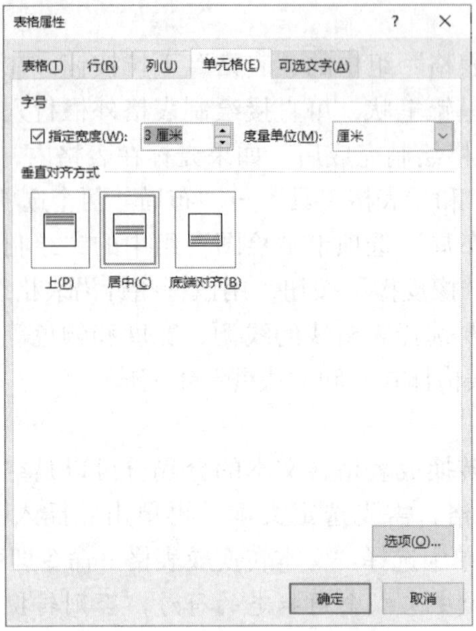

图 3-50 “表格属性”对话框

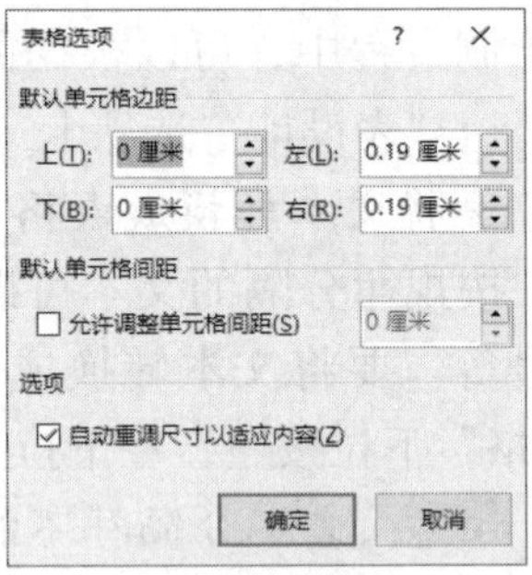

图 3-51 “表格选项”对话框

【例 3-9】创建一个带斜线表头的表格，如图 3-52 所示，表格中文字的对齐方式为水平居中对齐（水平和垂直方向上都是居中对齐方式）。

科目 姓名	数学	英语	计算机
张三	89	71	92
李四	97	87	88
王五	84	73	95

图 3-52 带斜线表头的表格

操作步骤如下。

①新建一个文档，单击“插入”选项卡“表格”组中的“表格”下拉按钮，在下拉菜单中的虚拟表格里移动鼠标指针，经过 4 行 4 列时单击。在创建的表格的任意一个单元格中单击，将鼠标指针移至表格右下角，当鼠标指针变成双箭头时，拖动鼠标适当调整表格大小。

②单击第 1 个单元格，单击“插入”选项卡“插图”组中的“形状”下拉按钮，在“线条”区单击“直线”按钮，在第 1 个单元格左上角顶点处单击并按住鼠标左键拖动至右下角顶点，绘制出斜线表头。然后单击“插入”选项卡“插图”组中的“形状”下拉按钮，在“基本形状”区中单击“文本框”按钮，在单元格的适当位置绘制一个文本框，输入“科”字。选中文本框并右击，在弹出的快捷菜单中选择“设置形状格式”命令，打开“设置形状格式”任务窗格。在“填充”和“线条”栏下分别选中“无填充”和“无线条”单选按钮，如图 3-53 所示。用同样的方法制作出斜线表头中的“目”“姓”“名”字（为避免重复操作，后三个字的处理可以先把第一个“科”字文本框复制三次，再替换文字）。

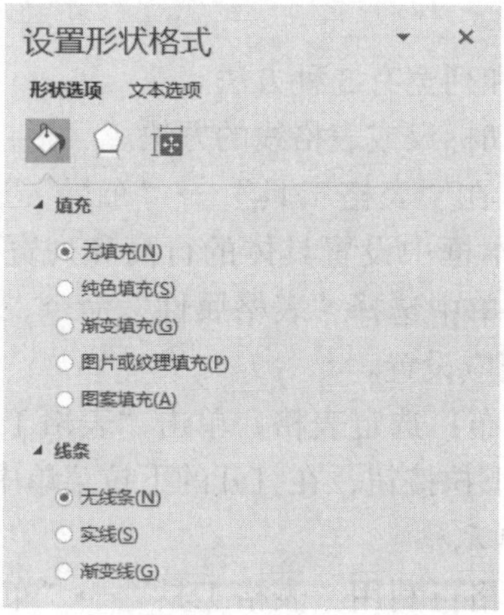

图 3-53 “设置形状格式”任务窗格

③在表格其他单元格中输入相应内容，然后选定整个表格中的文字并右击，在“表格工具”→“布局”选项卡“对齐方式”组中单击“水平居中”按钮（见图 3-49）。

3.4.3　编辑表格

表格的编辑操作同样遵守“先选定，后执行”的原则。选定表格的操作如表 3-2 所示。

表 3-2　选定表格的操作

选取范围	鼠标操作
一个单元格	将鼠标指针指向单元格内左下角处，指针呈向右上黑色实心箭头时单击
一行	将鼠标指针指向该行左端边沿处（选定区）并单击
一列	将鼠标指针指向该列顶端边沿处，光标呈向下黑色实心箭头时单击
整个表格	单击表格左上角的符号 ⊞

表格的编辑包括缩放表格，调整行高和列宽，增加或删除行、列和单元格，表格计算，表格排序，拆分和合并表格、单元格，表格复制和删除，表格跨页操作等。这主要通过“表格工具”→“布局”选项卡中的相应按钮（见图 3-54）或快捷菜单中的相应命令来完成。

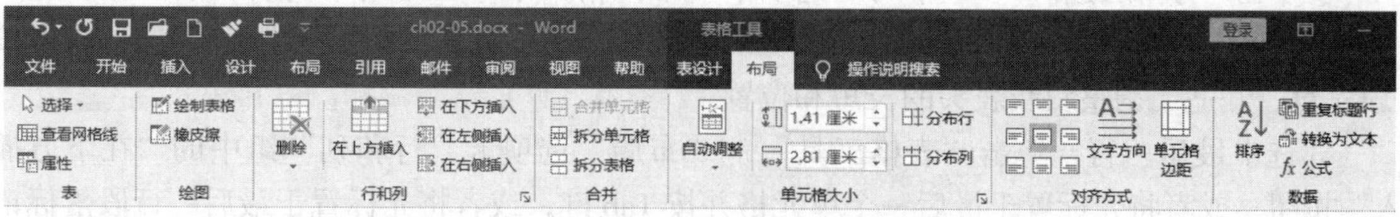

图 3-54 “表格工具”→“布局”选项卡中的按钮

1. 缩放表格

当鼠标指针位于表格中时，在表格的右下角会出现符号 □，称为句柄。将鼠标指针移动到句柄上，当鼠标指针变成双箭头时，拖动鼠标可以缩放表格。

2. 调整行高和列宽

根据不同情况，调整行高和列宽有 3 种方法。

①局部调整：可以采用拖动标尺或表格线的方法。

②精确调整：选定表格，在“表格工具”→“布局”选项卡“单元格大小”组中的“高度”文本框和“宽度”文本框中设置具体的行高和列宽。也可单击“表”组中的“属性”按钮，或在右击的快捷菜单中选择“表格属性”命令，打开“表格属性”对话框，在“行”和“列”选项卡中进行相应设置。

③自动调整列宽和均匀分布：选定表格，单击“表格工具”→“布局”选项卡“单元格大小”组中的“自动调整”下拉按钮，在打开的下拉菜单中选择相应的调整方式。

3. 增加或删除行、列和单元格

增加或删除行、列和单元格可利用“表格工具”→“布局”选项卡“行和列”组中的相应按钮或快捷菜单中的相应命令完成。如果选定的是多行或多列，那么增加或删除的也是多行或多列。

【例 3-10】对例 3-9 中的表格设置行高为 2 cm，列宽为 3 cm，然后在表格的底部添加一行并在该行第一列单元格中输入“平均分”，在表格的最右边添加一列并在该列第一行单元格中输入“总分”。结果如图 3-55 所示。

科目 / 姓名	数学	英语	计算机	总分
张三	89	71	92	
李四	97	87	88	
王五	84	73	95	
平均分				

图 3-55　表格设置及插入行列结果

操作步骤如下。

①选定整个表格。

②单击“表格工具”→“布局”选项卡“单元格大小”组中的“高度”文本框，将其中内容调整至“2 cm”或者直接输入“2 cm”。同样，在“宽度”文本框中设置“3 cm”，按 Enter 键，并适当调整斜线表头的长短和位置。

③选中最后一行，单击“表格工具”→“布局”选项卡“行和列”组中的“在下方插入”按钮，或者将光标置于最后一个单元格并按 Tab 键，或者将光标置于最后一行段落标记前按 Enter 键，然后在新插入行的第 1 个单元格中输入“平均分”。

④选中最后一列，单击“表格工具”→“布局”选项卡“行和列”组中的“在右侧插入”按钮，然后在新插入列的第 1 个单元格中输入“总分”。设置新增加的行和列中的文字对齐方式为水平居中对齐。

4. 表格计算

在 Word 表格中可以完成一些简单的计算，如求和、求平均值等。这些操作可以通过 Word 提供的函数快速实现，这些函数包括求和（SUM）、平均值（AVERAGE）、最大值（MAX）、最小值（MIN）、条件（IF）等。但是，与 Excel 相比，Word 的表格计算自动化能力差，当不同单元格进行同种功能的表格计算时，必须重复编辑公式或调用函数，效率低。此外，Word 表格计算的最大问题是，当单元格的内容发生变化时，结果不能自动重新计算，必须选定结果，然后按 F9 功能键，方可更新。

表格计算

在 Word 2016 中，通过“表格工具”→“布局”选项卡“数据”组中的“公式”按钮来使用函数或直接输入计算公式。在计算过程中，经常要用到表格的单元格地址，它用字母后面跟数字的方式来表示。其中，字母表示单元格所在列号，每一列号依次用字母 A，B，C，…表示，数字表示行号，每一行号依次用数字 1，2，3，…表示，如 B3 表示第 2 列第 3 行的单元格。作为函数自变量的单元格表示方法如表 3-3 所示。

表 3-3　单元格表示方法

函数自变量	鼠标操作
LEFT	左边所有单元格
ABOVE	上边所有单元格
单元格 1: 单元格 2	从单元格 1 到单元格 2 矩形区域内的所有单元格。
单元格 1, 单元格 2 等	所有列出来的单元格 1、单元格 2 等中的数据

注意：其中的“:”和“,”必须是英文的标点符号，否则会导致计算错误。

5. 表格排序

除计算外，Word 还可以以数值、笔画、拼音、日期等方式对表格数据按升序或降序排列。表格排序的关键字最多有 3 个：主要关键字、次要关键字和第三关键字。如果按主要关键字排序时出现相同的数据，则可以按次要关键字排序；如果按次要关键字排序时出现相同的数据，则可以按第三关键字继续排序。

【例 3-11】对例 3-10 中的表格计算每位学生的总分、每门课程的平均分及总分的平均分（要求平均分保留两位小数），并对表格进行排序（不包括“平均分”行）：首先按总分降序排列，如果总分相同，再按计算机成绩降序排列。结果如图 3-56 所示。

科目 姓名	数学	英语	计算机	总分
李四	97	87	88	272
王五	84	73	95	252
张三	89	71	92	252
平均分	87.00	85.67	91.67	258.67

图 3-56　表格计算和排序结果

操作步骤如下。

①计算总分。计算总分即求和，选择的函数是SUM。单击用于存放第1位学生总分的单元格，然后单击“表格工具”→“布局”选项卡“数据”组中的“公式”按钮，出现“公式”对话框，如图3–57所示。此时,Word自动给出的公式是正确的，可以直接单击“确定”按钮。继续单击用于存放第2位学生总分的单元格，重复相同的步骤，但这次Word自动提供的公式“=SUM（ABOVE）”是错误的，需要对括号中的内容进行更改。最简单的方法是用“LEFT”替换“ABOVE”，也可以输入“B3,C3,D3”或“B3:D3”（注意其中的标点符号必须是英文的），还可以不使用SUM函数，直接在“公式”文本框中输入“=B3+C3+D3”（其中的字母大小写均可）。用同样的方法计算出第3位学生的总分。

②计算平均分。计算平均分与计算总分类似，区别在于选择的函数是“AVERAGE”。单击存放数学平均分的单元格，单击“表格工具”→“布局”选项卡“数据”组中的“公式”按钮，打开“公式”对话框。在“公式”文本框中保留“=”，删除其他内容，然后在“编号格式”下拉列表框选择“0.00”（小数点后有几个0就是保留几位小数），再在“粘贴函数”下拉列表框中选择“AVERAGE”，然后在“公式”文本框中的括号内单击，输入“ABOVE”，如图3–58所示。也可以在括号内输入“B2,B3,B4”或“B2:B4”，或者在“公式”文本框中输入“=（B2+B3+B4）/3”，最后单击“确定”按钮，第1个保留两位小数的平均分就计算好了。用同样的方法计算出英语、计算机和总分的平均分。

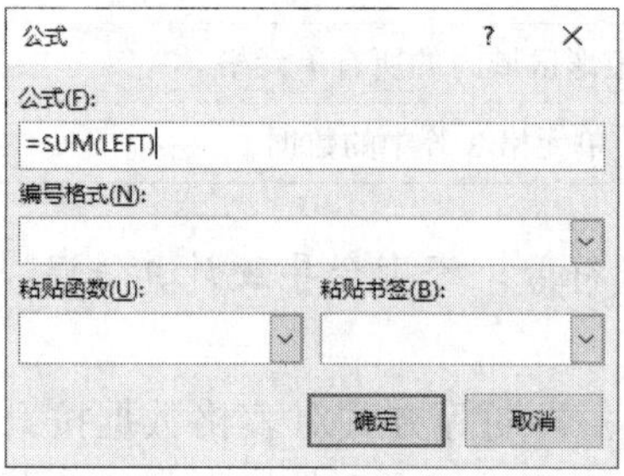

图3–57　计算总分

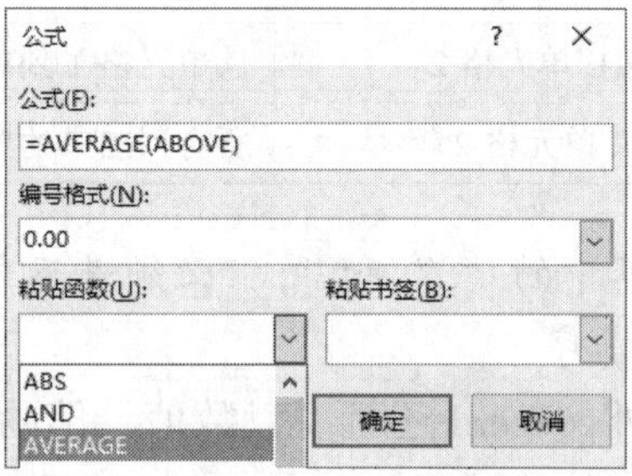

图3–58　计算平均分

③表格排序。选定表格前4行，单击“表格工具”→“布局”选项卡“数据”组中的“排序”按钮，在打开的“排序”对话框中设置主要关键字和次要关键字及相应的排序方式，如图3–59所示，单击“确定”按钮。

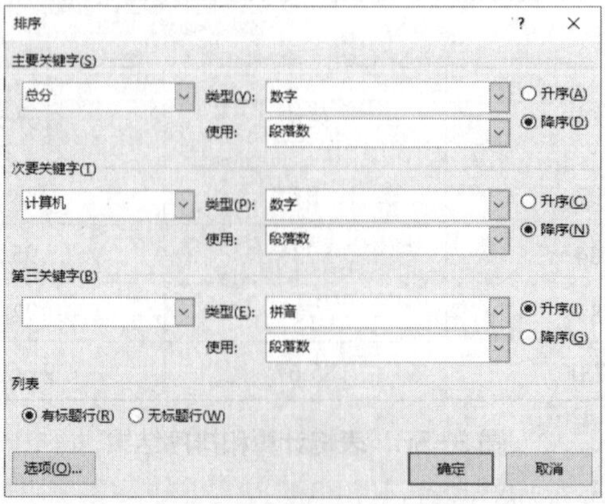

图3–59　“排序”对话框

6. 拆分和合并表格、单元格

拆分表格是指将一个表格分为两个表格。首先将光标移到表格将要拆分的位置，即第 2 个表格的第 1 行，然后单击“表格工具”→“布局”选项卡“合并”组中的“拆分表格”按钮，此时在两个表格中产生一个空行。删除这个空行，两个表格又合并成为一个表格。

拆分单元格是指将一个单元格分为多个单元格，合并单元格则恰恰相反。拆分和合并单元格可以利用“表格工具”→“布局”选项卡“合并”组中的“拆分单元格”按钮、“合并单元格”按钮来实现。

7. 表格复制和删除

表格的复制和删除主要通过快捷菜单中的“复制”和“删除表格”命令来完成。

注意：选定表格后按 Delete 或 Del 键，只能删除表格中的数据，不能删除表格。

8. 表格跨页操作

当表格很长或表格正好处于两页的分界处时，表格会被分割成两部分，即出现表格跨页的情况。Word 提供了两种处理跨页表格的方法：一种是跨页分断表格，使下页中的表格仍然保留上页表格中的表头（适用于较大表格）；另一种是禁止表格分页（适用于较小表格），让表格处于同一页上。

表格跨页操作可以单击“表格工具”→“布局”选项卡“表”组中的“属性”按钮，打开“表格属性”对话框，在“行”选项卡中勾选“允许跨页断行”复选框。跨页分断表格还可以通过单击“表格工具”→“布局”选项卡“数据”组中的“重复标题行”按钮来实现。

3.4.4　格式化表格

1. 自动套用表格样式

Word 2016 为用户提供了 100 余种表格样式，这些样式包括表格边框、底纹、字体、颜色的设置等，使用它们可以快速格式化表格。这通过“表格工具”→“表设计”选项卡“表格样式”组中的相应按钮来实现。

2. 边框和底纹

自定义表格外观最常见的方式是为表格添加边框和底纹。使用边框和底纹可以使每个单元格或每行、每列呈现出不同的风格，表格更加清晰、明了。这通过单击“表格工具”→“表设计”选项卡“边框”组中的“边框”下拉按钮，在下拉菜单中选择“边框和底纹”命令，打开“边框和底纹”对话框来进行操作。其设置方法与段落的边框和底纹设置类似，只是在“应用于”下拉列表框中选择“表格”选项。

【例 3-12】为例 3-11 中的表格设置边框和底纹：表格外边框为 1.5 pt 单实线，内边框为 1 pt 单实线，“平均分”行文字设置浅蓝色底纹。效果如图 3-60 所示。

科目 姓名	数学	英语	计算机	总分
李四	97	87	88	272
王五	84	73	95	252
张三	89	71	92	252
平均分	87.00	85.67	91.67	258.67

图 3-60　表格加边框和底纹的效果

操作步骤如下。

①选定表格，单击“表格工具”→“表设计”选项卡“边框”组中的“边框”下拉按钮，在下拉菜单中选择“边框和底纹”命令，打开“边框和底纹”对话框。在“边框”选项卡中的“样式”列表框中选择单实线，在“宽度”下拉列表框中选择“1.5 磅”，在预览区中单击示意图的 4 条外边框；再在“宽度”下拉列表框中选择“1.0 磅”，在预览区中单击示意图的中心点，生成十字形的两条内边框，如图 3-61 所示，单击“确定”按钮。设置边框时除单击示意图外，也可以单击其周边的按钮。

②选定“平均分”行，单击“表格工具”→“表设计”选项卡“边框”组中的“边框”下拉按钮，在下拉菜单中选择“边框和底纹”命令，打开“边框和底纹”对话框。在“底纹”选项卡中的“填充”栏的下拉列表框中选择浅蓝色，在“应用于”下拉列表框中选择“文字”，然后单击“确定”按钮。

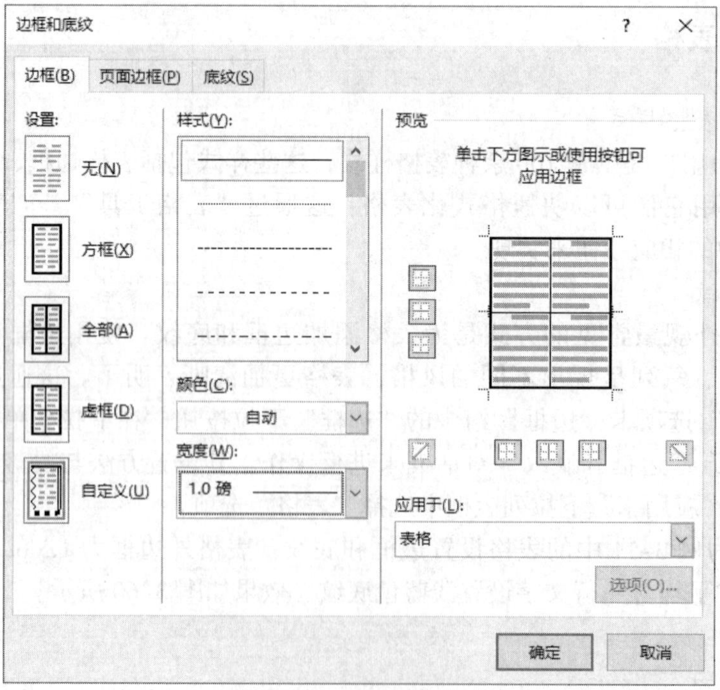

图 3-61　设置表格边框

3.5 插入对象

目前的文字处理软件不仅仅局限于对文字的处理，还能插入各种各样的媒体对象，使文档的可读性、艺术性和感染力大大增强。在 Word 2016 中，可以插入的对象包括各种类型的图片、图形对象（如形状、SmartArt 图形、文本框、艺术字等）、公式和图表等，如图 3–62 所示。

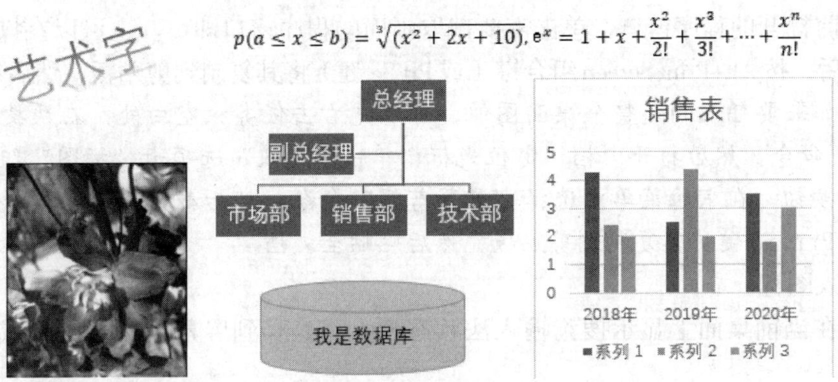

图 3–62 Word 2016 中可以插入的对象

要在文档中插入这些不同对象，主要通过单击“插入”选项卡各功能组中的按钮完成。例如，“插图”组中的相应按钮，“文本”组中的“文本框”下拉按钮、“艺术字”下拉按钮和“符号”组中的“公式”下拉按钮、“符号”下拉按钮。

如果要对插入的对象进行编辑和格式化操作，可以右击插入的对象，在弹出的快捷菜单中选择相应命令；也可以在各种对象对应的选项卡上进行操作。例如图片对应的是“图片工具”→“图片格式”选项卡，图形对象对应的分别是“绘图工具”“SmartArt 工具”等选项卡，公式对应的是“公式工具”选项卡，图表对应的是“图表工具”选项卡。选定对象，这些工具选项卡也会即时出现在功能区（排在最右）。

3.5.1 插入图片

通常情况下，文档中插入的图片主要来源于两个方面。

①本地磁盘中的图片，包括通过扫描仪或数码相机得到的图片，文件扩展名为“.bmp”（图像文件格式）、“.jpg”（静止图像压缩标准格式）、“.gif”（可交换图像数据格式）、“.png”（可移植的网络图像格式）和“.tiff”（标记图像文件格式）等。

②联机从网络上即时得到的图片。

要在文档中插入图片，可以通过“插入”选项卡“插图”组中的相应按钮进行操作。

【例 3-13】新建一个空白文档，插入一张图片、一个程序窗口图像（截取整个程序窗口）及搜狗拼音输入法状态栏图标（截取窗口中的部分内容）。

操作步骤如下。

（1）插入图片文件

①将光标移到文档中需要插入图片的位置。

②单击“插入”选项卡“插图”组中的“图片”下拉按钮，在下拉菜单中选择“图片”命令，打开“插入图片”对话框，选择图片所在的位置和图片名称，单击“插入”按钮，将图片插入到文档中。

（2）插入一个程序窗口图像（截取整个程序窗口）

①打开一个程序窗口，如画图程序，然后将光标移到文档中需要插入图片的位置。

②单击“插入”选项卡“插图”组中的“屏幕截图”下拉按钮，在弹出的下拉菜单中可以看到当前打开的程序窗口，单击需要截取画面的程序窗口即可。也可以在操作系统中打开程序窗口后，按Alt+Print Screen组合键（或Prt Sc键）将其复制到剪贴板，然后粘贴至文档。

注意：如果要插入的是整个桌面图像，可以先右击任务栏空白处，在快捷菜单中选择“显示桌面”命令，然后打开文档，定位光标，单击“插入”选项卡“插图”组中的“屏幕截图”下拉按钮，在下拉菜单中选择“屏幕剪辑”命令，然后截取整个屏幕。也可以显示桌面后，按Prt Sc键将其复制到剪贴板，然后粘贴至文档。

（3）插入图标

①确定在当前桌面上显示搜狗输入法状态栏，将其移到屏幕上的空白区域（纯色背景方便截取）。

②单击“插入”选项卡“插图”组中的“屏幕截图”下拉按钮，在弹出的下拉菜单中选择“屏幕剪辑”命令，然后迅速将鼠标移动到输入法状态栏附近，在要截图的位置处（搜狗拼音输入法状态栏）拖动鼠标，选中要截取的范围，然后释放鼠标完成截图操作。

对于插入文档中的图片，除复制、移动和删除等常规操作外，还可以进行调整图片大小、裁剪图片（按比例或形状裁剪）等操作；可以设置图片排列方式（文字对图片的环绕方式），如嵌入型（将图片当作文字对象处理）及其他非嵌入型，其他非嵌入型包括四周型、紧密型环绕等（将图片当作区别于文字的外部对象处理）；可以调整图片的颜色（亮度、对比度、颜色设置等）；可以删除图片背景使文字内容和图片互相映衬；可以设置图片的艺术效果，包括标记、铅笔灰度、铅笔素描、线条图、粉笔素描、画图刷、发光散射、虚化、浅色屏幕、水彩海绵、胶片颗粒等效果；可以设置图片样式（样式是多种格式的总和，包括为图片添加边框、效果的相关内容等）。

如果是多张图片，则可以进行组合和取消组合的操作，组合后可统一拖放或改变大小。多张图片叠放在一起时，还可以通过调整叠放次序得到最佳效果（注意此时图片的文字环绕方式不能是嵌入型）。这主要通过“图片工具”→“图片格式”选项卡和快捷菜单中的相应命令来实现。“图片工具”→“图片格式”选项卡如图3-63所示。

图3-63 “图片工具”→“图片格式”选项卡

图片刚被插入文档时往往很大，这就需要调整图片的尺寸，最常用的方法是：单击图片，此时图片四周出现 8 个方向的控制句柄，拖曳它们可以进行图片缩放。如果是需要准确地改变尺寸，可以右击图片，在快捷菜单中选择“大小和位置”命令，打开“布局”对话框，在“大小”选项卡中完成操作，如图 3-64 所示。

图 3-64　在“布局”对话框中设置图片大小

也可以在“图片工具”→“图片格式”选项卡“大小”组中进行设置。文档中插入图片后，常常会把周围的正文“挤开”，形成文字对图片的环绕。文字对图片的环绕方式主要分为两类：一类是将图片视为文字对象，与文档中的文字一样占有实际位置，它在文档中与上下左右文本的位置始终保持不变，如嵌入型，这是系统默认的文字环绕方式；另一类是将图片视为区别于文字的外部对象处理，如四周型、紧密型环绕、上下型环绕、衬入文字下方和浮于文字上方。其中，四周型是指文字沿图片四周呈矩形环绕；紧密型环绕效果随图片形状的不同而不同（如果图片是圆形，则环绕形状是圆形）；衬于文字下方是指图片位于文字下方；浮于文字上方是指图片位于文字上方。这 4 种文字环绕的效果如图 3-65 所示。

图文混排

设置文字环绕方式有两种方法：一是单击“图片工具”→“图片格式”选项卡“排列”组中的“环绕文字”下拉按钮，在下拉菜单中选择需要的环绕方式，如图 3-66 所示；二是单击图片，图片右上角会出现“布局选项”按钮，在打开的临时对话框中选择所需的环绕方式，如图 3-67 所示。

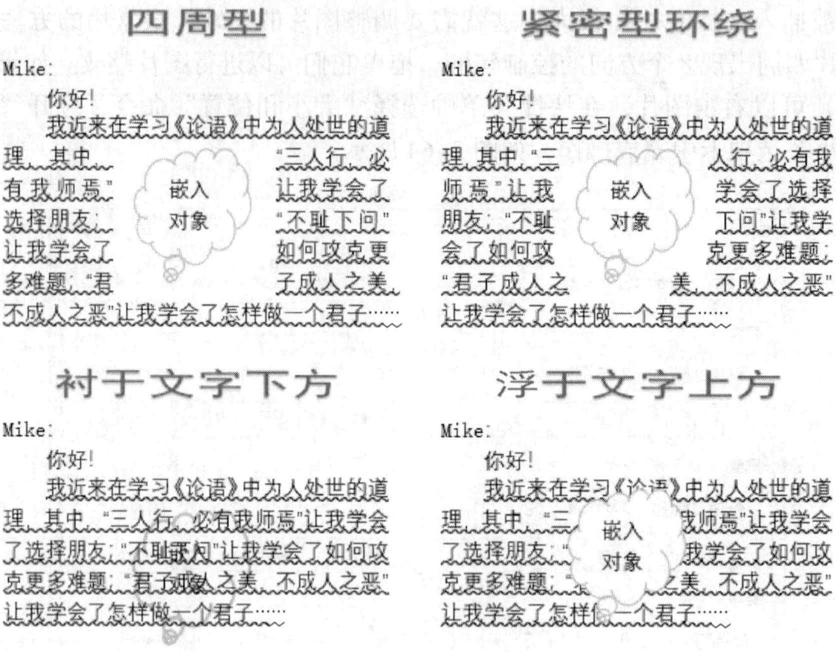

图 3-65　4 种文字环绕的效果

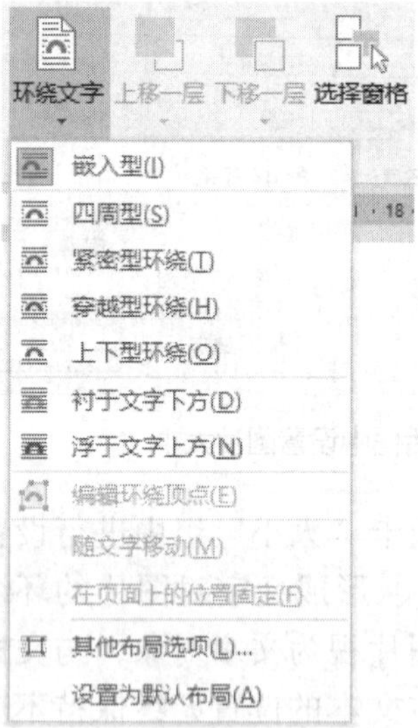

图 3-66　“环绕文字”下拉菜单　　图 3-67　“布局选项”临时对话框

如果在文档中插入图片时发生图片显示不全的情况，只要将文字环绕方式由嵌入型改为其他任何一种方式即可。

在非嵌入型文字环绕方式中，衬于文字下方比浮于文字上方更为常用，但图片衬于文字下方后字迹会不清晰，此时可以利用图形着色效果使图片颜色淡化。方法是：单击“图片工具”→“图片格式”选项卡“调整”组中的“颜色”下拉按钮，在下拉菜单中的“重新着色”栏中选择“灰色，个性色 3 浅色”即可，如图 3-68 所示。

图 3-68 “颜色”下拉菜单

3.5.2 插入图形对象

图形对象包括形状、SmartArt 图形和艺术字等。

1. 形状

Word 2016 中的形状包括线条、矩形、基本形状、箭头总汇、公式形状、流程图、星与旗帜、标注 8 种类型，每种类型又包含若干图形样式。插入的形状中可以添加文字，以及设置阴影、发光、三维旋转等各种特殊效果。

插入形状是通过单击“插入”选项卡“插图”组中的“形状”下拉按钮来完成的。在形状库中单击需要的形状的图标，然后在文本区拖动鼠标指针从而绘制出所需要的图形。需要编辑和格式化时，应先选中形状，然后在“绘图工具”→“形状格式”选项卡（见图 3-69）或快捷菜单中操作。

形状最常用的编辑和格式化操作包括缩放和旋转、添加文字、组合与取消组合、叠放次序、设置形状格式等。

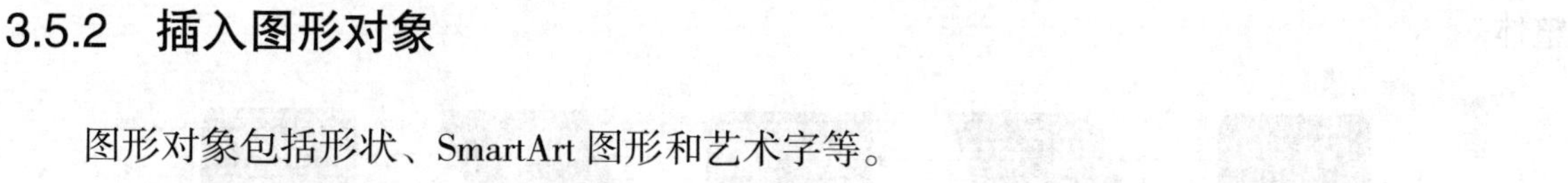

图 3-69 “绘图工具”→“形状格式”选项卡

（1）缩放和旋转

单击图形，在图形四周会出现 8 个方向的控制句柄，上部会出现一个顺时针的箭头。拖动控制句柄可以直接进行图形缩放，拖动顺时针箭头可以进行图形旋转。

（2）添加文字

在需要添加文字的图形上右击，从快捷菜单中选择“添加文字”命令，这时光标就出现在选定的图形中，输入需要添加的文字内容即可。这些输入的文字会变成图形的一部分，当移动图形时，图形中的文字也跟随移动。

（3）组合与取消组合

如果要使画出的多个图形构成一个整体，以便同时编辑和移动，可以先按住 Shift（或 Ctrl）键再分别单击图形来选定所有图形，然后移动鼠标使鼠标指针呈十字形箭头状时右击，选择快捷菜单中的“组合”→“组合”命令。若要取消组合，右击图形，在快捷菜单中选择“组合”→“取消组合”命令即可。

（4）叠放次序

当在文档中绘制多个重叠的图形时，每个重叠的图形有叠放的次序，这个次序与绘制的顺序相同，最先绘制的在最下面。可以利用快捷菜单中的“置于顶层”和“置于底层”命令改变图形的叠放次序。

（5）设置形状格式

右击形状，在快捷菜单中选择“设置形状格式”命令，打开“设置形状格式”任务窗格，在其中完成操作。

【例 3-14】绘制一个如图 3-70 所示的流程图，将流程图的各个部分组合为一个整体。

图 3-70 流程图

操作步骤如下。

①新建一个空白文档，单击“插入”选项卡“插图”组中的“形状”下拉按钮，在形状库中的“流程图”区中单击圆角矩形图标，在文档中的合适位置绘制图形，并适当调整大小。右击图形，在快捷菜单中选择“添加文字”命令，在图形中输入文字“开始”。

②在形状库中的“线条”区中单击单向箭头图标，绘制向右的箭头。

③重复第①步和第②步，继续插入其他形状直至完成。

④按住 Shift 键，依次单击所有图形，全部选中后，在图形中间右击，在弹出的快捷菜单中选择“组合”→“组合”命令，将多个图形组合在一起。

注意：形状库的“基本形状”区中包括文本框和竖排文本框，使用它们可以方便地将文字放置到文档中的任意位置。制作无边框的文本框时，右击文本框，在快捷菜单中选择“设置形状格式”命令，在“设置形状格式”任务窗格中的“填充”栏和“线条颜色”栏中分别选中“无填充”和“无线条”单选按钮即可。在文本框中输入文字时，若文本框中的部分文字不可见，可以通过调整文本框的大小来解决。

2. SmartArt 图形

插入 SmartArt 图形

SmartArt 图形是 Word 中预设的形状、文字及样式的集合，包括列表、流程、循环、层次结构、关系、矩阵、棱锥图和图片 8 种类型，每种类型下有多个图形样式，用户可以根据文档的内容选择需要的样式，然后对图形的内容和效果进行编辑。

【例 3-15】 组织结构图是一种用一系列图框和连线表示组织结构和层次关系的图形。绘制一个组织结构图，如图 3-71 所示。

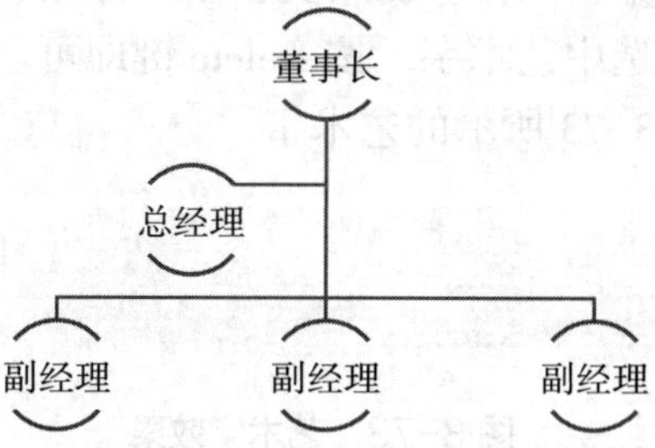

图 3-71　组织结构图

操作步骤如下。

①新建一个空白文档，单击“插入”选项卡“插图”组中的“SmartArt”按钮，打开“选择 SmartArt 图形”对话框。在左侧选择种类“层次结构”，再在中间选择“半圆组织结构图”，如图 3-72 所示，单击“确定”按钮。

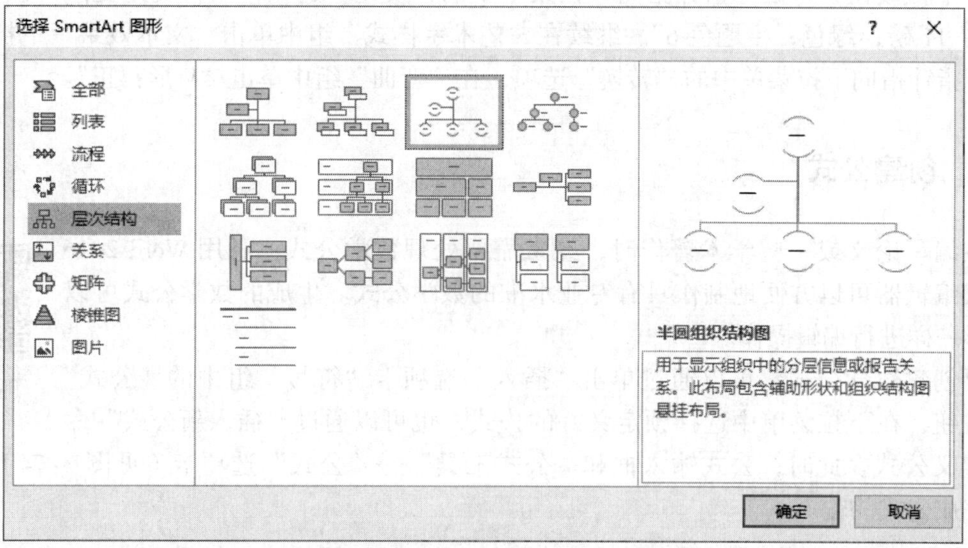

图 3-72 “选择 SmartArt 图形”对话框

②回到文档，这时组织结构图左侧就会列出图中的文字，单击各个文本框替换默认文字，从上至下依次输入“董事长”“总经理”和 3 个“副经理”。

③单击文档中其他任意位置，组织结构图完成。插入 SmartArt 图形后，当选定它时，可以使用“SmartArt 工具”→“SmartArt 设计”和“SmartArt 工具”→“格式”选项卡完成

设计和格式编辑操作。

3. 艺术字

艺术字以普通文字为基础，通过添加阴影改变文字的大小和颜色，把文字变成多种预定义的形状来突出和美化文字。艺术字的使用会使文档产生艺术美，常用来创建醒目的标志或标题。

在文档中插入艺术字，可以通过单击“插入”选项卡“文本”组中的“艺术字”下拉按钮来实现。生成艺术字后，功能区会出现“绘图工具”→“形状格式”选项卡，可在其中的“艺术字样式”组中进行编辑操作，如改变艺术字样式、增加艺术字效果等。

如果要删除艺术字，只要选中艺术字，按 Delete 键即可。

【例 3-16】制作效果如图 3-73 所示的艺术字。

图 3-73　艺术字效果

操作步骤如下。

①单击“插入”选项卡“文本”组中的“艺术字”下拉按钮，在展开的艺术字样式库中选择“填充：橙色，主题色 2；边框：橙色，主题色 2”，输入文字“三人行，必有我师焉”。

②选中文字，单击“绘图工具”→“形状格式”选项卡“艺术字样式”组中的“文本效果”下拉按钮，将鼠标指针指向下拉菜单中的“发光”选项，在“发光变体”栏中单击“发光：11 磅；绿色，主题色 6”。继续在“艺术字样式”组中单击“文本效果”下拉按钮，将鼠标指针指向下拉菜单中的“转换”选项，在“弯曲”组中单击“V 形：正”。

3.5.3　创建公式

在编写论文或一些学术著作时，经常需要处理数学公式，利用 Word 2016 的公式编辑器可以方便地制作具有专业水准的数学公式。生成的数学公式可以像图形一样进行编辑操作。

创建公式

要创建数学公式，可以通过单击“插入”选项卡“符号”组中的“公式”下拉按钮，在下拉菜单中选择预定义好的公式，也可以通过“插入新公式”命令自定义公式。此时，公式输入框和“公式工具”→“公式”选项卡（见图 3-74）出现，帮助完成公式的输入。

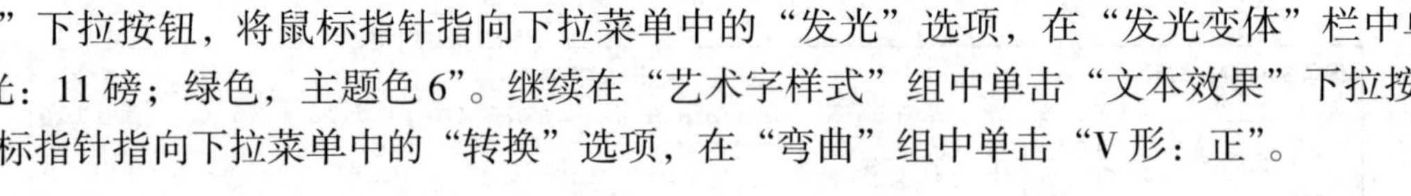

图 3-74　“公式工具”→“公式”选项卡

注意：在输入公式时，光标位置很重要，它决定了当前输入内容在公式中所处的位置，可通过在所需的位置处单击来改变光标位置。

【例 3-17】输入如下公式。

$$s=\sqrt{\sum_{i=1}^{n} x_i^2 - n\bar{x}^2+1}$$

操作步骤如下。

①单击“插入”选项卡“符号”组中的“公式”下拉按钮，在下拉菜单中选择“插入新公式”命令。

②在公式输入框中输入“s=”；单击“公式工具”→“公式”选项卡“结构”组中的“根式”下拉按钮，在“根式”区中选择$\sqrt{\square}$；单击根号中的虚线框，再单击“结构”组中的“大型运算符”下拉按钮，在“求和”区中选择$\sum_{\square}^{\square}\square$，然后单击每个虚线框，依次输入相应内容“n”“i=1”“x”；接着选中“x”，单击“结构”组中的“上下标”下拉按钮，在“下标和上标”区中选择$\square_{\square}^{\square}$，用鼠标单击上标、下标虚线框，分别输入“2”和“i”；再在其后单击（注意此时的光标位置），输入“-”（应仍然位于根式中）；继续输入“n”，单击“上下标”下拉按钮，在“常用的下标和上标”区选择其中的 x^2，然后选中 x^2，再单击“标注符号”下拉按钮，在“标注符号”区中选择$\bar{\square}$；再在其后单击（注意此时光标位置），输入“+”和“1”。

③在公式输入框外单击，结束公式的输入。

3.6　高效排版

为了提高排版效率，Word 2016 提供了一些高效排版功能，包括样式、自动生成目录等。

3.6.1　样式的创建及使用

样式的创建及使用

样式是一组命名的字符和段落排版格式的组合。例如，一篇文档有各级标题、正文、页眉和页脚等，它们分别有各自的字符格式和段落格式，并各以其样式名存储以便使用。

使用样式有如下两个好处。

①可以轻松、快捷地编排具有统一格式的段落，使文档格式严格保持一致，而且样式便于修改，如果文档中多个段落使用了同一样式，只要修改样式，就可以修改文档中带有此样式的所有段落。

②样式有助于长文档构造大纲和创建目录。Word 2016 不仅预定义了很多标准样式，还允许用户根据自己的需要修改标准样式或自己新建样式。

1. 使用已有样式

选定需要使用样式的段落，在“开始”选项卡“样式”组中的快速样式库（见图 3-75）中选择已有的样式。或单击“样式”组右下角的对话框启动器，打开“样式”任务窗格，在列表框中根据需要选择相应的样式，如图 3-76 所示。

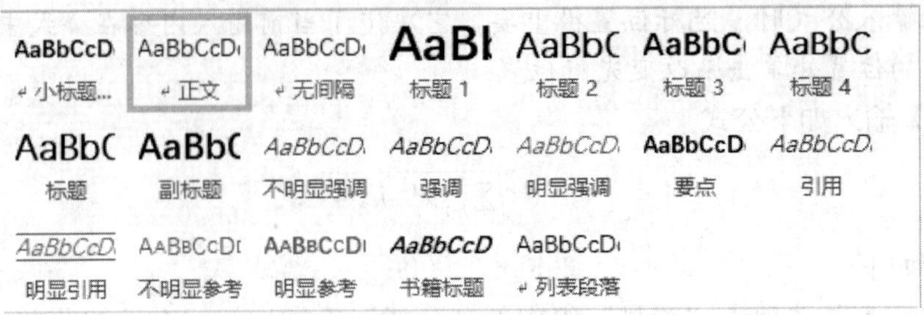

图 3–75　快速样式库

2. 新建样式

当 Word 提供的样式不能满足用户需要时，可以自己创建新样式。

单击“样式”任务窗格左下角的“新建样式”按钮，打开“根据格式化创建新样式”对话框。在该对话框中输入样式名称，选择样式类型、样式基准，设置该样式的格式，再勾选“添加到样式库”复选框，如图 3–77 所示。在“根据格式化创建新样式”对话框中设置样式格式时，可以通过“格式”栏中的相应按钮快速、简单地设置，也可以单击“格式”下拉按钮，在弹出的下拉菜单中选择相应的命令详细设置。

新样式建立后，就可以像已有样式一样直接使用了。

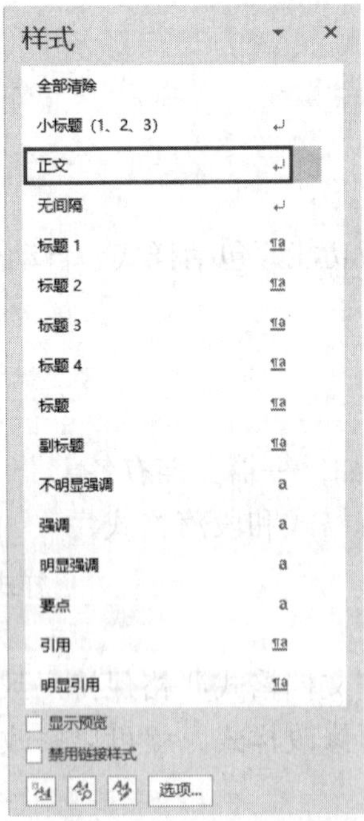

图 3–76　“样式”任务窗格

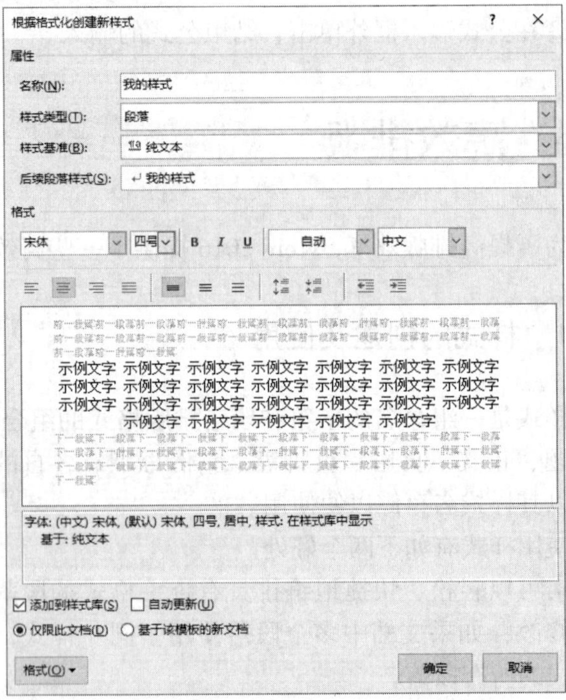

图 3–77　“根据格式化创建新样式”对话框

3. 修改和删除样式

如果对已有的样式不满意，可以进行修改和删除。修改样式后，所有应用了该样式的文本都会随之改变。

修改样式的方法是：在“样式”任务窗格中，右击需要修改的样式名（或者直接单击样式名后面的下拉按钮），在快捷菜单中选择“修改”命令，在打开的“修改样式”对话框中设置所需的格式即可。

删除样式的方法与修改样式类似，不同的是应在右击的快捷菜单（或者直接单击样式名后面的下拉按钮后打开的下拉菜单）中选择删除样式的命令，此时，带有此样式的所有段落自动应用“正文”样式。

3.6.2　自动生成目录

书籍或长文档编写完后，需要为其制作目录，方便读者阅读和大概了解文档的层次结构及主要内容。除了手动输入目录外，Word 2016 还提供了自动生成目录的功能。

1. 创建目录

自动生成目录的前提是将文档中的各级标题样式统一格式化。

一般情况下，目录分为 3 级，可以使用相应的 3 级标题“标题 1”“标题 2”“标题 3”样式，也可以使用其他几级标题样式或者自己创建的标题样式来格式化。标题样式格式化完成后，单击“引用”选项卡“目录”组中的“目录”下拉按钮，在下拉菜单中选择“自动目录 1”或“自动目录 2”。如果没有需要的格式，则可以在下拉菜单中选择“自定义目录”命令，打开“目录”对话框进行自定义操作，如图 3–78 所示。

注意：Word 2016 默认的目录显示级别为 3 级，如果需要改变设置，在“显示级别”文本框中利用微调按钮调整或直接输入相应级别的数字即可。

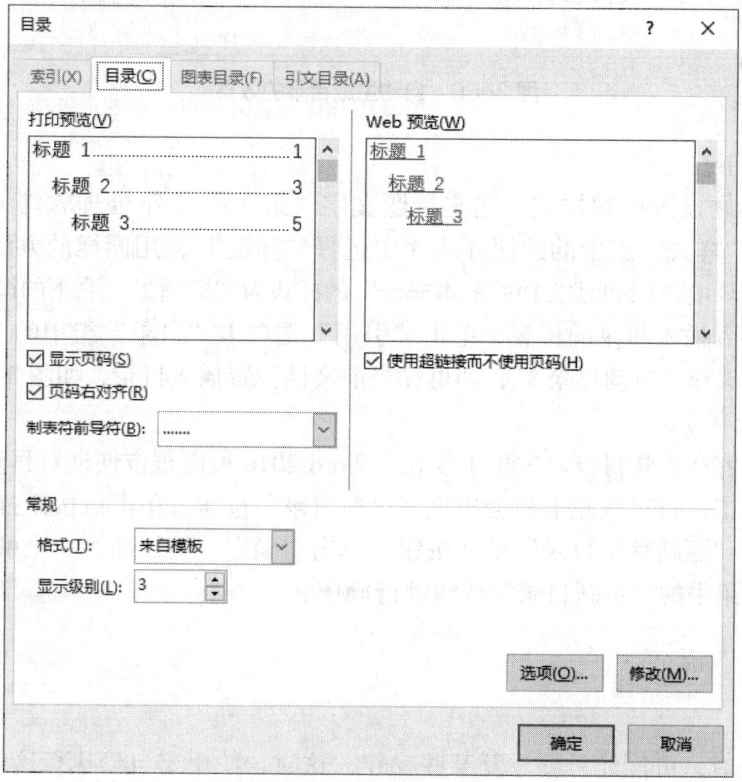

图 3–78　“目录”对话框

【例 3-18】有下列标题文字，如图 3-79 所示，请为它们设置相应的标题样式并自动生成 3 级目录，效果如图 3-80 所示。

第 3 章 文字处理软件 Word 2016
3.1 Word 2016 的工作环境
3.1.1 Word 2016 的启动与退出
3.1.2 Word 2016 工作窗口
3.1.3 Word 2016 功能命令的使用
3.2 创建文档的基本操作
3.2.1 新建文档
3.2.2 文档文本输入
3.2.3 文档编辑

图 3-79　自动生成目录时使用的标题文字

第 3 章　文字处理软件 Word 2016..37
3.1 Word 2016 的工作环境..37
3.1.1 Word 2016 的启动与退出..37
3.1.2 Word 2016 工作窗口..37
3.1.3 Word 2016 功能命令的使用..37
3.2 创建文档的基本操作..37
3.2.1 新建文档..37
3.2.2 文档文本输入..37
3.2.3 文档编辑..37

图 3-80　自动生成目录的效果

操作步骤如下。

①为各级标题设置标题样式。选定标题文字“第 3 章 文字处理软件 Word 2016”，在“开始”选项卡“样式”组中的快捷样式库中选择“标题 1”，用同样的方法依次设置“3.1 Word 2016 的工作环境”“3.2 创建文档的基本操作”的样式为“标题 2”，剩下的设置为“标题 3”。

②将光标移到插入目录的位置，单击“引用”选项卡“目录”组中的“目录”下拉按钮，在目录库中选择“自动目录 1”，即可在当前文档位置插入目录，如图 3-80 所示。

2. 更新目录

如果文字内容在创建目录后发生了变化，Word 2016 可以很方便地对目录进行更新。方法是在目录中单击，目录区左上角会出现“更新目录”按钮，单击该按钮打开“更新目录”对话框，再选中“更新整个目录”单选按钮，单击“确定”按钮即可。也可以通过“引用”选项卡“目录”组中的“更新目录”按钮进行操作。

3.6.3　宏

在文字处理时，可能经常要重复某些操作，这时，使用宏自动执行这些操作会提高工作效率。宏是将一系列的操作命令和指令组合在一起形成一个总的命令，用来达到任务自动执行的效果。创建宏可以通过“视图”选项卡“宏”组中的相应按钮实现。

1. 查看宏

查看宏，即对已有宏可以进行运行、编辑、创建、删除、管理等操作。单击“视图”选项卡“宏”组中的“宏”下拉按钮，在下拉菜单中选择“查看宏”命令，即可打开“宏”对话框进行上述操作。

2. 录制宏

录制宏，即将操作过程像用摄像机摄影一样录制下来。单击“视图”选项卡“宏”组中的“宏”下拉按钮，在下拉菜单中选择“录制宏”命令，打开“录制宏”对话框，指定宏名和运行方式（指定到工具栏、键盘），然后记录包含在宏内的操作。

3. 停止录制

停止录制指关闭宏录制。

【例 3-19】工作中，经常需要打印文档的当前页面，请把该功能录制成一个宏，并将其添加到快速访问工具栏，以提高工作效率。

操作步骤如下。

①单击“视图”选项卡“宏”组中的“宏”下拉按钮，在下拉菜单中选择“录制宏”命令，打开“录制宏”对话框。

②在“宏名”文本框中输入宏的名称“打印当前页”（见图 3-81）；在“将宏保存在”下拉列表框中，确认选择的是“所有文档（Normal.dotm）”；在“说明”列表框中，可以输入对宏的说明；然后在“将宏指定到”栏中单击“按钮”图标，打开“Word 选项”对话框，在左侧的宏列表框中，选择“Normal. NewMacros. 打印当前页”，单击“添加”按钮，然后单击下面的“修改”按钮，在打开的“修改按钮”对话框中的“符号”列表框中，选择一个易记的图标，如打印机形状的图标，在“显示名称”文本框中，将“打印当前页”前的“Normal. NewMacros.”删除，单击“确定”按钮返回“Word 选项”对话框，如图 3-82 所示，最后单击“确定”按钮。此时鼠标指针变为录制器形状，系统开始记录用户的操作序列。

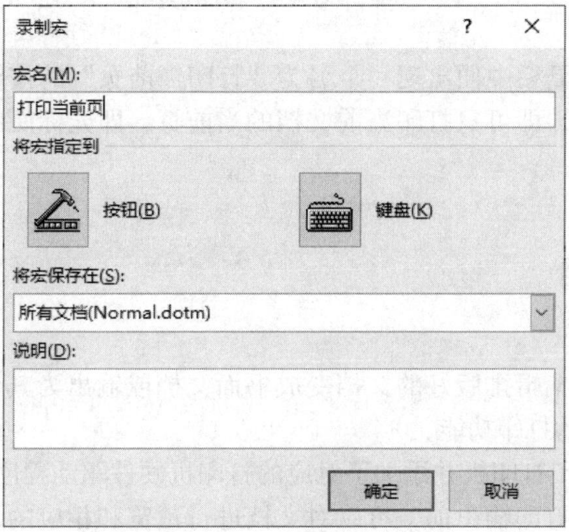

图 3-81　“录制宏”对话框

③单击“文件”按钮，选择“打印”命令，在“设置”栏中的“打印所有页”下拉列表框中选择“打印当前页面”选项，然后单击“打印”按钮。

在整个录制宏期间，可随时单击“视图”选项卡“宏”组中的“宏”下拉按钮，在下拉菜单中选择“暂停录制”命令，暂停录制当前宏。

④单击“视图”选项卡“宏”组中的“宏”下拉按钮，在下拉菜单中选择“停止录制”命令，结束录制。

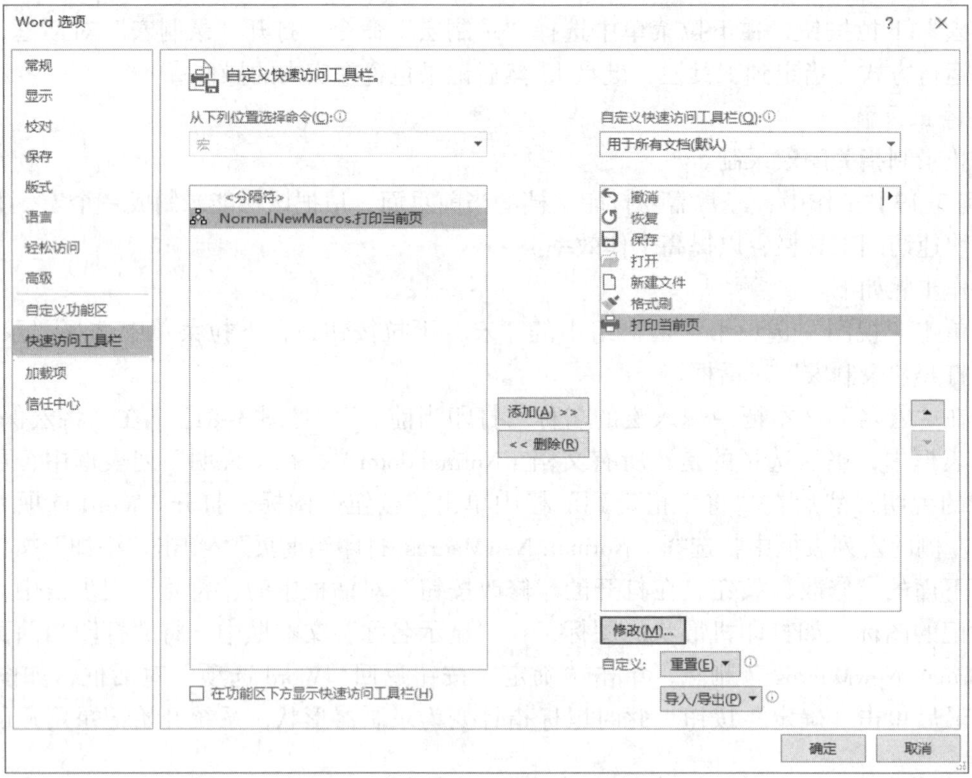

图 3-82 “Word 选项”对话框

这时在快速访问工具栏中便出现一个名为“打印当前页”的按钮，后续文字处理过程中只需随时单击该按钮，即可只打印当前文档的当前页，即光标所在的页面，使用起来非常方便。

3.7 文档打印

如果想把计算机中编辑排版好的文档变成书面文档或输出为其他文件格式（如 PDF），则可以使用 Word 2016 的打印功能。

如果为计算机连接了打印机并添加了对应的打印机硬件驱动程序，就可以在 Word 2016 中进行打印操作了。在打印输出前，可以对文档进行预览和相应的设置，如页面布局、打印份数、纸张大小、打印方向等，如图 3-83 所示。

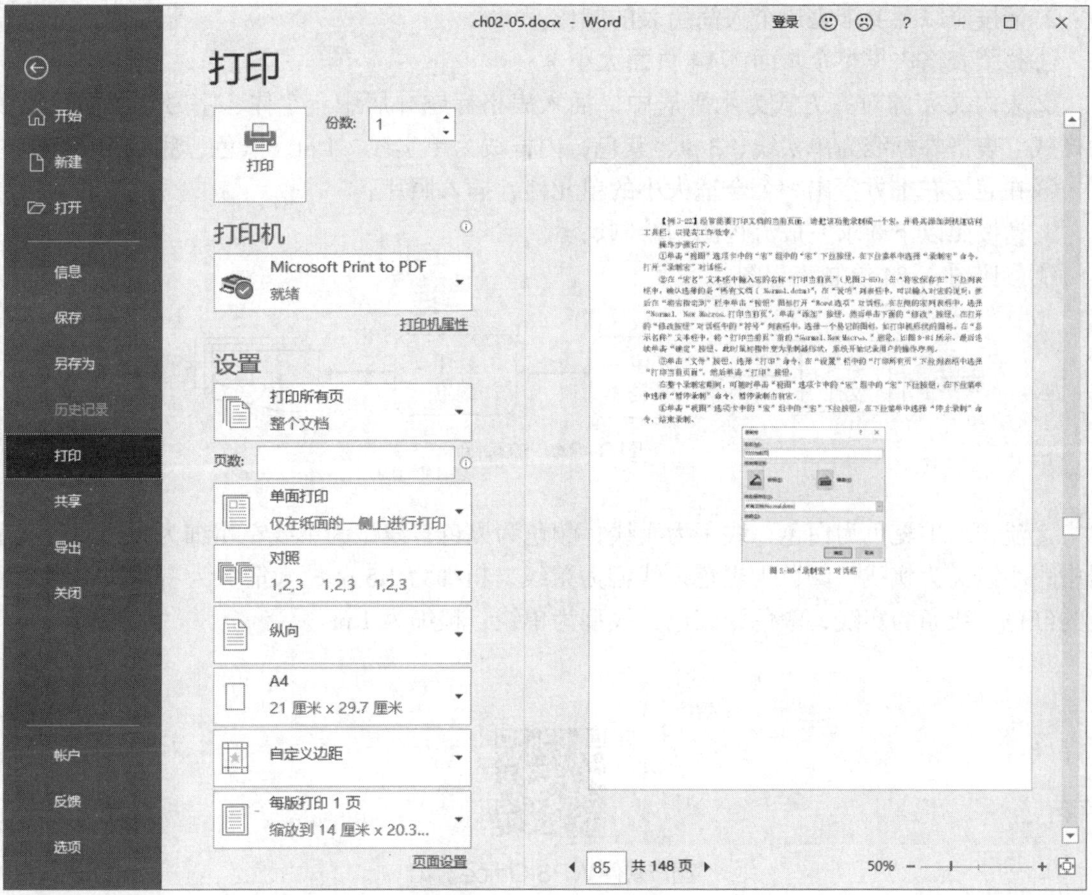

图 3-83　Word 打印设置

习　题　3

1. 请按照以下要求对 Word 文档进行编辑和排版。

①文字要求：输入一篇短小的寓言或散文，不少于 200 个汉字，至少有 3 个自然段。

②将文章正文各段的文字设置为宋体、小四号、两端对齐，各段行距为 1.5 倍行距。第 1 段首字下沉 3 行，距正文 0 cm。

③在第 2 段和第 3 段段前设置项目符号“■”。

④在正文中插入一幅图片，设置图片的文字环绕方式为四周型。

⑤页面设置：上、下、左、右边距均为 2 cm，页眉 1.5 cm。

⑥设置页码：页面底端居中（“普通数字 2”样式）。

⑦在文章最后输入公式（单独一段）：

$$z = xy + \sqrt{\ln A + \frac{x^2}{x^2+y^2}} + \sqrt{x^2 + \prod_{i=1}^{10}(y^i + x)}$$

2. 请按照以下要求完成个人简历表的制作。

①整个表格占据整个页面（A4 页面大小）。

②表内文字的对齐方式为水平居中，插入表格标题并居中。字体、字号选择自己喜欢的样式。表格外框线为单实线、3 pt、紫色，内框线为单实线、1 pt、黑色，底纹为白色。

③在表格右上方空出一个合适大小的单元格，插入照片。

3. 请按照以下要求完成流程图的绘制。

①参照图 3-84 绘制流程图。

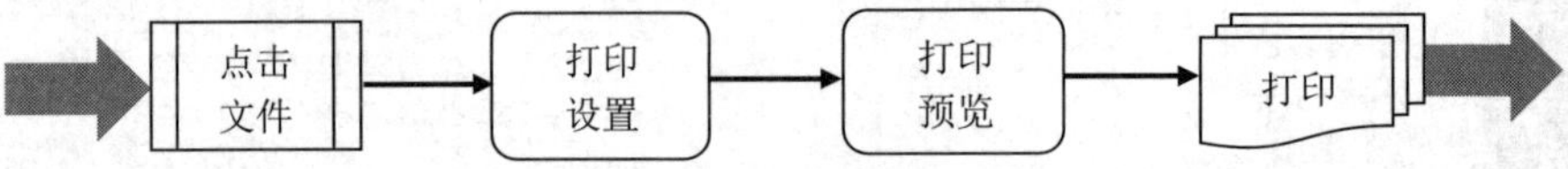

图 3-84　流程图

②流程图填充色为白色，线条为实线，颜色为黑色，线型为单线，粗细为 0.75 pt，文字居中；小箭头为实线，颜色为黑色，线型为单线，粗细为 1.5 pt；大箭头为右箭头，填充颜色为红色，线条为实线，颜色为红色，线型为单线，粗细为 1 pt。

国产软件 WPS Office 介绍

第4章 电子表格处理软件 Excel 2016

人们在日常生活和工作中经常会遇到各类数据处理问题，如商业上的销售数据存储统计，公司会计对工资、报表的计算，教师对学生成绩的计算、排序，科研人员实验结果分析等。这些都可以通过电子表格处理软件来进行辅助存储处理，借助计算机，使用者可以快速高效地完成相关工作。作为 Office 2016 另一个核心组成部分的 Excel 2016，是当前全球电子表格处理最通用、最主流的工具软件，此外，我国的 WPS Office 金山办公组件中的金山电子表格 2016，在使用方法和文件处理方面也与 Excel 2016 高度兼容。

基本概念

本章将以 Excel 2016 为例介绍电子表格处理软件的基本功能和使用方法。

4.1 Excel 2016的工作环境

Excel 2016 的启动和退出与前面介绍的 Word 2016 类似，安装完 Office 2016 套件后，Excel 2016 的常规启动方法是单击“开始”按钮，在程序列表中找到“Excel”程序并单击，即可进入 Excel 2016 的工作窗口，如图 4–1 所示。另一种常用启动程序的方法是在 Excel 文件所在的任何位置（桌面、文件资源管理器、各磁盘），双击文件即可启动 Excel 2016 并将文件在当前窗口打开。

这里采用第一种方式启动 Excel 2016。与 Word 2016 类似，启动 Excel 2016 首先打开 Excel 的开始窗口，只需在窗口中选择“空白工作簿”，即可切换到工作窗口，开始电子表格处理工作。

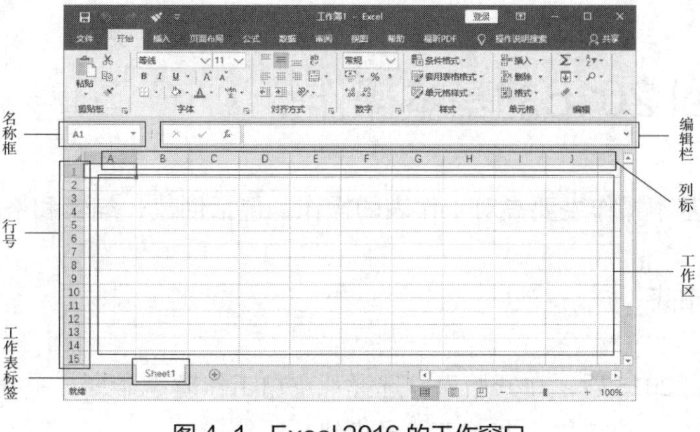

图 4–1　Excel 2016 的工作窗口

作为一个标准的 Windows 窗口，Excel 2016 的工作窗口与 Word 2016 基本相同，不同的主要有以下几个方面。

（1）名称框

名称框是 Excel 特有的，位于 Excel 功能区和工作区之间的左侧，显示的是当前工作区工作对象的位置。在 Excel 中，整个工作区的任何位置都有对应的行号及列标（特定行和特定列交汇的矩形区域即为单元格），名称框中显示当前鼠标定位的单元格或连续单元格的对应编号。

窗口组成

（2）编辑栏

编辑栏也是 Excel 窗口特有的，用来显示和编辑数据、公式。当用户在单元格中编辑数据时，其内容同时出现在编辑栏右部的矩形编辑框中，如果是较长的数据，由于单元格默认宽度通常显示不下，那么此时可以在编辑框中编辑数据。编辑栏左边的是“插入函数”按钮 ，单击它可打开“插入函数”对话框，同时在它的左边会出现“取消”按钮 和“输入”按钮 。

（3）工作簿

Excel 的工作区显示的是当前打开的工作簿。工作簿概念对应最后存储的具体文件，其扩展名为“.xlsx”。一个工作簿由若干个工作表组成，默认为 1 个，名称默认为 Sheet1（见图 4–1），可重命名（在其上右击并选择“重命名”命令）。工作表的数目可以增加和减少，早期版本的 Excel 最多支持 255 个工资表，在 Excel 2016 及以上版本中则没有限制。

（4）工作表

工作表是一个由若干行和若干列组成的表格（行数最大为 1 048 576，即 2 的 20 次方；列数最大为 16 384，即 2 的 14 次方，对应列标为 XFD）。每一个工作表都有一个工作表标签，单击工作表标签可以将其设置为当前工作表，从而实现工作表间的切换。

（5）单元格

一个工作表中，行和列的交叉部分称为单元格，它是存放数据的最小单元。单元格的内容可以是数字、字符、公式、日期、图形或声音文件等。每个单元格都有其固定地址，用列标和行号唯一标识，如 D4 指的是第 4 列与第 4 行交叉位置上的单元格。在跨表操作中，为了区分不同工作表的单元格，需要在单元格地址前加工作表名称，如 Sheet1!A1 表示 Sheet1 工作表的 A1 单元格。当前正在使用的单元格称为活动单元格，由黑框线包围，如图 4–1 所示的 A1 单元格。

4.2 Excel 2016的基本操作

Excel 2016 的基本操作主要是对工作表的操作，包括创建、编辑和格式化工作表。

4.2.1 创建工作表

常规启动 Excel 2016 后，在开始窗口选择“空白工作簿”命令，系统将自动打开一个新的空白工作簿，也可以通过以下两种方法来创建新工作簿。

①在快速访问工具栏中添加“新建”按钮后，单击该按钮。

②单击“文件”按钮，在菜单中选择“新建”命令，在右侧区域中选择“空白工作簿”即可。

Excel 也可以根据工作簿模板来创建新工作簿，其操作与 Word 类似。

一个新工作簿默认包含 1 个工作表（可单击工作表标签右侧的“新工作表”按钮⊕添加工作表），在工作表中进行电子表格数据处理的过程实际上就是在工作表中输入数据，并使用公式或函数计算数据的过程。

数据的录入与格式设置

1. 在工作表中输入数据

输入数据一般有 3 种方式。

（1）直接输入数据

单击某一单元格，可直接在单元格或编辑框中输入数据，结束时按 Enter 键、Tab 键或单击编辑栏中的“输入”按钮。如果要放弃输入，按 Esc 键或单击编辑栏中的“取消”按钮即可。输入的数据可以是文本型、数值型、日期和时间型。默认情况下，文本型数据左对齐，数值型、日期和时间型数据右对齐。

- 文本型数据的输入：文本是指键盘上可输入的任何符号。对于数字形式的文本型数据，如编号、学号、电话号码等，应在数字前加英文单引号“'”。例如，输入编号 0101，应输入“'0101”，此时其在 Excel 中以“0101”显示，把它当作字符沿单元格左对齐。当输入的文本长度超出单元格宽度时，若右边单元格中无内容，则扩展到右边单元格，否则将截断显示。
- 数值型数据的输入：除了由数字（0 ~ 9）组成的字符串外，数值还包括 +、-、E、e、$、% 及小数点（.）和千位分隔符（,）等特殊字符，如 $ 150,000.5。对于分数的输入，为了与日期的输入相区别，应先输入“0”和空格。例如，要输入 1/2，应输入“0 1/2”，如果直接输入“1/2”的话，系统会自动将其处理为日期。
- Excel 数值输入与数值显示并不总是相同的，计算时以输入的数值为准。当输入的数字太长（超过单元格的列宽或达到 12 位）时，Excel 默认以科学记数法表示，如输入“123456789012”，则显示为“1.234 57E+11”。当输入数字的单元格的数值格式为带两位小数时，如果输入 3 位小数，末位将进行四舍五入。输入数值时，有时会发现单元格中出现符号“###”，这是因为单元格列宽不够，不足以显示全部数值，此时加大单元格列宽即可。
- 日期和时间型数据的输入：Excel 内置了一些日期和时间格式，当输入的数据与这些格式相匹配时，Excel 将自动识别它们。Excel 常见的日期和时间格式为 mm/dd/yy、dd-mm-yy、hh:mm（AM/PM）。其中，AM/PM 与分钟之间应有空格，如 8:30 AM，否则将被当作字符处理。图 4-2 给出了各类数据的输入示例。

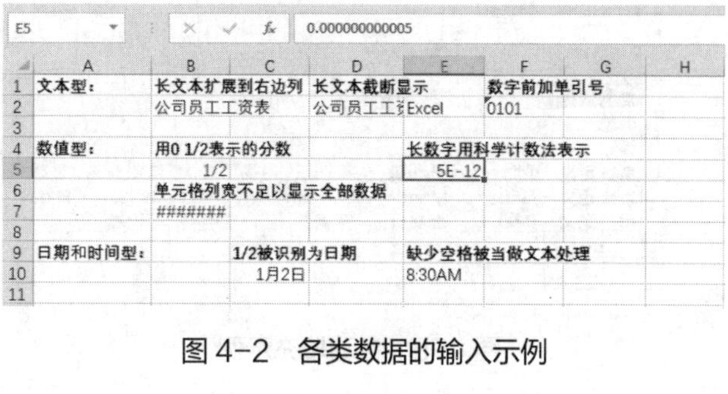

图 4-2　各类数据的输入示例

注意：如果需要在不连续的多个单元格中输入同一文字，可以先选中这些单元格，然后在编辑框中输入数据，按 Ctrl+Enter 组合键即可实现同时输入。

（2）快速输入

当要在工作表的某一列输入一些相同的数据时，可以使用 Excel 提供的快速输入方法，包含记忆式输入和下拉列表输入两种方法。

- 记忆式输入：当输入的字符与同一列中已输入的内容相匹配时，系统将自动填写其他字符。如图 4-3 所示，在 A6 单元格中输入的“台”和 A4 单元格的内容相匹配，系统自动显示了后面的字符“式电脑”。这时按 Enter 键，表示接受提供的字符；也可以不采用提供的字符，继续手动输入。
- 下拉列表输入：用人工的方法输入数据，可能会使输入内容不一致。例如，同一种商品可能输入不同的名字（如空调、空调器或空调机），这会使得统计结果不准确。为避免这类事情发生，可以在选中单元格后右击，在快捷菜单中选择“从下拉列表中选择”命令，或者按 Alt+ ↓ 组合键，两种方法都会显示一个输入列表，再从中选择需要的输入项即可，如图 4-4 所示。

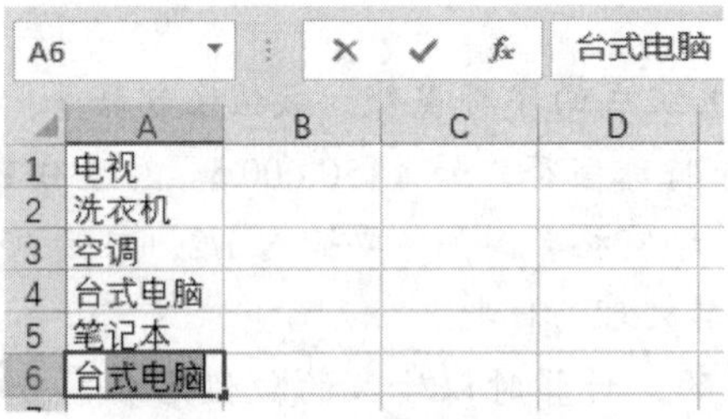

图 4-3 记忆式输入示例

图 4-4 下拉列表输入示例

（3）利用自动填充功能输入有规律的数据

有规律的数据是指等差序列、等比序列、系统预定义序列和用户自定义序列。当某行或某列为有规律的数据时，可以使用 Excel 提供的自动填充功能。自动填充功能根据初始值来决定以后的填充项。用鼠标指针指向初始值所在单元格右下角的小黑方块（称为填充柄，见图 4–5），此时鼠标指针的形状变为黑十字，然后向右（行）或向下（列）拖曳至填充的最后一个单元格，即可完成自动填充。

图 4-5 自动填充示例

自动填充分为 3 种情况。

- 填充相同数据（复制数据）：单击该数据所在的单元格，沿水平或垂直方向拖曳填充柄，会产生相同数据。
- 填充序列数据：如果是日期型序列，则只需要输入一个初始值，然后直接拖曳填充柄即可。如果是数值型序列，则必须输入前两个单元格的数据，然后选定这两个单元格，拖曳填充柄，系统默认为等差关系，在拖曳到的单元格内依次填充等差序列数据。如果需要填充等比序列数据，则可以在拖曳生成等差序列数据后，选定这些数据，通过单击"开始"选项卡"编辑"组中的"填充"下拉按钮，在下拉菜单中选择"序列"命令，在打开的"序列"对话框中选择类型为"等比序列"，并设置合适的步长值（比值，如 2），如图 4-6 所示。
- 填充用户自定义序列数据：在实际工作中，经常需要输入单位部门设置、商品名称、课程名称、公司在各大城市的办事处名称等，可以将这些有序数据自定义为序列，从而节省输入工作量，提高效率。单击"文件"按钮，在菜单中选择"选项"命令，打开"Excel 选项"对话框，单击"高级"标签，在右边的"常规"栏中单击"编辑自定义列表"按钮，打开"自定义序列"对话框。在其中添加新序列，有两种方法：一是在"输入序列"列表框中直接输入，每输入一个序列按一次 Enter 键，输入完毕后单击"添加"按钮，如图 4-7 所示；二是从工作表中直接导入，只需在"自定义序列"对话框中单击折叠对话框按钮，然后用鼠标选中工作表中的这一系列数据，最后单击"导入"按钮即可。

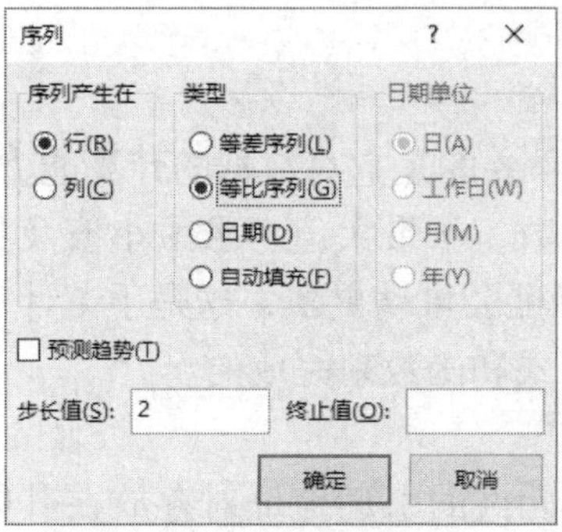

图 4-6　"序列"对话框

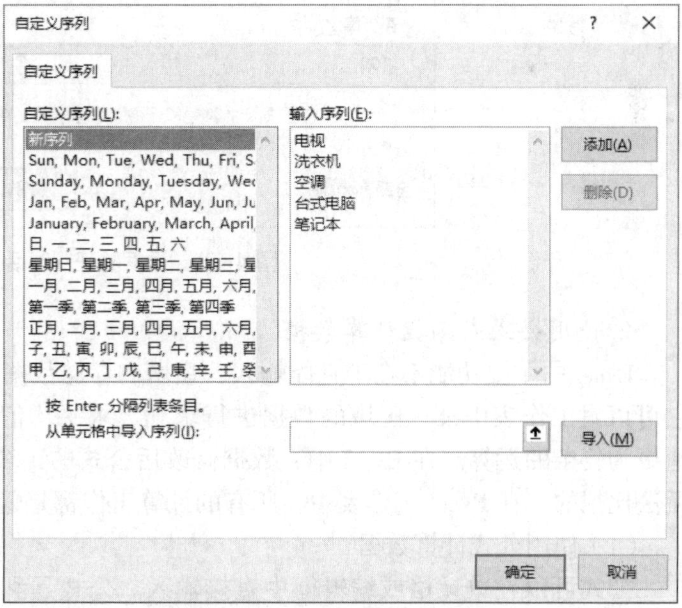

图 4-7　添加用户自定义序列

（4）获取外部数据

单击"数据"选项卡"获取和转换"组中的相应按钮，可以导入其他数据库（如 Access 和 SQL Server）产生的文件，还可以导入文本文件、XML 文件等。

在向工作表输入数据的过程中，用户可能会输入一些不合要求的数据，即无效数据。为避免这种情况，可以在输入数据前，单击“数据”选项卡“数据工具”组中的“数据验证”下拉按钮，在下拉菜单中选择“数据验证”命令设置数据的有效性规则。例如，在输入学生成绩时，数据应该为 0 ~ 100 范围内的整数，这就有必要设置数据的有效性。先选定需要进行有效性验证的单元格区域，单击“数据”选项卡“数据工具”组中的“数据验证”下拉按钮，在下拉菜单中选择“数据验证”命令，打开“数据验证”对话框，在“设置”选项卡中进行相应设置，如图 4-8 所示。其中，“忽略空值”复选框被勾选，表示在设置数据有效性的单元格中允许出现空值。输入提示信息和输入错误提示信息分别在该对话框中的“输入信息”和“出错警告”选项卡中设置。数据有效性设置好后，Excel 就可以监督输入的数据是否正确了。

数据的有效性

图 4-8 “数据验证”对话框

2. 使用公式或函数计算数据

Excel 的主要功能不在于它能输入、显示和存储数据，更重要的是它对数据的计算能力。它可以对工作表中某一区域的数据进行求和、求平均值、计数、求最大值、求最小值及其他更为复杂的运算。在 Excel 中，数据修改后公式的计算结果也会自动更新，这是手工计算无法比拟的。在 Excel 工作表中，所有的计算工作都是通过公式和函数来完成的。

（1）使用公式计算数据

公式可以在单元格或编辑框中直接输入。公式是利用单元格的引用地址对存放在其中的数值数据进行分析和计算的等式，如“=A1+1+C1”。公式与普通数据之间的区别在于，公式是由“=”来引导的，后面是计算的内容，由常量、单元格引用地址、运算符和函数组成。

- 常量：常量是一个固定的值，从字面上就能知道该值是什么或它的大小是多少。公式中的常量有数值型常量、文本型常量和逻辑型常量等。数值型常量可以是整数、小数、分数、百分数等，可以带千位分隔符和货币符号，如 100、2.8、1/2、15% 等；文本型常量是由英文双引号括起来的若干字符，但其中不能包含英文双引号；逻辑型常量只有 True（真）和 False（假）两个值。

- 单元格引用地址：在输入公式时，之所以不用数字本身而是用单元格引用地址，如 A1、B1、C1 等，是为了使计算分析的结果始终准确地反映单元格的当前数据。只要改变了数据单元格中的内容，公式单元格中的结果也立刻随之改变。如果在公式中直接书写数据，那么一旦数据单元格中的内容发生变化，公式的计算结果就不会自动更新。
- 运算符：Excel 公式中常用的运算符分为 4 类，如表 4–1 所示。

表 4–1　常用的运算符

类型	表示形式	优先级
算术运算符	+（加）、–（减）、*（乘）、/（除）、%（百分比）、^（乘方）	从高到低分为 3 个级别：百分比和乘方、乘和除、加和减。优先级相同时，按照从左到右的顺序计算
关系运算符	=（等于）、>（大于）、<（小于）、>=（大于或等于）、<=（小于或等于）、<>（不等于）	优先级相同
文本运算符	&（文本链接）	
引用运算符	:（区域）、,（联合）、空格（交叉）	从高到低依次为区域、联合、交叉

其中，算术运算符用来对数值进行算术运算，结果还是数值。算术运算符的优先级如表 4–1 所示。关系运算符又叫比较运算符，用来比较两个文本、值、日期、时间等的大小，结果是一个逻辑值。各种数据类型的比较规则为：数值型按照数值的大小比较；日期和时间型按照“过去＜现在＜未来”的规则比较；文本型按照字典顺序比较。

引用运算符用来将单元格区域合并运算，如表 4–2 所示。

表 4–2　引用运算符

引用运算符	含义	示例
:（区域）	包括两个引用在内的所有单元格的引用	SUM（A1:C3）
,（联合）	将多个引用合并为一个引用	SUM（A1,C3）
空格（交叉）	产生同时隶属于两个引用的单元格区域的引用	SUM（A1:C4 B2:D3）

4 类运算符的优先级从高到低依次为引用运算符、算术运算符、文本运算符、关系运算符。当多个运算符同时出现在公式中时，Excel 按照运算符的优先级进行运算。当优先级相同时，按照自左向右的顺序进行计算。

【例 4–1】打开“公司员工工资表 .xlsx”文件，使用公式计算每位员工的实发工资。

操作步骤如下。

①打开“公司员工工资表 .xlsx”文件，选定第 1 位员工的“实发工资”单元格。

②在单元格（或编辑框）中输入公式“=E3+F3–G3”，按下 Enter 键，Excel 将自动计算公式的值并将结果显示在单元格中，同时将公式内容显示在编辑框中。输入单元格引用地址更简单的方法是，直接用鼠标依次单击源数据单元格，则该单元格的引用地址会自动出

现在编辑框中，如图 4-9 所示，此时再按 Enter 键就可以得到计算结果。

	A	B	C	D	E	F	G	H	I
1	公司员工工资表								
2	姓名	部门	职务	出生年月	基本工资	奖金	扣款额	实发工资	评价
3	刘铁	销售部	业务员	1980年7月2日	3600	2100	398	=E3+F3-G3	
4	孙刚	销售部	业务员	1982年12月23日	3300	1900	286.5		
5	陈凤	销售部	业务员	1975年4月25日	3000	2300	266.5		
6	沈阳	销售部	业务员	1986年7月23日	3400	2100	258		

图 4-9　使用公式计算实发工资

③其他员工的实发工资计算，可利用公式的自动填充功能（复制公式）快速完成。方法是：移动鼠标指针到公式所在单元格右下角的填充柄处，当鼠标指针变成黑色十字时，按住鼠标左键拖曳经过目标区域，到达最后一个单元格时释放鼠标左键，公式自动填充完毕。当公式输入错误时，可以进行修改，方法是选择需要修改公式的单元格，然后在编辑框中修改，最后按Enter键。如果要方便检查公式的正确性，可以设置在单元格中显示公式，方法是在“公式”选项卡“公式审核”组中单击“显示公式”按钮。

（2）使用函数计算数据

函数是 Excel 自带的一些已经定义好的公式，一般格式为

函数名称（参数 1，参数 2，……）

其中的参数可以是常量、单元格、单元格区域、公式或其他函数。例如，在求和函数 SUM（A1:A8）中，A1:A8 是参数，指明操作对象是单元格区域 A1:A8 中的数值。

与直接创建公式［如公式“=A1+A2+A3+A4+A5+A6+A7+A8”与函数“=SUM（A1:A8）”］比较，使用函数可以减少输入的工作量，减小出错概率。而且对于一些复杂的运算，如求平方根、求标准偏差等，如果由用户自己设计公式来完成会很困难，使用函数完成则比较简单。Excel 2016 提供许多功能完备且易于使用的函数，涉及财务、逻辑、文本、日期与时间、查找与引用、数学与三角函数、统计、工程、多维数据集、信息等多方面。此外，用户还可以自定义函数。

Excel 最基本的 5 个函数是 SUM（求和）、AVERAGE（求平均值）、COUNT（计数，注意只有数值型数据才能被计数）、MAX（求最大值）和 MIN（求最小值）。其他常用的数据统计和分析函数后面会有详细阐述。

SUM 函数

输入函数有两种方法。

- 直接输入法：直接在单元格或编辑框内输入函数，适用于比较简单的函数。
- 插入函数法：比直接输入法更常用。可以通过单击“公式”选项卡“函数库”组中的“插入函数”按钮 f_x 或单击编辑栏中的 f_x 按钮，打开“插入函数”对话框进行操作。也可以通过单击“公式”选项卡“函数库”组中对应的分类函数下拉按钮，在下拉菜单中选择需要的函数来完成。例如，对于 5 个基本函数，可以单击“公式”选项卡“函数库”组中的“自动求和”下拉按钮 Σ，在下拉菜单中选择相应命令来实现，它将自动对活动单元格上方或左侧的数据进行这 5 种基本计算。

【例 4-2】使用插入函数法统计“公司员工工资表 .xlsx”中所有员工的基本工资、奖金、扣款额和实发工资的平均值。

操作步骤如下。

①在“公司员工工资表 .xlsx”中单击用于存放基本工资平均值的 E15 单元格。

②单击编辑栏中的 f_x 按钮，打开“插入函数”对话框，在“或选择类别”下拉列表框中选择“常用函数”，再在“选择函数”列表框中选择“AVERAGE”，如图 4-10 所示。

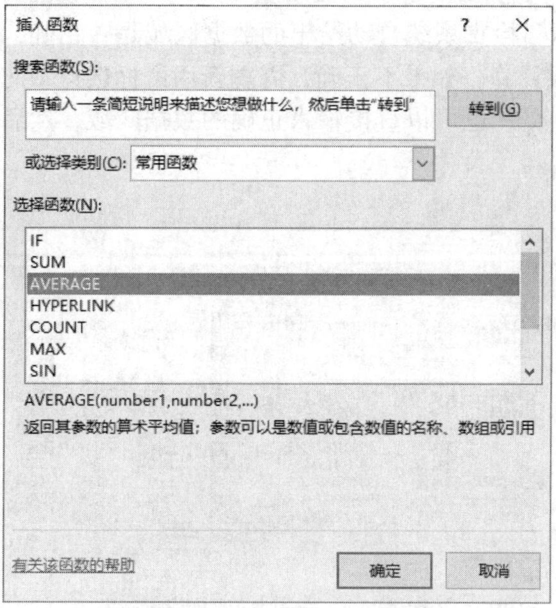

图 4-10　“插入函数”对话框

③单击“确定”按钮，打开所选函数的“函数参数”对话框，如图 4-11 所示。此时，系统自动提供的数据区域为 E3:E14，该数据区域是正确的，直接单击“确定”按钮即可。如果不正确，则需要重新选择，方法是：单击“Number1”文本框右侧的折叠对话框按钮，从工作表中重新选定相应的单元格区域，再单击展开对话框按钮恢复对话框，最后单击“确定”按钮。

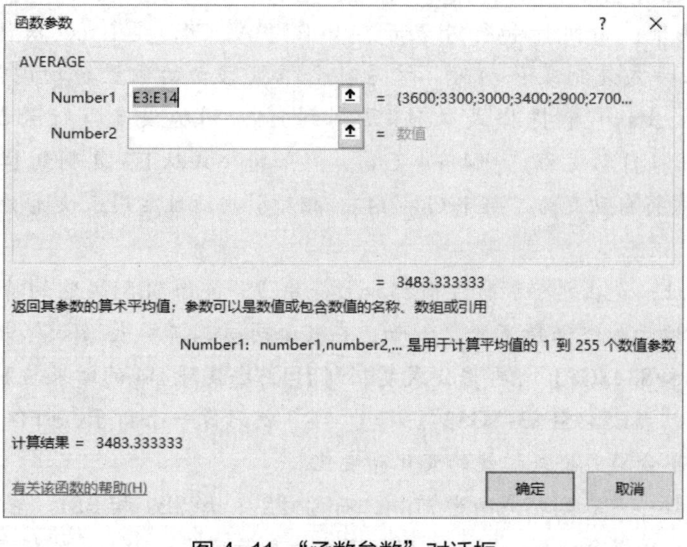

图 4-11　“函数参数”对话框

④其他如奖金、扣款额、实发工资的平均值计算可利用公式的自动填充功能快速计算。还可以使用更快捷的方法完成计算，方法是：将光标放在存放平均值的单元格中，单击“公式”选项卡“函数库”组中的“自动求和”下拉按钮，在下拉菜单中选择“平均值”命令，如图 4-12 所示。Excel 将自动出现求平均值函数 AVERAGE 及相应的数据区域，如图 4-13 所示。检查系统自动给出的数据区域是否正确，确认正确后按 Enter 键完成计算。如果不正确，需重新用鼠标选择（此时鼠标指针应为白色粗十字），也可以直接输入正确的数据区域，然后按 Enter 键确认。

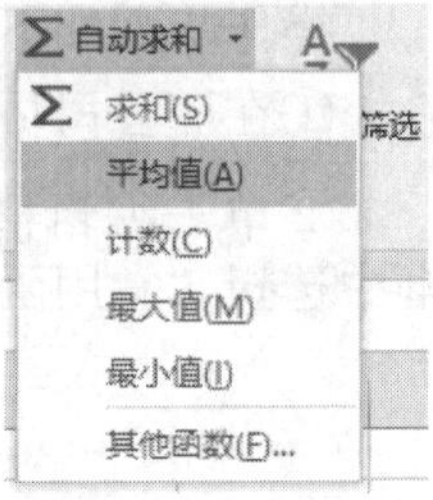

图 4-12 “自动求和”下拉菜单

	A	B	C	D	E	F	G	H	I
1	公司员工工资表								
2	姓名	部门	职务	出生年月	基本工资	奖金	扣款额	实发工资	评价
3	刘铁	销售部	业务员	1980年7月2日	3600	2100	398	5302	
4	孙刚	销售部	业务员	1982年12月23日	3300	1900	286.5	4913.5	
5	陈凤	销售部	业务员	1975年4月25日	3000	2300	266.5	5033.5	
6	沈阳	销售部	业务员	1986年7月23日	3400	2100	258	5242	
7	秦强	财务部	会计	1977年6月3日	2900	1700	248.5	4351.5	
8	陆斌	财务部	出纳	1989年9月3日	2700	1900	278	4322	
9	邹蕾	技术部	技术员	1993年10月15日	4200	2000	369	5831	
10	彭佩	技术部	技术员	1990年8月14日	3800	2300	245.5	5854.5	
11	雷曼	技术部	工程师	1978年1月28日	4700	3300	466	7534	
12	郑黎	技术部	技术员	1984年11月12日	3500	3100	256	6344	
13	潘越	财务部	会计	1989年12月22日	3000	2600	353.5	5246.5	
14	王海	销售部	业务员	1972年5月17日	3700	2800	388	6112	
15	平均值				=AVERAGE(E3:E14)				
16									
17									

图 4-13 自动求平均值操作

（3）公式和函数中单元格的引用地址

公式和函数中单元格的引用地址

使用公式和函数计算数据非常简单，只要计算出第一个数据，其他的都可以利用公式的自动填充功能完成。公式的自动填充功能实际上就是复制公式，为什么同一个公式复制到不同单元格中会有不同的结果呢？究其原因是相对引用地址在起作用。

公式和函数中经常包含单元格的引用地址，它有 3 种表示方式。

- 相对引用地址：由列标和行号表示，如 B1、A2:C4，是 Excel 默认的引用方式。它的特点是在公式复制或移动时，该地址会根据移动的位置自动调节。例如在“公司员工工资表.xlsx”中将公式从 H3 复制到 H4，列标没变，行号加 1，所以公式从“=E3+F3–G3”自动变为“=E4+F4–G4”。假如将公式从 H3 复制到 I4，列标加 1，行号也加 1，公式将自动变为“=F4+G4–H4”。相对引用地址常用来快速实现大量数据的同类运算。
- 绝对引用地址：是在列标和行号前都加上符号“$”，如 $B$1。它的特点是在公式复制或移动时，该地址始终保持不变。例如，在“公司员工工资表.xlsx”中，将 H3 的公式改为“=$E$3+$F$3–$G$3”，再将公式复制到 H4，会发现 H4 的结果与 H3 的一样，公式没变，仍然是“=$E$3+$F$3–$G$3”。符号“$”就好像一个钉子，钉住了参加运算的单元格，使它们不会随着公式位置的变化而变化。
- 混合引用地址：是在列标或行号前加上符号“$”，如 $B1 和 B$1。它是相对引用地址和绝对引用地址的混合使用。$B1 是列标不变，行号变化；B$1 是列标变化，行号不变。

【例 4-3】绝对引用地址示例。在例 4-2 的工作表中添加一列"评价"，如果员工的实发工资低于平均值则显示"低工资"，否则不显示任何信息。如图 4-14 所示。

I3　=IF(H3<$H$15,"低工资","")

	A	B	C	D	E	F	G	H	I	J
1	公司员工工资表									
2	姓名	部门	职务	出生年月	基本工资	奖金	扣款额	实发工资	评价	
3	刘铁	销售部	业务员	1980年7月2日	3600	2100	398	5302	低工资	
4	孙刚	销售部	业务员	1982年12月23日	3300	1900	286.5	4913.5	低工资	
5	陈凤	销售部	业务员	1975年4月25日	3000	2300	266.5	5033.5	低工资	
6	沈阳	销售部	业务员	1986年7月23日	3400	2100	258	5242	低工资	
7	秦强	财务部	会计	1977年6月3日	2900	1700	248.5	4351.5	低工资	
8	陆斌	财务部	出纳	1989年9月3日	2700	1900	278	4322	低工资	
9	邹蕾	技术部	技术员	1993年10月15日	4200	2000	369	5831		
10	彭佩	技术部	技术员	1990年8月14日	3800	2300	245.5	5854.5		
11	雷曼	技术部	工程师	1978年1月28日	4700	3300	466	7534		
12	郑黎	技术部	技术员	1984年11月12日	3500	3100	256	6344		
13	潘越	财务部	会计	1989年12月22日	3000	2600	353.5	5246.5	低工资	
14	王海	销售部	业务员	1972年5月17日	3700	2800	388	6112		
15	平均值				3483.333	2341.667	317.7917	5507.208		
16										

图 4-14　绝对引用地址示例

操作步骤如下。

①单击 I2 单元格，输入文字"评价"。

②单击 I3 单元格，输入公式"=IF(H3<$H$15," 低工资 ","")"，按 Enter 键确认。这是一个条件函数，它表示的含义是，如果 H3 的数据小于 H15（绝对引用单元格）的数据（实发工资平均值），就在当前单元格中填写"低工资"，否则不显示任何信息。

③利用公式的自动填充功能完成对其他员工的工资评价。

4.2.2　编辑工作表

工作表的编辑主要包括工作表中数据的编辑，单元格行、列的插入和删除，以及工作表的插入、移动、复制、删除、重命名等。工作表的编辑遵守"先选定，后执行"的原则。

工作表的常用选定操作如表 4-3 所示。

表 4-3　工作表的常用选定操作

选取范围	操作
单元格	单击或按方向键（←、→、↑、↓）
多个连续单元格	从单元格区域左上角拖曳至右下角，或单击单元格区域左上角单元格，按住 Shift 键，单击单元格区域右下角单元格
多个不连续单格	按住 Ctrl 键的同时，用鼠标进行单元格选择或单元格区域选择
整行或整列	单击工作表相应的行号或列标
相邻行或列	鼠标拖曳行号或列标
整个表格	单击工作表左上角行列交叉的按钮，或按 Ctrl+A 组合键
单个工作表	单击工作表标签
多个连续工作表	单击第一个工作表标签，然后按住 Shift 键，单击要选择的最后一个工作表标签
多个不连续工作表	按住 Ctrl 键，分别单击要选择的工作表标签

（1）工作表中数据的编辑

在向工作表中输入数据的过程中，经常会需要对数据进行清除、移动和复制等编辑操作。Excel 中有清除和删除两个概念，它们是有区别的。

- 清除：清除针对的是单元格中的数据，单元格本身仍保留在原位置。选取单元格或单元格区域后，单击“开始”选项卡“编辑”组中的“清除”下拉按钮，在下拉菜单中选择相应命令，可以清除单元格格式、内容、批注和超链接中的任意一种，或者全部清除。选中单元格后按 Delete 键，清除的只是单元格的内容。
- 删除：删除针对的是单元格，是把单元格连同其中的内容从工作表中删除。

在移动或复制数据时，可以替换目标单元格的数据，也可以保留目标单元格的数据，将移动或复制的单元格插入该单元格之前。如果要替换目标单元格的数据，可以选定原单元格数据并右击，在快捷菜单中根据需要选择“剪切”或“复制”命令，再将光标定位到目标单元格并右击，在快捷菜单中选择“粘贴”命令。如果要保留目标单元格的数据，在执行“剪切”或“复制”命令后，应选择快捷菜单中的“插入剪切的单元格”或“插入复制的单元格”命令来替代“粘贴”命令。

在 Excel 中，一个单元格通常包含很多信息，如内容、格式及批注等。复制数据时可以复制单元格的全部信息，也可以只复制部分信息，还可以在复制数据的同时进行算术运算、行列转置等，这些都是通过“选择性粘贴”命令来实现的。具体操作方法是：先选定数据并右击，在快捷菜单中选择“复制”命令，再选定目标单元格并右击，在快捷菜单中选择“选择性粘贴”命令，在打开的“选择性粘贴”对话框中进行相应设置，如图 4–15 所示。该对话框中的“粘贴”栏中列出了可以粘贴的单元格信息的选项，其中最常用的是公式、数值、格式等；“运算”栏表示原单元格数据与目标单元格数据的运算关系；勾选“转置”复选框表示将原单元格区域中的数据行列交换后粘贴到目标单元格区域。

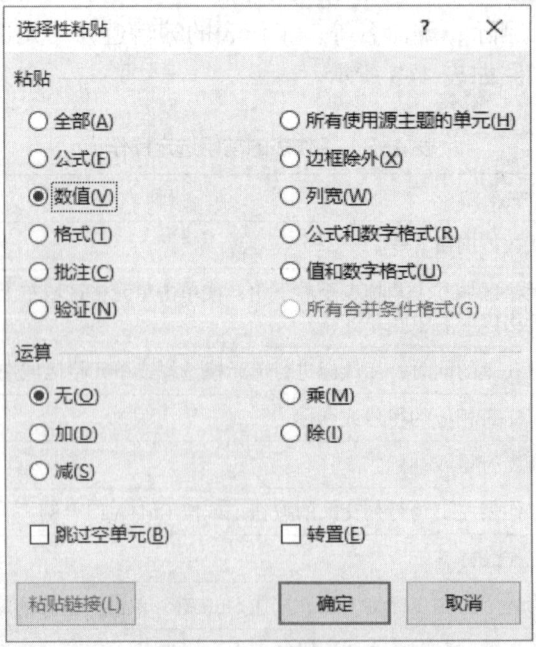

图 4–15 “选择性粘贴”对话框

（2）单元格、行、列的插入和删除

数据在输入时难免会出现遗漏，有时是漏掉一个数据，有时可能漏掉一行或一列。单元格、行、列的插入操作可以通过单击“开始”选项卡“单元格”组的“插入”下拉按钮完成，也可以利用快捷菜单中的“插入”命令完成。单元格、行、列的删除操作则可以通过单击“开始”选项卡“单元格”组的“删除”下拉按钮完成，也可以利用快捷菜单中的“删除”命令完成。

（3）工作表的插入、移动、复制、删除、重命名、隐藏和显示

如果一个工作簿中包含多个工作表，可以使用 Excel 提供的工作表管理功能来管理。常用的方法是：在工作表标签上右击，在快捷菜单中选择相应的命令。Excel 允许将某个工作表在同一个或多个工作簿中移动或复制。如果是在同一个工作簿中操作，只需单击该工作表标签，将它直接拖曳到目标位置实现移动，在拖曳的同时按住 Ctrl 键实现复制。如果是在多个工作簿中操作，首先打开这些工作簿，然后右击该工作表标签，在快捷菜单中选择“移动或复制”命令，打开如图 4–16 所示的“移动或复制工作表”对话框。在“工作簿”下拉列表框中选择所需工作簿（如果没有出现所需工作簿，说明此工作簿未打开），从“下列选定工作表之前”列表框中选择插入位置实现移动。如果是复制操作，还需勾选此对话框底部的“建立副本”复选框。

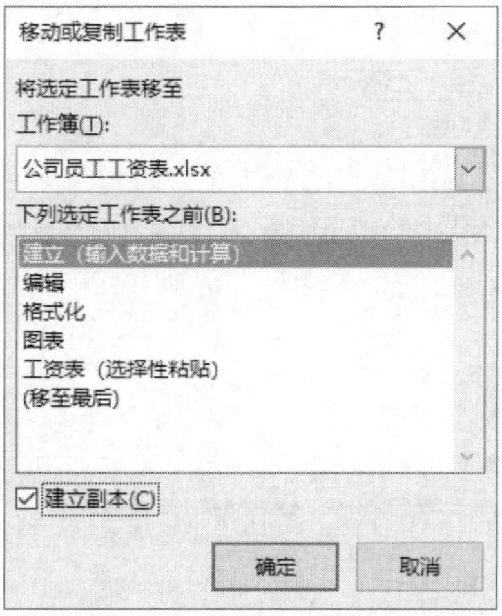

图 4–16　“移动或复制工作表”对话框

注意：在删除工作表时一定要慎重，工作表一旦被删除将无法恢复。如果工作簿中的工作表太多，为了更加清楚地区分工作表，可以利用快捷菜单中的相应命令设置工作表标签的颜色，使之醒目显示。

4.2.3　格式化工作表

制作一个好的工作表，除了要保证数据的正确性外，为了更好地体现工作表中的内容，还应对外观进行修饰（格式化），达到整齐、鲜明和美观的效果。

格式化工作表

工作表的格式化主要包括格式化数据、调整工作表的列宽和行高、设置对齐方式、添加边框和底纹、使用条件格式及自动套用格式等。

1. 格式化数据

（1）设置数据格式

在 Excel 中，可以使用不同的小数位数、百分号、货币符号、千位分隔符等表示同一个单元格的数据，如 1 234.56，12.345 6%，¥1 234.6，1,234.56 等。这时屏幕上的单元格显示的是格式化后的数字，编辑框显示的是系统实际存储的数据。

Excel 提供了大量的数据格式，并将它们分为常规、数值、货币、会计专用、日期、时间、百分比、分数、科学记数、文本、特殊、自定义等类别。其中，常规是系统的默认格式。

要设置数据格式，可以通过单击“开始”选项卡“数字”组的相应按钮，或单击该组右下角的对话框启动器，打开“设置单元格格式”对话框，在“数字”选项卡中完成，如图 4–17 所示。该对话框也可以通过快捷菜单中的“设置单元格格式”命令打开。

图 4–17 “设置单元格格式”对话框

（2）对数据进行字符格式化

在 Excel 中，为了美化数据，经常会对数据进行字符格式化，如设置数据的字体、字形和字号，为数据加下画线、删除线、上下标及改变数据颜色等。这主要是通过单击“开始”选项卡“字体”组的相应按钮，或单击该组右下角的对话框启动器，打开“设置单元格格式”对话框，在“字体”选项卡中完成的。它的操作与 Word 中的“字体”对话框类似。

注意：要取消数据格式的设置，可以单击“开始”选项卡“编辑”组中的“清除”下拉按钮，在下拉菜单中选择“清除格式”命令。其他工作表格式的取消也是如此。

2. 调整工作表的列宽和行高

设置每列的宽度和每行的高度是改善工作表外观经常用到的手段。例如，如果输入的文字内容太长，将会延伸到相邻的单元格中，如果相邻单元格中已有内容，那么该文字内容就会被截断。对于数值数据，则以一串“#”提示用户该单元格列宽不够，无法正常显示该数值数据（见图 4–18）。

调整列宽和行高最快捷的方法是利用鼠标来完成，将鼠标指针指向要调整列宽（或行高）列（或行）的列标（或行号）之间的分隔线上，当鼠标指针变成一个双向箭头的十字形时，拖曳分隔线到需要的位置即可。

如果要精确地调整列宽和行高，可以通过单击“开始”选项卡“单元格”组的“格式”下拉按钮，在下拉菜单中选择“行高”和“列宽”命令。它们将分别打开“行高”和“列宽”对话框，用户可以输入需要的高度值或宽度值。“行高”对话框如图 4–19 所示。

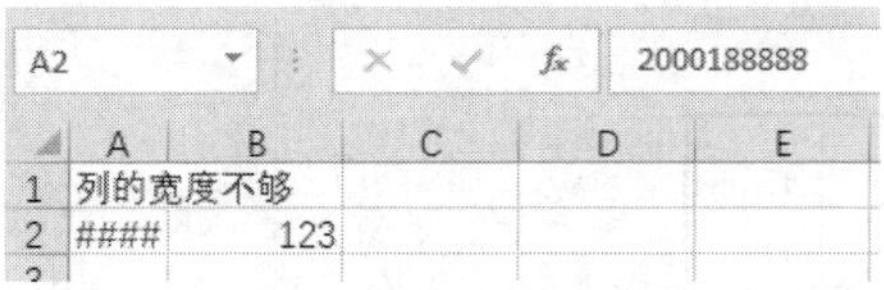

图 4–18　显示与列宽

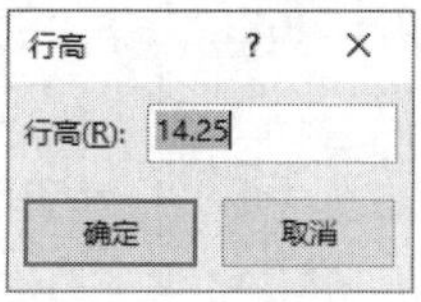

图 4–19　“行高”对话框

3. 设置对齐方式

输入到单元格中的数据通常具有不同的数据类型，在 Excel 中，不同类型的数据在单元格中以某种默认方式对齐。例如，文本左对齐，数值、日期和时间右对齐，逻辑值和错误值居中对齐等。如果对默认的对齐方式不满意，可以改变数据的对齐方式。

这通过单击“开始”选项卡“对齐方式”组中的相应按钮来完成。如果有更高的要求，就需要单击该组右下角的对话框启动器，打开“设置单元格格式”对话框，在“对齐”选项卡中进行设置，如图 4–20 所示。

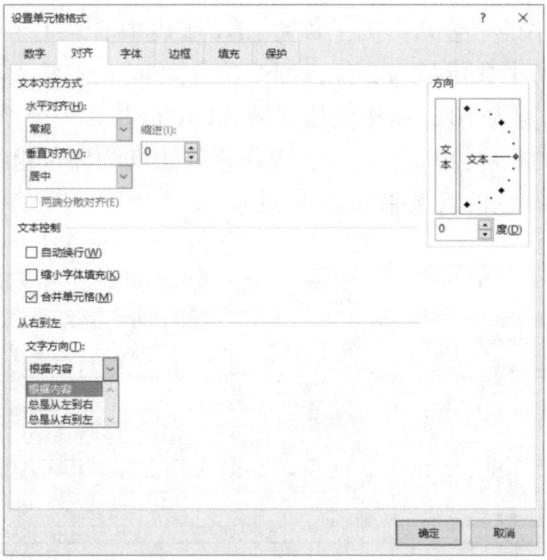

图 4–20　“设置单元格格式”对话框“对齐”选项卡

除了设置对齐方式，在“对齐”选项卡中还可以对文本进行显示控制，有效解决文本的显示问题，如自动换行、缩小字体填充、将选定的区域合并为一个单元格、改变文字方向和旋转文字角度等。

4. 添加边框和底纹

为工作表添加各种类型的边框和底纹，不仅可以起到美化工作表的目的，还可以使工作表更加清晰、明了。如果要给某一单元格或单元格区域增加边框，首先应选择相应的区域，然后右击，在快捷菜单中选择“设置单元格格式”命令，打开“设置单元格格式”对话框，在“边框”选项卡中进行设置，如图 4-21 所示。

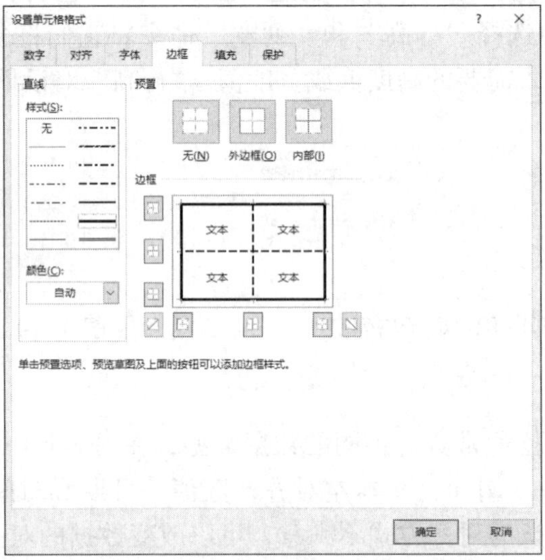

图 4-21 “设置单元格格式”对话框“边框”选项卡

除了为工作表添加边框外，还可以为工作表添加背景颜色或图案，即底纹。这通过“设置单元格格式”对话框中的“填充”选项卡来完成。

【例 4-4】对例 4-3 中的“公司员工工资表 .xlsx”（表中 E ～ H 列单位为：元）进行格式化：设置“实发工资”列小数位数为 2 位，加千位分隔符（,）和人民币符号（¥）；设置标题行高为 25，“姓名”列宽为 10；将单元格区域 A1:I1 合并为一个单元格，标题内容水平居中对齐；将标题设为华文彩云、20 pt、加粗；工作表外边框为黑色粗线，内边框为黑色细线；“姓名”所在行底纹为浅绿色。其效果如图 4-22 所示。

	A	B	C	D	E	F	G	H	I
1	公司员工工资表								
2	姓名	部门	职务	出生年月	基本工资	奖金	扣款额	实发工资	评价
3	刘铁	销售部	业务员	1980年7月2日	3600	2100	398	¥5,302.00	低工资
4	孙刚	销售部	业务员	1982年12月23日	3300	1900	286.5	¥4,913.50	低工资
5	陈凤	销售部	业务员	1975年4月25日	3000	2300	266.5	¥5,033.50	低工资
6	沈阳	销售部	业务员	1986年7月23日	3400	2100	258	¥5,242.00	低工资
7	秦强	财务部	会计	1977年6月3日	2900	1700	248.5	¥4,351.50	低工资
8	陆斌	财务部	出纳	1989年9月3日	2700	1900	278	¥4,322.00	低工资
9	邹蕾	技术部	技术员	1993年10月15日	4200	2000	369	¥5,831.00	
10	彭佩	技术部	技术员	1990年8月14日	3800	2300	245.5	¥5,854.50	
11	雷曼	技术部	工程师	1978年1月28日	4700	3300	466	¥7,534.00	
12	郑黎	技术部	技术员	1984年11月12日	3500	3100	256	¥6,344.00	
13	潘越	财务部	会计	1989年12月22日	3000	2600	353.5	¥5,246.50	低工资
14	王海	销售部	业务员	1972年5月17日	3700	2800	388	¥6,112.00	
15	平均值				3483.333	2341.667	317.7917	¥5,507.21	
16									

图 4-22 “公司员工工资表 .xlsx”格式化后的效果

操作步骤如下。

①单击列标 H 选定“实发工资”列，右击，在快捷菜单中选择“设置单元格格式”命令，打开“设置单元格格式”对话框。在“数字”选项卡的“分类”列表框中选择“数值”，在“小数位数”文本框中输入“2”，勾选“使用千位分隔符”复选框，再在“分类”列表框中选择“货币”，在“货币符号（国家 / 地区）”下拉列表框中选择“¥”，单击“确定”按钮。也可以利用“开始”选项卡“数字”组中的相应按钮来完成。

②单击行号 1 选定标题行（第 1 行），单击“开始”选项卡“单元格”组中的“格式”下拉按钮，在下拉菜单中选择“行高”命令，在打开的“行高”对话框中输入“25”，单击“确定”按钮。单击列标 A 选定“姓名”列，重复前面的步骤打开“列宽”对话框，输入“10”，单击“确定”按钮。

③选中单元格区域 A1:I1，打开“设置单元格格式”对话框，在“对齐”选项卡中设置水平对齐为“居中”，勾选“合并单元格”复选框，单击“确定”按钮。也可以选择“开始”选项卡“对齐方式”组中的“合并后居中”下拉菜单的“合并后居中”命令来快速完成。

④选中标题“公司员工工资表”，在“设置单元格格式”对话框的“字体”选项卡中设置字体为“华文彩云”，字形为“加粗”，字号为“20”，单击“确定”按钮。也可以利用“开始”选项卡“字体”组中的相应按钮完成。

⑤选中整个表格（A1:I15），在“设置单元格格式”对话框的“边框”选项卡中先选择线条颜色为“黑色”，样式为“粗线”，单击“预置”栏中的“外边框”按钮，完成工作表外边框的设置，再选择线条样式为“细线”，单击“预置”栏中的“内部”按钮，然后单击“确定”按钮，完成工作表外边框和内边框的设置。选中“姓名”所在行（A2:I2），在“设置单元格格式”对话框的“填充”选项卡中选择背景色为“浅绿色”，单击“确定”按钮。

5. 使用条件格式

设置条件格式可以使数据在满足不同的条件时，显示为不同的格式。

【例 4-5】对例 4-4 中的“公司员工工资表 .xlsx”设置条件格式：将基本工资高于 3 500 元的单元格设置成“浅红填充色深红色文本”效果，将基本工资低于 3 000 的单元格设置成文本颜色为蓝色、加双下画线。其效果如图 4-23 所示。

	A	B	C	D	E	F	G	H	I
1	公司员工工资表								
2	姓名	部门	职务	出生年月	基本工资	奖金	扣款额	实发工资	评价
3	刘铁	销售部	业务员	1980年7月2日	3600	2100	398	¥5,302.00	低工资
4	孙刚	销售部	业务员	1982年12月23日	3300	1900	286.5	¥4,913.50	低工资
5	陈凤	销售部	业务员	1975年4月25日	3000	2300	266.5	¥5,033.50	低工资
6	沈阳	销售部	业务员	1986年7月23日	3400	2100	258	¥5,242.00	低工资
7	秦强	财务部	会计	1977年6月3日	2900	1700	248.5	¥4,351.50	低工资
8	陆斌	财务部	出纳	1989年9月3日	2700	1900	278	¥4,322.00	低工资
9	邹蕾	技术部	技术员	1993年10月15日	4200	2000	369	¥5,831.00	
10	彭佩	技术部	技术员	1990年8月14日	3800	2300	245.5	¥5,854.50	
11	雷曼	技术部	工程师	1978年1月28日	4700	3300	466	¥7,534.00	
12	郑黎	技术部	技术员	1984年11月12日	3500	3100	256	¥6,344.00	
13	潘越	财务部	会计	1989年12月22日	3000	2600	353.5	¥5,246.50	低工资
14	王海	销售部	业务员	1972年5月17日	3700	2800	388	¥6,112.00	
15	平均值				3483.333	2341.667	317.7917	¥5,507.21	
16									

图 4-23　设置条件格式后的效果

操作步骤如下。

①选定要设置格式的单元格区域 E3:E14，注意不要选中“基本工资”单元格。

②单击“开始”选项卡“样式”组中的“条件格式”下拉按钮，在下拉菜单中选择“突出显示单元格规则”→“大于”命令，打开“大于”对话框进行设置，如图 4-24 所示，单击“确定”按钮。

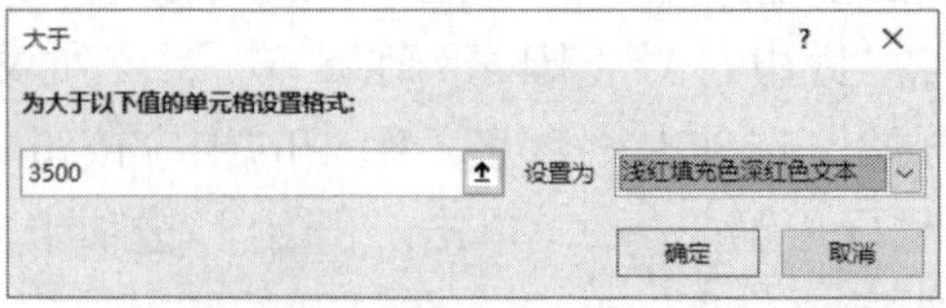

图 4-24 “大于”对话框

③用同样的方法选择“小于”命令，打开“小于”对话框，在左边的文本框中输入“3000”，在右边的“设置为”下拉列表框中选择“自定义格式”，打开“设置单元格格式”对话框。在“字体”选项卡中设置颜色为“蓝色”，下画线为“双下画线”，然后连续单击“确定”按钮。

6. 自动套用格式

自动套用格式是一组已定义好的格式的组合，包括字体、对齐、边框、颜色、行高和列宽等格式。Excel 提供了许多种漂亮、专业的表格自动套用格式，可以快速实现工作表格式化。可以通过单击“开始”选项卡“样式”组中的“套用表格格式”下拉按钮实现。

4.3 制作图表

创建图表

4.3.1 创建图表

在 Excel 2016 中，创建图表快速、简便，只需要选择数据源，然后单击“插入”选项卡“图表”组中对应图表类型的下拉按钮，在下拉菜单中选择具体的类型即可。

【例 4-6】根据例 4-5 工作表中的姓名、基本工资、奖金、实发工资列的数据，生成一个三维簇状柱形图，如图 4-25 所示。

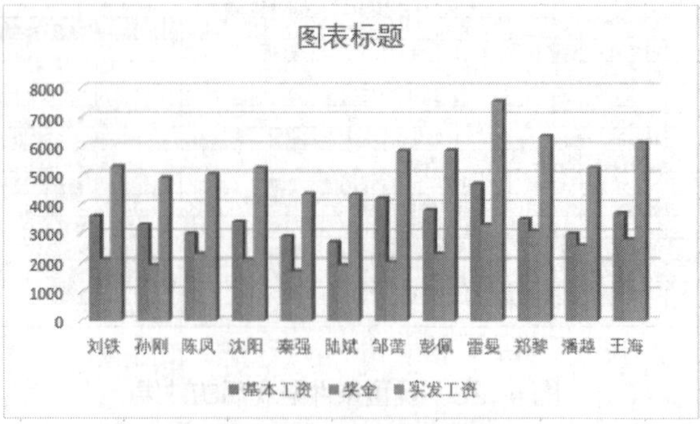

图 4-25 三维簇状柱形图

操作步骤如下。

①选定建立图表的数据源。这一步非常重要，方法如下：先选定“姓名”列（A2:A14），按住 Ctrl 键，再选定“基本工资”列（E2:E14）、“奖金”列（F2:F14）和“实发工资”列（H2:H14），如图 4–26 所示。

	A	B	C	D	E	F	G	H	I
1	公司员工工资表								
2	姓名	部门	职务	出生年月	基本工资	奖金	扣款额	实发工资	评价
3	刘铁	销售部	业务员	1980年7月2日	3600	2100	398	¥5,302.00	低工资
4	孙刚	销售部	业务员	1982年12月23日	3300	1900	286.5	¥4,913.50	低工资
5	陈凤	销售部	业务员	1975年4月25日	3000	2300	266.5	¥5,033.50	低工资
6	沈阳	销售部	业务员	1986年7月23日	3400	2100	258	¥5,242.00	低工资
7	秦强	财务部	会计	1977年6月3日	2900	1700	248.5	¥4,351.50	低工资
8	陆斌	财务部	出纳	1989年9月3日	2700	1900	278	¥4,322.00	低工资
9	邹蕾	技术部	技术员	1993年10月15日	4200	2000	369	¥5,831.00	
10	彭佩	技术部	技术员	1990年8月14日	3800	2300	245.5	¥5,854.50	
11	雷曼	技术部	工程师	1978年1月28日	4700	3300	466	¥7,534.00	
12	郑黎	技术部	技术员	1984年11月12日	3500	3100	256	¥6,344.00	
13	潘越	财务部	会计	1989年12月22日	3000	2600	353.5	¥5,246.50	低工资
14	王海	销售部	业务员	1972年5月17日	3700	2800	388	¥6,112.00	
15	平均值				3483.333	2341.667	317.7917	¥5,507.21	

图 4–26　选定建立图表的数据源

②单击“插入”选项卡“图表”组中的“插入柱形图或条形图”下拉按钮，在“三维柱形图”区中选择“三维簇状柱形图”按钮，然后将图表调整至合适大小。

4.3.2　编辑图表

在创建图表之后，还可以对图表进行编辑，包括更改图表类型及选择图表布局和图表样式等。可以通过“图表工具”→“图表设计”和“图表工具”→“格式”这两个选项卡中的相应功能来实现，这两个选项卡在选定图表后便会自动出现。

其中，在“图表工具”→“图表设计”选项卡中可以进行如下操作。

- 图表布局：快速设置一些内置的布局，添加设置图表元素。
- 图表样式：设置图表样式，更改图表颜色组合。
- 切换行 / 列：将图表的 *X* 轴数据和 *Y* 轴数据对调。
- 选择数据：打开“选择数据源”对话框，可以编辑、修改系列和分类轴标签。
- 更改图表类型：重新选择合适的图表。
- 移动图表：在本工作簿中移动图表或将图表移动到其他工作簿。

在“图表工具”→“格式”选项卡中可以进行如下操作。

- 设置所选内容格式：在“当前所选内容”组中快速定位图表元素，并设置所选内容格式。
- 插入形状：在图表中直接插入常见形状并编辑。
- 形状样式、艺术字样式：对图表中的形状、文字进行格式设置。
- 排列、大小：对图表中的对象设置大小及其上下排列顺序。

【例 4–7】为例 4–6 中的图表添加图表标题“公司员工工资表”，*X* 轴标题为“员工姓名”，*Y* 轴标题为“元”。效果如图 4–27 所示。

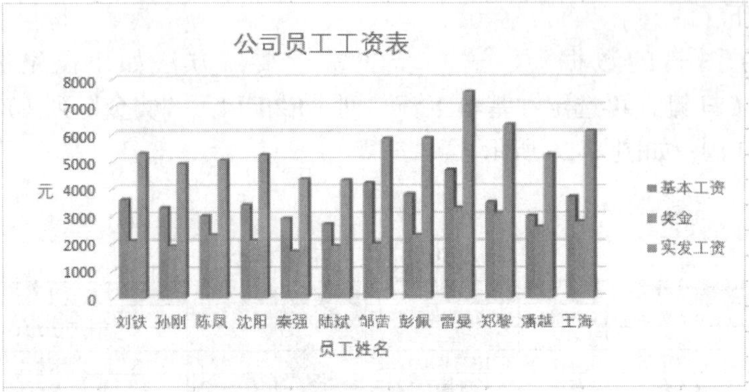

图 4-27　编辑图表效果

操作步骤如下。

①单击图表上方的“图表标题”文本框，将原来的内容选中，输入“公司员工工资表”替换掉原来的文字。

②选中图表后，单击“图表工具”→“图表设计”选项卡“图表布局”组中的“添加图表元素”下拉按钮，在下拉菜单中选择“坐标轴标题”→“主要横坐标轴”命令，在出现的“坐标轴标题”文本框中输入“员工姓名”。

③使用同样的方法，在“添加图表元素”下拉菜单中选择“坐标轴标题”→“主要纵坐标轴”命令，在出现的“坐标轴标题”文本框中输入“元”。选中该文本框并右击，在快捷菜单中选择“设置坐标轴标题格式”命令，打开“设置坐标轴标题格式”任务窗格，如图 4-28 所示。在“大小属性”选项卡“对齐方式”栏中的“文字方向”下拉列表中选择“横排”，将 Y 轴的标题样式改为横排文字。

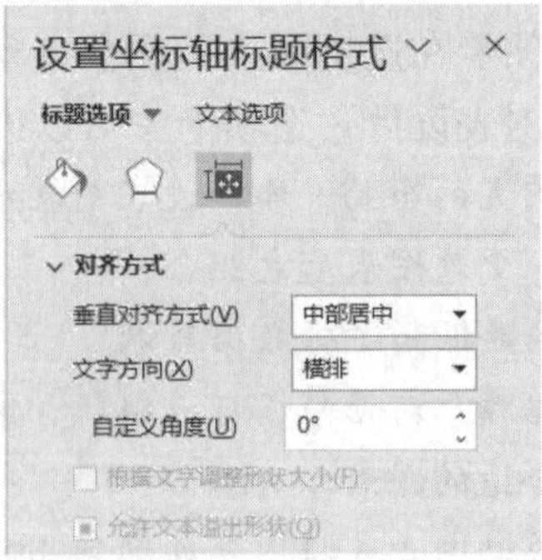

图 4-28　“设置坐标轴标题格式”任务窗格

4.3.3　格式化图表

生成一个图表后，为了获得更理想的显示效果，可以对图表的各个对象进行格式化。可以在选中图表后，在“图表工具”→“格式”选项卡“当前所选内容”组中使用下拉列表选择要设置格式的图表对象，然后单击下方的“设置所选内容格式”按钮，打开相应的对象格式任务窗格进行设置。也可以双击要进行格式设置的图表对象，同样可以打开对象的格式任务窗格。

【例 4-8】为例 4-7 中的三维簇状柱形图的图表标题“公司员工工资表”设置一个喜欢的快速样式，改变背景墙区域的背景为“白色大理石”。其效果如图 4-29 所示。

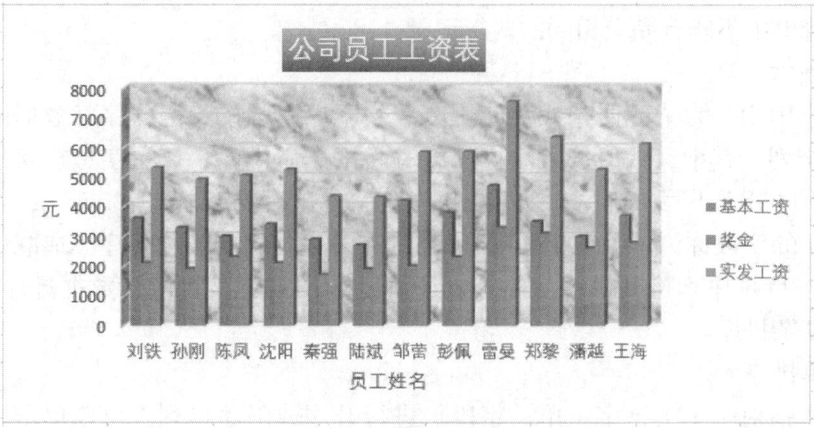

图 4-29　格式化图表效果

操作步骤如下。

①选定图表标题，在“图表工具”→“格式”选项卡“形状样式”组中的快速形状样式库中，选择最后一排中的形状样式“渐变填充 - 橙色，强调颜色 2，无轮廓”。

②将鼠标指针移至“背景墙”区域（鼠标指针在图表对象间移动时，旁边会提示该对象的名称），双击打开“设置背景墙格式”任务窗格。在“填充”栏中选中“图片或纹理填充”单选按钮，然后在“纹理”下拉列表框中选择“白色大理石”，然后关闭任务窗格即可。

4.4　数据管理和分析

Excel 不仅具有数据计算处理的能力，而且具有数据库管理的一些功能。它可以方便快捷地对数据进行排序、筛选、分类汇总、创建数据透视表等统计分析工作。

4.4.1　数据排序及筛选

1. 数据清单

如果要使用 Excel 的数据管理功能，必须首先将电子表格创建为数据清单。数据清单又称数据列表，是数据以表格展现的一种形式，本质上它是由 Excel 工作表中的单元格构成的矩形区域，即一张二维表数据清单是一种特殊的表格。数据清单必须包括两部分，即表结构和表记录。表结构是数据清单中的第一行，即列标题（又叫字段名），Excel 将利用这些字段名对数据进行查找、排序及筛选等操作。表记录则是 Excel 实施管理功能的对象，该部分不允许有非法数据内容出现，要正确创建数据清单，应遵循以下准则。

①避免在一张工作表中建立多个数据清单，如果在工作表中还有其他数据，要在它们与数据清单之间留出空行或空列。

②通常在数据清单的第一行创建字段名，字段名必须唯一，且每一字段的数据类型必须相同。如果字段名是“部门”，则该列存放的必须全部是部门名称。

③数据清单中不能有完全相同的两行记录。

2. 数据排序

在实际应用中，为了方便查找和使用数据，用户通常按一定顺序对数据清单进行重新排列。其中，数值按大小排序，时间按先后排序，英文字母按字母顺序（默认不区分大小写）排序，汉字按拼音首字母排序或笔画排序。

数据排序

用来排序的字段称为“关键字”。排序方式有升序（递增）和降序（递减），排序方向有按行排序和按列排序。此外，还可以采用自定义排序。数据排序有两种形式：简单排序和复杂排序。

（1）简单排序

简单排序指对一个关键字（单一字段）进行升序或降序排列。可以单击“数据”选项卡“排序和筛选”组中的“升序”按钮和“降序”按钮快速实现，也可以通过单击“排序”按钮打开“排序”对话框进行操作。

（2）复杂排序

复杂排序指对一个以上关键字（多个字段）进行升序或降序排列。当排序的字段值相同时，可按另一个关键字继续排序，同时可以设置多个排序关键字。这必须通过单击“数据”选项卡“排序和筛选”组中的“排序”按钮来实现。

【例 4-9】对“公司员工工资表.xlsx”排序，按主要关键字“部门”升序排列，部门相同时，按次要关键字“基本工资”降序排列，部门和基本工资都相同时，按第三关键字“奖金”降序排列。复杂排序结果如图 4-30 所示。

	A	B	C	D	E	F	G	H
1	姓名	部门	职务	出生年月	基本工资	奖金	扣款额	实发工资
2	潘越	财务部	会计	1989年12月22日	3000	2600	353.5	5246.5
3	秦强	财务部	会计	1977年6月3日	2900	1700	248.5	4351.5
4	陆斌	财务部	出纳	1989年9月3日	2700	1900	278	4322
5	雷曼	技术部	工程师	1978年1月28日	4700	3300	466	7534
6	邹蕾	技术部	技术员	1993年10月15日	4200	2000	369	5831
7	彭佩	技术部	技术员	1990年8月14日	3800	2300	245.5	5854.5
8	郑黎	技术部	技术员	1984年11月12日	3500	3100	256	6344
9	王海	销售部	业务员	1972年5月17日	3700	2800	388	6112
10	刘铁	销售部	业务员	1980年7月2日	3600	2100	398	5302
11	沈阳	销售部	业务员	1986年7月23日	3400	2100	258	5242
12	孙刚	销售部	业务员	1982年12月23日	3300	1900	286.5	4913.5
13	陈凤	销售部	业务员	1975年4月25日	3000	2300	266.5	5033.5

图 4-30　复杂排序结果

操作步骤如下。

①建立工资表数据清单。新建一个工作簿，在例 4-8 的工作表中选定单元格区域 A2:H14，右击，在快捷菜单中选择“复制”命令，然后选中新工作簿的工作表 Sheet1 中的单元格 A1，右击，在快捷菜单中选择“选择性粘贴”命令，在弹出的“选择性粘贴”对话框的“粘贴”栏中选中“数值”单选按钮，单击“确定”按钮，创建好数据清单。

注意：对于其中的日期型数据需要进行处理，方法是选中 D 列，在“开始”选项卡“数字”组的“数字格式”下拉列表框中选择“长日期”。

②选择数据清单中的任意单元格，单击“数据”选项卡“排序和筛选”组中的“排序”按钮，打开“排序”对话框。选择主要关键字为“部门”，排序依据为“单元格值”，次序为“升序”。单击“添加条件”按钮，选择次要关键字为“基本工资”，排序依据为“单元格值”，次序为“降序”。再次单击“添加条件”按钮，选择第三关键字为“奖金”，排序依据为“单元格值”，次序为“降序”，如图 4–31 所示，单击“确定”按钮。在该对话框中，勾选“数据包含标题”复选框是为了避免字段名也成为排序对象；“选项”按钮用来打开“排序选项”对话框，进行一些与排序相关的设置，如按自定义次序排序、排列字母时区分大小写、改变排序方向（按行）或汉字按笔画排序等。

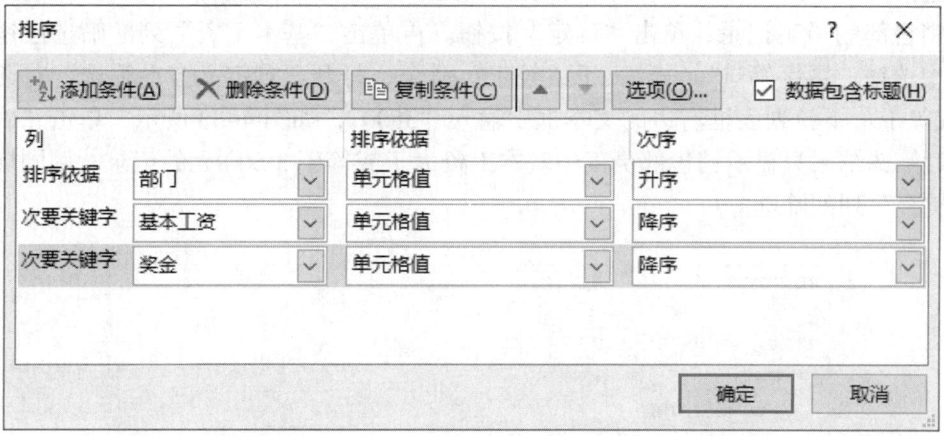

图 4–31　“排序”对话框

3. 数据筛选

数据筛选

当数据清单中的数据非常多，用户却只对其中一部分数据感兴趣时，可以对数据进行筛选。使用 Excel 的数据筛选功能可将用户不感兴趣的记录暂时隐藏起来，只显示用户感兴趣的数据。当筛选条件被清除时，隐藏的数据又恢复显示。

数据筛选分为两种：自动筛选和高级筛选。自动筛选可以实现单个字段筛选及多字段筛选的“逻辑与”关系（同时满足多个条件），操作简便，能满足大部分应用需求。高级筛选能实现多字段筛选的“逻辑或”关系，使用起来较复杂，需要在数据清单以外建立一个条件区域。

（1）自动筛选

自动筛选可通过单击“数据”选项卡“排序和筛选”组中的“筛选”按钮来实现，在所需筛选的字段名下拉列表中选择符合的条件。如果没有符合的条件，选择“文本筛选”“数字筛选”“日期筛选”级联菜单中的“自定义筛选”命令，在打开的“自定义自动筛选”对话框中输入条件。如果要使数据恢复显示，则单击“排序和筛选”组中的“清除”按钮。如果要取消自动筛选，再次单击“筛选”按钮即可。

【例 4–10】在“公司员工工资表 .xlsx”中筛选出销售部基本工资大于或等于 3 500 元且奖金大于或等于 2 000 元的记录，其结果如图 4–32 所示。

	A	B	C	D	E	F	G	H
1	姓名	部门	职务	出生年月	基本工资	奖金	扣款额	实发工资
9	王海	销售部	业务员	1972年5月17日	3700	2800	388	6112
10	刘铁	销售部	业务员	1980年7月2日	3600	2100	398	5302
14								

图 4-32　自动筛选结果

操作步骤如下。

①选择数据清单中的任意单元格。

②单击“数据”选项卡“排序和筛选”组中的“筛选”按钮，在各个字段名的右边会出现筛选按钮。单击“部门”列的筛选按钮，在下拉列表中仅选择“销售部”，使筛选结果只显示销售部的员工记录，单击“确定”按钮。再单击“基本工资”列的筛选按钮，在下拉列表中选择“数字筛选”→“大于或等于”命令，打开“自定义自动筛选”对话框。在“大于或等于”下拉列表框右边的文本框中输入“3500”，如图 4-33 所示，单击“确定”按钮，此时筛选结果只显示销售部员工中基本工资大于或等于 3 500 元的记录。用同样的方法进行“奖金”列的筛选。

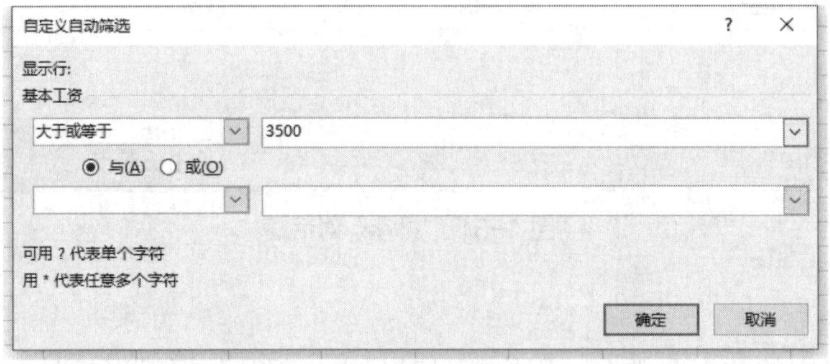

图 4-33　“自定义自动筛选”对话框

（2）高级筛选

当筛选的条件较为复杂或出现多字段间的“逻辑或”关系时，使用高级筛选方式更为方便。在进行高级筛选时，字段名的右边不会出现筛选按钮，而是需要在条件区域输入条件，条件区域应建立在数据清单以外，用空行或空列与数据清单分隔。输入筛选条件时，首行输入条件字段名，从第 2 行起输入筛选条件，输入在同一行上的条件之间关系为“逻辑与”，输入在不同行上的条件之间关系为“逻辑或”。然后单击“数据”选项卡“排序和筛选”组中的“高级”按钮，在打开的“高级筛选”对话框中进行数据区域和条件区域的选择。筛选结果可在原数据清单位置显示，也可在数据清单以外的位置显示。

【例 4-11】 在“公司员工工资表 .xlsx”中筛选销售部基本工资大于 3 500 元或财务部基本工资小于 3 000 元的记录，并将筛选结果显示在原来的区域。高级筛选结果如图 4-34 所示。

	A	B	C	D	E	F	G	H
1	姓名	部门	职务	出生年月	基本工资	奖金	扣款额	实发工资
3	秦强	财务部	会计	1977年6月3日	2900	1700	248.5	4351.5
4	陆斌	财务部	出纳	1989年9月3日	2700	1900	278	4322
9	王海	销售部	业务员	1972年5月17日	3700	2800	388	6112
10	刘铁	销售部	业务员	1980年7月2日	3600	2100	398	5302

图 4-34　高级筛选结果

操作步骤如下。

①在数据清单以外选择一个空白区域，在首行输入字段名“部门”和“基本工资”，在第 2 行对应位置输入条件“销售部”和“＞ 3500”，在第 3 行对应位置输入条件“财务部”和“＜ 3000”，如图 4–35 所示。

②选择数据清单中的任意单元格，单击“数据”选项卡“排序和筛选”组中的“高级”按钮，打开“高级筛选”对话框。选中“在原有区域显示筛选结果”单选按钮，再确认给出的列表区域是否正确。如果不正确，可以单击“列表区域”文本框右侧的折叠对话框按钮，用鼠标在工作表中重新选择后，再单击展开对话框按钮返回。然后单击“条件区域”文本框右侧的折叠对话框按钮，用鼠标在工作表中选择条件区域（A16:B18）后，再单击展开对话框按钮返回，如图 4–36 所示，单击“确定”按钮。

	A	B	C	D	E	F	G	H
1	姓名	部门	职务	出生年月	基本工资	奖金	扣款额	实发工资
2	潘越	财务部	会计	1989年12月22日	3000	2600	353.5	5246.5
3	秦强	财务部	会计	1977年6月3日	2900	1700	248.5	4351.5
4	陆斌	财务部	出纳	1989年9月3日	2700	1900	278	4322
5	雷曼	技术部	工程师	1978年1月28日	4700	3300	466	7534
6	邹蕾	技术部	技术员	1993年10月15日	4200	2000	369	5831
7	彭佩	技术部	技术员	1990年8月14日	3800	2300	245.5	5854.5
8	郑黎	技术部	技术员	1984年11月12日	3500	3100	256	6344
9	王海	销售部	业务员	1972年5月17日	3700	2800	388	6112
10	刘铁	销售部	业务员	1980年7月2日	3600	2100	398	5302
11	沈阳	销售部	业务员	1986年7月23日	3400	2100	258	5242
12	孙刚	销售部	业务员	1982年12月23日	3300	1900	286.5	4913.5
13	陈凤	销售部	业务员	1975年4月25日	3000	2300	266.5	5033.5
14								
15								
16	部门	基本工资						
17	销售部	>3500						
18	财务部	<3000						

图 4–35　建立条件区域

图 4–36　“高级筛选”对话框

4.4.2　数据的分类汇总

分类汇总

实际应用中经常用到分类汇总，如仓库的库存管理经常要统计各类产品的库存总量，商店的销售管理经常要统计各类商品的售出总量等。它们的共同特点是首先要进行分类（排序），将同类别数据放在一起，然后再进行数量求和之类的汇总运算，因此 Excel 提供了分类汇总功能。

分类汇总就是对数据清单按某个字段进行分类，将字段值相同的连续记录作为一类，进行求和、求平均值、计数等汇总运算，针对同一个分类字段，可进行多种方式的汇总。

需要注意的是，在分类汇总前，必须将数据按分类字段排序，否则将得不到正确的分类汇总结果。其次，在分类汇总时要清楚对哪个字段分类，对哪些字段汇总以及汇总的方式。这些都需要在“分类汇总”对话框中逐一设置。

分类汇总有两种形式：简单汇总和嵌套汇总。

（1）简单汇总

简单汇总是指对数据清单中的一个或多个字段仅进行一种方式的汇总。

【例 4-12】在“公司员工工资表 .xlsx”中，求各部门基本工资、奖金和实发工资的平均值，简单汇总结果如图 4-37 所示。分类汇总的要求实际上是对“部门”字段分类，对“基本工资”、“奖金”和“实发工资”字段进行汇总，汇总方式是求平均值。

	A	B	C	D	E	F	G	H
1	姓名	部门	职务	出生年月	基本工资	奖金	扣款额	实发工资
2	秦强	财务部	会计	1977年6月3日	2900	1700	248.5	4351.5
3	陆斌	财务部	出纳	1989年9月3日	2700	1900	278	4322
4	潘越	财务部	会计	1989年12月22日	3000	2600	353.5	5246.5
5		**财务部 平均值**			2866.667	2066.667		4640
6	邹蕾	技术部	技术员	1993年10月15日	4200	2000	369	5831
7	彭佩	技术部	技术员	1990年8月14日	3800	2300	245.5	5854.5
8	雷曼	技术部	工程师	1978年1月28日	4700	3300	466	7534
9	郑黎	技术部	技术员	1984年11月12日	3500	3100	256	6344
10		**技术部 平均值**			4050	2675		6390.875
11	刘铁	销售部	业务员	1980年7月2日	3600	2100	398	5302
12	孙刚	销售部	业务员	1982年12月23日	3300	1900	286.5	4913.5
13	陈凤	销售部	业务员	1975年4月25日	3000	2300	266.5	5033.5
14	沈阳	销售部	业务员	1986年7月23日	3400	2100	258	5242
15	王海	销售部	业务员	1972年5月17日	3700	2800	388	6112
16		**销售部 平均值**			3400	2240		5320.6
17		**总计平均值**			3483.333	2341.667		5507.208

图 4-37　简单汇总结果

操作步骤如下。

①选择 B 列（“部门”数据），单击“数据”选项卡“排序和筛选”组中的“升序”按钮，对“部门”字段升序排列。

②选择数据清单中的任意单元格，单击“数据”选项卡“分级显示”组中的“分类汇总”按钮，打开“分类汇总”对话框。在“分类字段”下拉列表框中选择“部门”，在“汇总方式”下拉列表框中选择“平均值”，在“选定汇总项”列表框中勾选“基本工资”“奖金”和“实发工资”复选框，并取消勾选其余复选框，其设置如图 4-38 所示，单击“确定”按钮。在该对话框中，“替换当前分类汇总”复选框的含义是：若勾选该复选框，则用此次分类汇总的结果替换已存在的分类汇总结果。

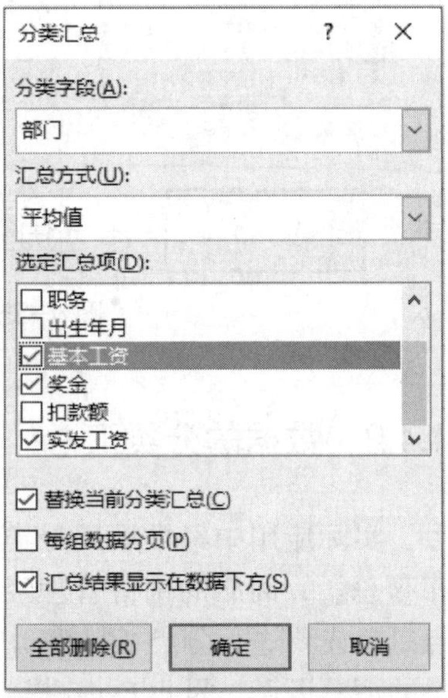

图 4-38　“分类汇总”对话框

分类汇总后，在默认情况下，数据会分 3 级显示，可以单击分级显示区上方的 1 2 3 按钮控制。单击 1 按钮，只显示清单中的列标题和总计结果；单击 2 按钮，显示各个分类汇总结果和总计结果；单击 3 按钮，显示全部详细数据。

（2）嵌套汇总

嵌套汇总是指对同一字段进行多种不同方式的汇总。

【例 4-13】在例 4-12 求各部门基本工资、奖金和实发工资平均值的基础上，统计各部门人数。嵌套汇总结果如图 4-39 所示。

这需要分两次进行分类汇总。先按照例 4-12 的方法求平均值，再在平均值汇总的基础上统计人数。

	A	B	C	D	E	F	G	H
1	姓名	部门	职务	出生年月	基本工资	奖金	扣款额	实发工资
2	秦强	财务部	会计	1977年6月3日	2900	1700	248.5	4351.5
3	陆斌	财务部	出纳	1989年9月3日	2700	1900	278	4322
4	潘越	财务部	会计	1989年12月22日	3000	2600	353.5	5246.5
5		**财务部 计数**			3	3		3
6		**财务部 平均值**			2866.667	2066.667		4640
7	邹蕾	技术部	技术员	1993年10月15日	4200	2000	369	5831
8	彭佩	技术部	技术员	1990年8月14日	3800	2300	245.5	5854.5
9	雷曼	技术部	工程师	1978年1月28日	4700	3300	466	7534
10	郑黎	技术部	技术员	1984年11月12日	3500	3100	256	6344
11		**技术部 计数**			4	4		4
12		**技术部 平均值**			4050	2675		6390.875
13	刘铁	销售部	业务员	1980年7月2日	3600	2100	398	5302
14	孙刚	销售部	业务员	1982年12月23日	3300	1900	286.5	4913.5
15	陈凤	销售部	业务员	1975年4月25日	3000	2300	266.5	5033.5
16	沈阳	销售部	业务员	1986年7月23日	3400	2100	258	5242
17	王海	销售部	业务员	1972年5月17日	3700	2800	388	6112
18		**销售部 计数**			5	5		5
19		**销售部 平均值**			3400	2240		5320.6
20		**总计数**			12	12		12
21		**总计平均值**			3483.333	2341.667		5507.208

图 4-39　嵌套汇总结果

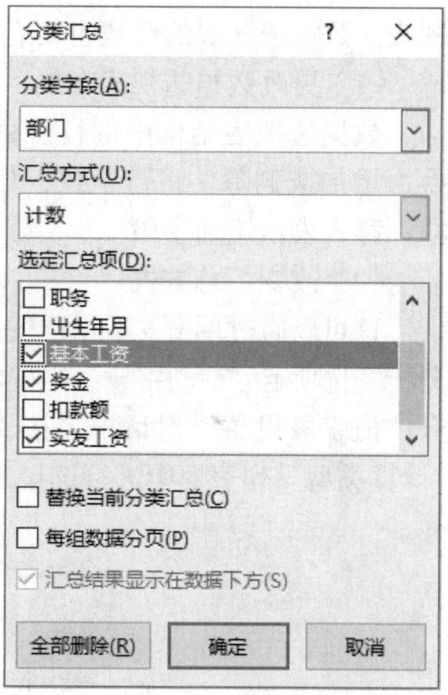

图 4-40　嵌套汇总时“分类汇总”对话框的设置

操作步骤如下。

①按例 4-12 的方法进行平均值汇总。

②在平均值汇总的基础上统计各部门人数。统计人数的“分类汇总”对话框的设置如图 4-40 所示。需要注意的是，取消勾选“替换当前分类汇总”复选框。

若要取消分类汇总，在“分类汇总”对话框中单击“全部删除”按钮即可。

4.4.3　数据透视表

数据透视表

分类汇总适合按一个字段进行分类，对一个或多个字段进行汇总。如果要对多个字段进行分类并汇总，就需要利用数据透视表这个有力的工具来实现。

【例 4-14】在“公司员工工资表 .xlsx”中，统计各部门各职务的人数，其结果如图 4-41 所示。本例既要按“部门”分类，又要按“职务”分类，这时就需要使用数据透视表。

计数项:部门	列标签					
行标签	出纳	工程师	会计	技术员	业务员	总计
财务部	1		2			3
技术部		1		3		4
销售部					5	5
总计	1	1	2	3	5	12

图 4-41　数据透视表统计结果

操作步骤如下。

①选择数据清单中的任意单元格。

②单击“插入”选项卡“表格”组中的“数据透视表”按钮，打开“来自表格或区域的数据透视表”对话框。确认选择要分析的数据范围（如果系统给出的单元格区域选择不

正确，用户可用鼠标自己选择单元格区域）及数据透视表的放置位置（可以放在新建工作表中，也可以放在现有工作表中），然后单击“确定”按钮。此时出现“数据透视表字段”任务窗格，把要分类的字段用鼠标拖入“行”区域、“列”区域位置，使之分别成为数据透视表的行、列标题，将要汇总的字段拖入“值”区域位置。本例中将“部门”字段作为行标签，“职务”字段作为列标签，统计的数据项也是“部门”，如图4–42所示。默认情况下，如果数据项是非数字型字段，则对其计数，否则求和。

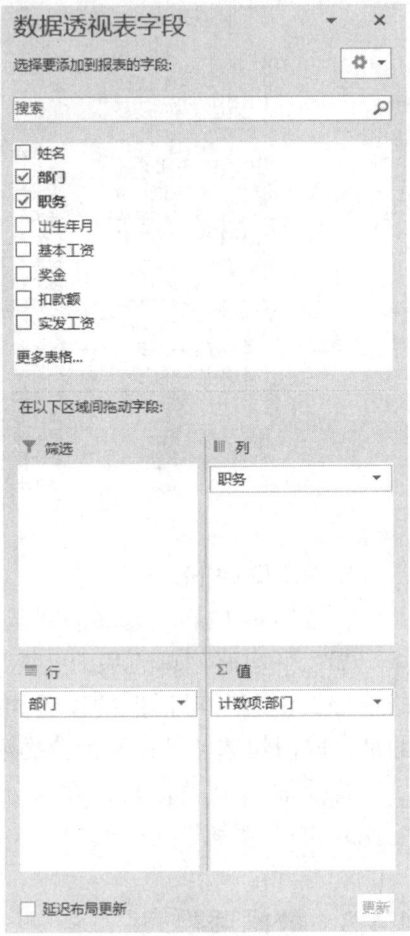

图4–42 “数据透视表字段”任务窗格

创建好数据透视表并选中后，会自动出现“数据透视表工具”→“数据透视表分析”和“数据透视表工具”→“设计”两个选项卡，它们可以用来修改数据透视表。数据透视表的修改主要有以下3个方面。

（1）更改数据透视表布局

数据透视表结构中的行、列、数据字段都可以被替换、增加或删除。将行、列、数据字段移出表示删除字段，移入表示增加字段。

（2）改变汇总方式

这可以通过单击“数据透视表工具”→“数据透视表分析”选项卡“活动字段”组中的“字段设置”按钮，打开“值字段设置”对话框，在“值汇总方式”选项卡的“计算类型”列表框中进行选择来完成，如图4–43所示。

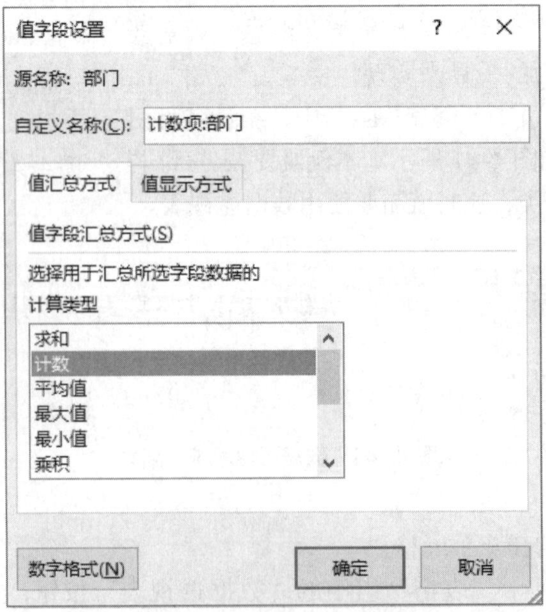

图4–43 “值字段设置”对话框

（3）数据更新

有时数据清单中的数据发生了变化，但数据透视表并没有随之变化。此时，不必重新生成数据透视表，只需单击“数据透视表工具”→“数据透视表分析”选项卡“数据”组中的“刷新”下拉按钮，在下拉菜单中选择“刷新”或“全部刷新”命令即可。

4.4.4　数据链接与合并计算

1. 数据链接

Excel 允许同时操作多个工作表或工作簿，通过工作簿的链接，使它们具有一定的联系。修改其中一个工作簿的数据，Excel 会通过它们的链接关系，自动修改其他工作表或工作簿中的数据。同时，链接使工作簿的合并计算成为可能，可以把多个工作簿中的数据链接到一个工作表中。

链接让一个工作簿可以共享其他工作簿中的数据，可以链接单元格、单元格区域、公式、常量或工作表。包含原始数据的工作簿是原工作簿，接收信息的工作簿是目标工作簿。在打开目标工作簿时，原工作簿可以是打开的，也可以是关闭的。如果先打开原工作簿，后打开目标工作簿，Excel 会自动使用原工作簿中的数据更新目标工作簿中的数据。

链接有很多好处。例如，一个大公司的产品销售遍布全国各地，在一个大工作簿中处理所有的数据是不现实的。一方面，收集这些数据可能要花费很大的代价；另一方面，一个工作簿中的工作表太多可能会出现许多问题。如果把各个地区的销售数据分别保存在不同的工作簿中，而各地区的工作簿数据可由各地区的销售代理完成，最后通过工作表或工作簿的链接，把不同工作簿中的数据汇总在一起进行分析。这样数据收集就简单了，工作表的更新也快了。

总之，链接具有以下优点。

①在不同的工作簿和工作表之间可以进行数据共享。

②小工作簿比大工作簿的运行效率更高。

③分布在不同数据源中的数据管理可以在不同的工作簿中完成，通过链接可以进行远程数据采集、更新和汇总。

④可以在不同的工作簿中修改、更新数据，提高多人协同工作效率。

【例 4-15】某公司生产的电视机有 21 in、25 in、29 in 及 34 in 共 4 种规格，主要销售到四川与重庆。该公司每个季度进行一次销售统计，每个地区每个季度的统计数据保存在一个独立的工作簿中，各个地区电视机销售数据的统计情况如图 4-44 所示（表中 B ~ E 列单位为：台）。

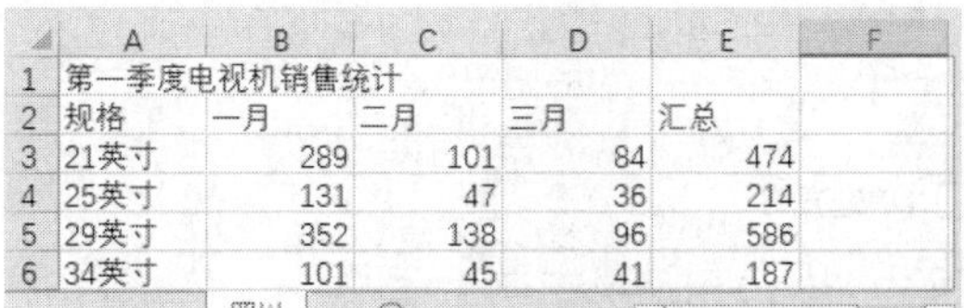

	A	B	C	D	E	F
1	第一季度电视机销售统计					
2	规格	一月	二月	三月	汇总	
3	21英寸	289	101	84	474	
4	25英寸	131	47	36	214	
5	29英寸	352	138	96	586	
6	34英寸	101	45	41	187	

四川

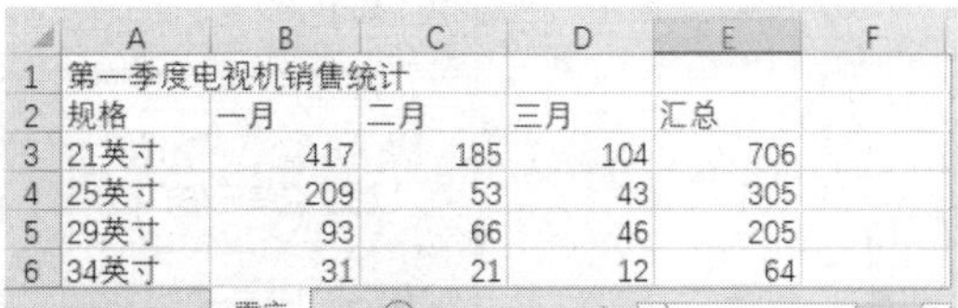

	A	B	C	D	E	F
1	第一季度电视机销售统计					
2	规格	一月	二月	三月	汇总	
3	21英寸	417	185	104	706	
4	25英寸	209	53	43	305	
5	29英寸	93	66	46	205	
6	34英寸	31	21	12	64	

重庆

图 4-44　各个地区电视机销售数据的统计情况

现在要进行第一季度电视机销售统计，从每个地区的工作簿中直接取出汇总数据，然后在季度汇总工作簿中进行统计。汇总统计工作簿的结构如图 4–45 所示。

	A	B	C	D
1	第一季度电视机销售统计			
2	规格	四川	重庆	
3	21英寸	474	706	
4	25英寸	214	305	
5	29英寸	586	205	
6	34英寸	187	64	

第一季度

图 4–45　汇总统计工作簿的结构

虽然图 4–45 中各地区的季度汇总数据可以从图 4–44 中复制得到，但是如果各地区工作簿中的数据发生变化，汇总统计的数据就不能同步更新，需要重新输入或复制。若用链接的方法将各地区工作簿中的数据链接到汇总统计工作簿就可以解决同步更新的问题。

通过“复制”和“选择性粘贴”建立链接的方法如下。

①同时打开链接的原工作簿和目标工作簿，激活原工作簿中的原工作表。打开四川地区电视机销售数据工作簿和各个地区电视机销售统计工作簿后，单击“四川”工作表。

②选中原工作表中要链接的单元格区域并复制。选择“四川”工作表中的单元格区域 E3:E6，然后右击，在快捷菜单中选择“复制”命令。

③激活目标工作簿，并选择目标工作表，在要链接的单元格区域进行选择性粘贴。选中各个地区电视机销售统计工作簿，单击“第一季度”工作表，然后单击存放数据的单元格区域中左上角第一个单元格 B3 并右击，在快捷菜单中选择“选择性粘贴”命令，弹出如图 4–46 所示的对话框。单击“粘贴链接”按钮，建立两个工作簿中的单元格链接。

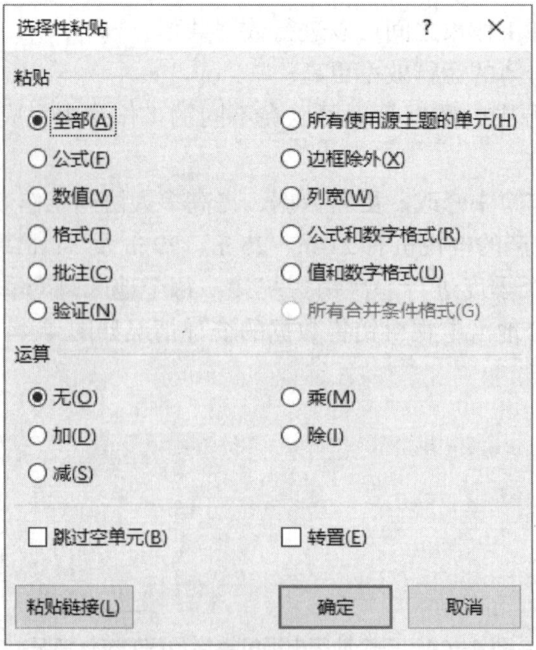

图 4–46　“选择性粘贴”对话框

④用同样的方法，实现“第一季度”工作表中对重庆地区销售汇总数据的链接。

数据链接后，每次打开包含链接的工作簿，且原工作簿处于关闭状态时，Excel 默认会弹出一个信息提示对话框提醒用户是否更新，单击“更新”按钮会更新数据。如果作为数据源的工作表改名或移动到了另外的磁盘目录中，Excel 会报告一个链接错误信息，此时单击信息提示对话框中的“编辑链接”按钮，打开“编辑链接”对话框，单击其中的“更改源”按钮，在随后的“打开文件”对话框中选择链接的数据源现在的文件名和所在的位置即可。

注意：也可以将 Excel 建立的工作表、图表、单元格或单元格区域作为数据源链接到其他 Office 应用程序建立的文件（如用 Word、PowerPoint 作会议报告）中，以达到最佳效果。以链接到 Word 为例，在 Excel 工作表中选中需要链接的内容（通常是数据表及图表所在的单元格区域），然后复制，在 Word 文档中单击“开始”选项卡“剪贴板”组中的“粘贴”下拉按钮，在下拉菜单中选择“选择性粘贴”命令，在出现的“选择性粘贴”对话框中选中“粘贴链接”单选按钮，并在“形式”列表框中选择“Microsoft Excel 工作表 对象”，如图 4-47 所示。

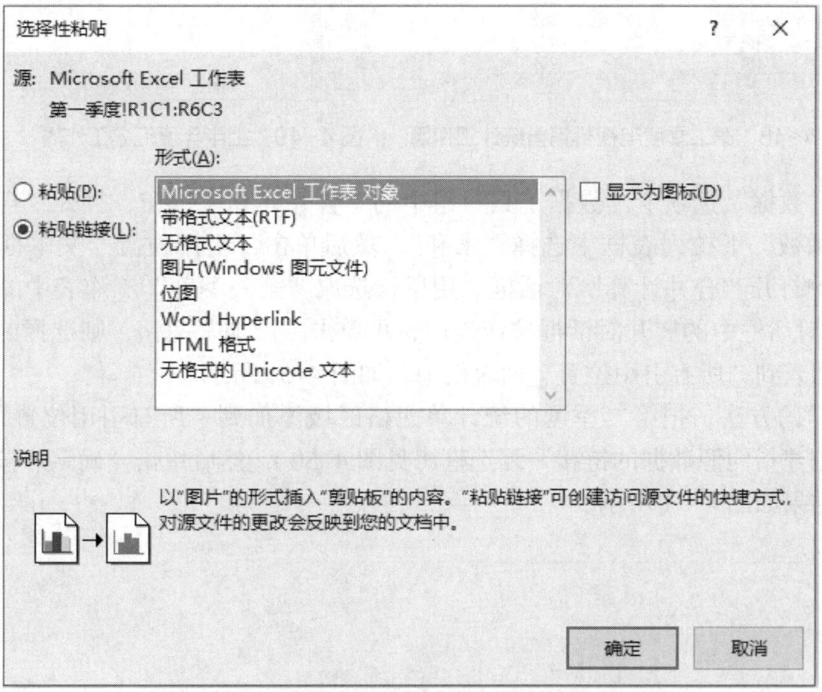

图 4-47　建立 Excel 和其他应用程序的链接

2. 合并计算

Excel 提供了合并计算的功能，可以对多个工作表中的数据同时进行计算汇总，包括求和（SUM）、求平均值（AVERAGE）、求最大值（MAX）和最小值（MIN）、计数（COUNT）、求标准差（STDDEV）等运算。Excel 支持将不多于 255 个工作表中的信息收集到一个主工作表中，这些工作表可以在同一个工作簿中，也可以来自不同的工作簿。

在合并计算中，存放计算结果的工作表称为“目标工作表”，接收合并数据的区域称为“目标区域”。按位置进行合并计算是最常用的方法，它要求参与合并计算的所有工作表数据的对应位置都相同，即各工作表的结构完全一样。这时，就可以把各工作表中对应位置的单元格数据进行合并。

【例 4-16】在例 4-15 中，假设某电视机公司已对各地区电视机的销售情况进行了第一季度和第二季度的统计，第一季度电视机销售统计工作簿如图 4-45 所示，第二季度电视机销售统计工作簿如图 4-48 所示。

现在要统计上半年的半年度销售总量，可以采用合并计算完成。操作步骤如下。

①打开第一季度和第二季度的电视机销售统计工作簿。

②建立上半年度汇总工作簿，如图 4-49 所示。单击“上半年汇总表”工作表中存放合并数据的第一个单元格（或选中要存放合并数据的单元格区域），本例为 B3 单元格（或单元格区域 B3:C6）。

	A	B	C	D
1	第二季度电视机销售统计			
2	规格	四川	重庆	
3	21英寸	898	196	
4	25英寸	728	952	
5	29英寸	209	423	
6	34英寸	260	291	

第二季度

图 4-48 第二季度电视机销售统计工作簿

	A	B	C	D
1	电视机销售上半年汇总表（台）统计			
2	规格	四川	重庆	
3	21英寸			
4	25英寸			
5	29英寸			
6	34英寸			

上半年汇总表

图 4-49 上半年度汇总工作簿

③单击“数据”选项卡“数据工具”组中的“合并计算”按钮，打开“合并计算”对话框。在“函数”下拉列表框中选择“求和”，然后单击“引用位置”文本框右边的折叠对话框按钮，打开“合并计算”对话框。用鼠标选取“第一季度”工作表中的单元格区域 B3:C6，单击对话框中的展开对话框按钮返回，再单击“添加”按钮，则选择的工作表单元格区域就会加入到“所有引用位置”列表框中，如图 4-50 所示。

④用同样的方法，把第二季度的统计单元格区域添加到“所有引用位置”列表框中，同时勾选“创建指向源数据的链接”复选框（见图 4-50），然后单击“确定”按钮。创建了链接的合并结果如图 4-51 所示。

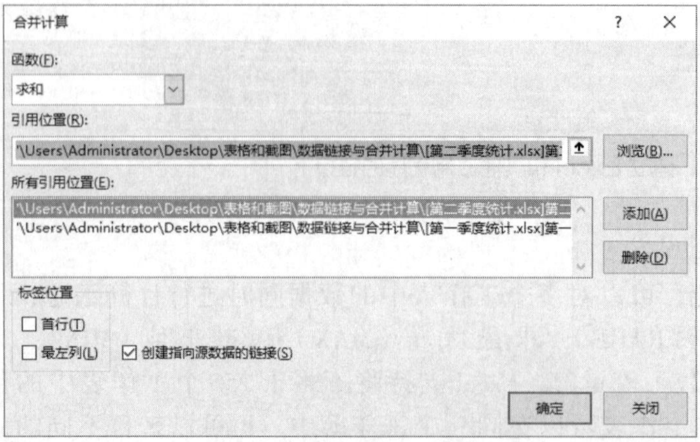

图 4-50 “合并计算”对话框

1 2		A	B	C	D
	1	电视机销售上半年汇总表（台）统计			
	2	规格	四川	重庆	
	3		898	196	
	4		474	706	
−	5	21英寸	1372	902	
+	8	25英寸	942	1257	
+	11	29英寸	795	628	
+	14	34英寸	447	355	

图 4-51 创建了链接的合并结果

勾选“创建指向源数据的链接”复选框，可以查看合并计算的明细数据，单击图 4-51 中的 + 即可。若不想显示明细数据，可以单击相关行前的 - 。

4.4.5　常用数据统计分析函数及其应用

1. 日期和时间函数

（1）YEAR 函数

功能：返回某日期对应的年份，返回值为 1900 到 9999 之间的整数。

格式：YEAR（serial_number）

说明：serial_number 是一个日期值，也可以是格式为日期格式的单元格名称。

（2）TODAY 函数

功能：返回当前日期。

格式：TODAY（）

说明：函数没有参数，直接返回当前系统时间（日期型）。

（3）MINUTE 函数

功能：返回时间值中的分钟，即一个在 0 ~ 59 范围内的整数。

格式：MINUTE（serial_number）

说明：serial_number 是一个时间值，也可以是格式为时间格式的单元格名称。

（4）HOUR 函数

功能：返回时间值的小时数，即一个在 0 ~ 23 范围内的整数。

格式：HOUR（serial_number）

说明：serial_number 是一个时间值，也可以是格式为时间格式的单元格名称。

2. 算术与统计函数

（1）MOD 函数

功能：返回两数相除的余数。

格式：MOD（number, divisor）

说明：number 为被除数，divisor 为除数。

（2）MAX 函数

功能：返回一组值中的最大值。

格式：MAX（number1, number2, …）

说明：从 number1, number2, …中找出最大值作为返回值。

（3）MIN 函数

功能：返回一组值中的最小值。

格式：MIN（number1,number2,…）

说明：从 number1,number2,…中找出最小值作为返回值。

（4）SUM 函数

功能：返回一组值的和。

格式：SUM（number1,number2,…）

说明：计算 number1,number2,…各个数字的和作为返回值。

（5）AVERAGE 函数

功能：返回一组值的平均值。

格式：AVERAGE（number1,number2,⋯）

说明：计算 number1,number2,⋯各个数字的平均值作为返回值。

（6）COUNT 函数

功能：计算区域中包含数字的单元格的个数。

格式：COUNT（reference）

说明：对 reference 指定的数据区域中包含数字的单元格进行计数，并作为返回值。

（7）RANK 函数

功能：返回指定单元格的数据在其所在行或列数据区中的大小排名。

格式：RANK（number, reference, order）

说明：number 是被排序的值，reference 是排序的数据区域，order 是升序、降序选择，order 取 0 值按降序排列，order 取 1 值按升序排列（order 默认取 0）。

【例 4-17】有“大学计算机基础机试成绩表 .xlsx”需要进行统计分析，如图 4-52 所示。现在需要在右边增加一列，显示排名情况，操作步骤如下。

①单击工作表中的 E2 单元格，输入“排名”。

②单击 E3 单元格，输入公式“=RANK（D3, $D$3:$D$12）”，D3 为第 1 个学生的机试成绩，$D$3:$D$12 为所有学生机试成绩所占的单元格区域，没有第 3 个参数则排名默认按降序排列，即分数高者排名靠前。绝对引用是为了保证公式复制的结果正确。按 Enter 键，得到第 1 个学生的排名是“2”。

③利用公式的自动填充功能（拖曳复制公式的方法）得到其他学生的排名。RANK 函数的应用结果如图 4-53 所示。

	A	B	C	D
1	大学计算机基础机试成绩表			
2	序号	姓名	性别	机试成绩
3	01	李娟	女	90
4	02	廖念	男	85
5	03	李婷	女	72
6	04	王珂	男	78
7	05	尹娟	女	67
8	06	李想	男	64
9	07	陈茜倩	女	45
10	08	王莲艺	女	93
11	09	胡歌	男	87
12	10	高姝	女	85

图 4-52 大学计算机基础机试成绩表

	A	B	C	D	E
1	大学计算机基础机试成绩表				
2	序号	姓名	性别	机试成绩	排名
3	01	李娟	女	90	2
4	02	廖念	男	85	4
5	03	李婷	女	72	7
6	04	王珂	男	78	6
7	05	尹娟	女	67	8
8	06	李想	男	64	9
9	07	陈茜倩	女	45	10
10	08	王莲艺	女	93	1
11	09	胡歌	男	87	3
12	10	高姝	女	85	4

图 4-53 RANK 函数的应用结果

（4）IF 函数

功能：执行真假值判断，根据逻辑计算的真假值，返回不同结果。

格式：IF（logical_test, value_if_true, value_if_false）

说明：logical_test 表示计算结果为 TRUE 或 FALSE 的任意值或表达式；value_if_true 是 logical_test 为 TRUE 时返回的值；value_if_false 是 logical_test 为 FALSE 时返回的值。当要对多个条件进行判断时，可以嵌套使用 IF 函数。

【例 4-18】在上例的“大学计算机基础机试成绩表 .xlsx”中，在右边继续增加一列，将百分制的机试成绩转换成等级制，转换规则为 90 ~ 100 为优，80 ~ 89 为良，70 ~ 79 为中，60 ~ 69 为及格，60 以下为不及格。

操作步骤如下。

①单击工作表中的 F2 单元格，输入“等级”。

②单击 F3 单元格，输入公式“=IF(D3>=90，" 优 "，IF(D3>=80，" 良 "，IF(D3>=70，" 中 "，IF(D3>=60，" 及格 "，" 不及格 "))))”，然后按 Enter 键，得到第 1 个学生的成绩等级是“优”。

③利用公式的自动填充功能得到其他学生的成绩等级。IF 函数的应用结果如图 4-54 所示。

	A	B	C	D	E	F
1	大学计算机基础机试成绩表					
2	序号	姓名	性别	机试成绩	排名	等级
3	01	李娟	女	90	2	优
4	02	廖念	男	85	4	良
5	03	李婷	女	72	7	中
6	04	王珂	男	78	6	中
7	05	尹娟	女	67	8	及格
8	06	李想	男	64	9	及格
9	07	陈茜倩	女	45	10	不及格
10	08	王莲艺	女	93	1	优
11	09	胡歌	男	87	3	良
12	10	高姝	女	85	4	良

图 4-54 IF 函数的应用结果

（5）SUMIF 函数

功能：根据指定条件对若干单元格求和。

格式：SUMIF（range, criteria）

说明：range 为用于条件判断的单元格区域，criteria 为确定哪些单元格将被相加求和的条件，其形式可以是数字、表达式或文本。

（6）COUNTIF 函数

功能：计算单元格区域中满足给定条件的单元格的个数。

格式：COUNTIF（range, criteria）

说明：range 为需要计算其中满足条件的单元格数目的单元格区域，criteria 为确定哪些单元格将被计算在内的条件，其形式可以是数字、表达式、单元格引用或文本。

【例 4-19】在上例的“大学计算机基础机试成绩表 .xlsx”中，统计男生和女生的机试成绩总分数，并统计各个分数段（如 90 ~ 100,80 ~ 89,70 ~ 79,60 ~ 69，＜ 60）的学生人数。

操作步骤如下。

①按图 4-55 建立男、女生总分数表格和分数段人数表格。

②单击 I3 单元格，输入公式“=SUMIF(SUMIF($C$3:$C$12, H3, $D$3:$D$12))”，表示在单元格区域 C3:C12 中查找单元格 H3 中的内容，即在 C 列查找“男”所在的单元格，找到后，返回 D 列同一行的单元格（因为返回的结果在单元格区域 D3:D12），最后对所有找到的单元格求和。按 Enter 键后，在 I3 单元格中得到男生机试成绩的总分数。用拖曳复制公式的方法得到女生机试成绩的总分数。

③在 I8:I12 单元格区域依次输入以下公式：

“=COUNTIF(D3:D12,">=90")”；

“=COUNTIF(D3:D12,">=80")-COUNTIF(D3:D12,">=90")”；

“=COUNTIF(D3:D12,">=70")-COUNTIF(D3:D12,">=80")”；

“=COUNTIF(D3:D12,">=60")-COUNTIF(D3:D12,">=70")”；

“=COUNTIF(D3:D12,"<=60")”。

然后各按 Enter 键得到各个分数段的人数。SUMIF 函数和 COUNTIF 函数的应用结果如图 4–55 所示。

	A	B	C	D	E	F	G	H	I
1	大学计算机基础机试成绩表								
2	序号	姓名	性别	机试成绩	排名	等级			总分数
3	01	李娟	女	90	2	优		男	314
4	02	廖念	男	85	4	良		女	452
5	03	李婷	女	72	7	中			
6	04	王珂	男	78	6	中			
7	05	尹娟	女	67	8	及格		分数段	人数
8	06	李想	男	64	9	及格		90-100	2
9	07	陈茜倩	女	45	10	不及格		80-89	3
10	08	王莲艺	女	93	1	优		70-79	2
11	09	胡歌	男	87	3	良		60-69	2
12	10	高姝	女	85	4	良		<60	1

图 4–55　SUMIF 函数和 COUNTIF 函数的应用结果

3. 查找函数

（1）HLOOKUP 函数

功能：在数据表或数值数组的首行查找指定的数值，并由此返回数据表或数值数组当前列中指定行处的数值。

格式：HLOOKUP(lookup_value, table_array, row_index_num, range_lookup)

说明：lookup_value 为需要在数据表首行中进行查找的数值，可以为数值、引用或文本字符串；table_array 为需要在其中查找数据的数据表，可以使用对区域或区域名称的引用；row_index_num 为 table_array 中待返回的匹配值的行号；range_lookup 为一逻辑值，指明函数 HLOOKUP 查找时是精确匹配，还是近似匹配（如果为 TRUE 或省略，则返回近似匹配值）。需要注意的是，range_lookup 为 TRUE 时，table_array 的第 1 行数据必须按升序排列，否则找不到正确的结果。

（2）VLOOKUP 函数

VLOOKUP 函数的用法与 HLOOKUP 函数基本一致，不同在于 HLOOKUP 函数中的 table_array 数据表的数据信息是以行的形式出现的，而 VLOOKUP 函数中的 table_array 数据表的数据信息是以列的形式出现的。需要注意的是，range_lookup 为 TRUE 时，table_array 的第 1 列数据必须按升序排列，否则找不到正确的结果。

【例 4–20】在例 4–18 的“大学计算机基础机试成绩表 .xlsx”中，成绩由百分制转换成等级制也可以通过 VLOOKUP 函数的模糊查找 (range_value 为 TRUE) 来实现。另外，实际生活中成绩表数据往往很多（学生人数多，成绩门数多），要查看某个同学的成绩非常困难，就可以设计一个查询表格，输入某个学号（本例为序号）后，能自动显示该学号所对应的姓名和成绩，如图 4–56 所示。

	A	B	C	D	E	F	G	H	I
1	大学计算机基础机试成绩表							成绩转换	
2	序号	姓名	性别	机试成绩	排名	等级		0	不及格
3	01	李娟	女	90	2	优		60	及格
4	02	廖念	男	85	4	良		70	中
5	03	李婷	女	72	7	中		80	良
6	04	王珂	男	78	6	中		90	优
7	05	尹娟	女	67	8	及格			
8	06	李想	男	64	9	及格		成绩查询（输入学号）	
9	07	陈茜倩	女	45	10	不及格		学号（序号）	08
10	08	王莲艺	女	93	1	优		姓名	王莲艺
11	09	胡歌	男	87	3	良		机试成绩	93
12	10	高姝	女	85	4	良		排名	1

图 4–56　用 VLOOKUP 函数进行模糊查找和精确查找

操作步骤如下。

①清除表中“等级”列中的内容，按图 4–56 建立成绩转换的表格，其中 0 ~ 60 为“不及格”，60 ~ 69 为“及格”，70 ~ 79 为“中”，80 ~ 89 为“良”，90 以上为“优”。单击 F3 单元格，输入公式“=VLOOKUP(D3,$H$2:$I$6,2,True)”，按 Enter 键，得到第 1 个学生的等级。通过拖曳复制公式的方法得到其他学生的等级。

注意：在实际应用中，成绩转换表可能位于不同的工作表中，但查找方法完全相同。查找区域中的第 1 列（H 列）必须按升序排列，否则结果可能不正确。

②按图建立成绩查询表格。在单元格 I10 中输入公式“=VLOOKUP(I9, A3:E12, 2, FALSE)”，在单元格 I11 中输入公式“=VLOOKUP(I9, A3:E12, 4, FALSE)”，在单元格 I12 中输入公式“=VLOOKUP(I9, A3:E12, 5, FALSE)”，然后在单元格 I9 中输入“'08”（08 前加英文单引号表示作为文本输入），按 Enter 键就可以显示学号（序号）为“08”的同学的相关数据。

4. 财务函数

（1）PMT 函数

功能：基于固定利率及等额分期付款方式，返回贷款的每期付款额。

格式：PMT(rate,nper,pv,fv,type)

说明：rate 为贷款利率；nper 为该项贷款的付款总数；pv 为现值，或一系列未来付款的当前值的累积和，也称为“本金”；fv 为未来值，或在最后一次付款后希望得到的现金余额，如果省略 fv，则假设其值为零，也就是一笔贷款的未来值为零；type 为数字 0 或 1，用于指定各期的付款时间是在期初还是期末，0 或省略为期末，1 为期初。

（2）IPMT 函数

功能：基于固定利率及等额分期付款方式，返回给定期数内对投资的利息偿还额。

格式：IPMT(rate,per,nper,pv,fv,type)

说明：per 为用于计算其利息数额的期数，必须在 1 ~ nper 范围内。其他参数含义与 PMT 函数的相同。

4.5　数据表的排版与打印

Excel 2016 电子表格编辑完成后需要打印时，可以进行相应的设置，然后将其打印输出。实际打印对象可根据内容分为 3 种情况：活动工作表、整个工作簿、选定区域。这可以通过单击“文件”按钮，在菜单中选择“打印”命令，在“打印”栏中进行相应设置。Excel 的打印界面与 Word 的打印界面非常相似。如果打印时需要为工作表加上页眉和页脚，还可以单击最下面的“页面设置”链接，打开“页面设置”对话框，切换到其中的“页眉 / 页脚”选项卡，在“页眉”和“页脚”区域内编辑。

习　题　4

1. 请按照以下要求对 Excel 2016 文件进行编辑、排版和图形制作操作。

①在 Excel 2016 中新建一个工作簿，在 Sheet1 工作表中制作如图 4–57 所示的表格。在表的第 1 行输入标题“商品销售统计表”，将标题设置为华文新魏、加粗、12 号，标题要求合并单元格（在一行内合并多列，且两端与数据表对齐），文字居于表格的中央（水平和垂直两个方向均居中）。增加表格线（包括标题），第 1 列单元格底纹为浅绿色。

商品销售统计表						
商品名称	北京	天津	上海	广州	合计	平均销量
电视机 / 台	1999	1990	1989	1959		
学习机 / 台	1279	1299	1285	1270		
音箱 / 对	1180	1160	1200	1165		
摄像机 / 台	2499	2650	2450	2599		

图 4–57　商品销售统计表

②统计每种商品在各地销售量的合计值，要求必须使用公式或函数计算。

③计算出每种商品在各地的平均销量，要求必须使用公式或函数计算，保留 1 位小数。

④选定“商品名称”“北京”“天津”“上海”“广州”5 列所有内容，绘制簇状柱形图，分类（X）轴标题为“商品名称”，图表标题为“商品销售统计表”。

2. 请按照以下要求对 Excel 文件进行数据管理操作。

①在 Excel 2016 中新建一个工作簿，在 Sheet1 工作表中制作如图 4–58 所示的表格。

报刊订阅表						
代号	名称	单价 / 元	出版周期	每次订购量 / 份	总价 / 元	单位
RMRB	人民日报	15	月刊	2	360	团委
DZ	读者	4	月刊	1	48	工会
ISISI	计算机世界	8	季刊	1	32	团委
BDWB	半岛晚报	20	月刊	2	480	党政办
DZ	读者	4	月刊	2	96	资料室
RMRB	人民日报	15	月刊	3	540	党政办
SCYX	市场营销	5	月刊	2	120	党政办
BDWB	半岛晚报	20	月刊	10	2400	生产车间
QNWZ	青年文摘	4	月刊	6	288	工会
BDWB	半岛晚报	20	月刊	5	1200	工会

图 4–58　报刊订阅表

②对订阅记录按“出版周期”字段进行升序排列，“出版周期”字段相同时则按“每次订购量 / 份”字段降序排列。

③筛选出订阅《读者》的数据记录。

④采用高级筛选功能，筛选出订阅《半岛晚报》且份数大于 2 的记录。

⑤按订阅报刊的单位，对所订阅报刊的“总价 / 元”字段进行分类汇总求和。

第 5 章 演示文稿制作软件 PowerPoint 2016

演示文稿已广泛应用于会议报告、课程教学、广告宣传、产品演示等方面，成为人们在各种场合下进行信息交流的重要工具。常用的演示文稿制作软件有 Microsoft Office 办公集成软件中的 PowerPoint，WPS Office 金山办公组件中的金山演示制作子系统，Mac OS 下的 Keynote 等。

本章将以 PowerPoint 2016 为例，介绍演示文稿制作软件的基本功能和使用方法。

5.1 PowerPoint 2016的工作环境

PowerPoint 2016
的工作环境

PowerPoint 2016 的启动和退出与前面介绍的 Word 2016 及 Excel 2016 类似，安装完 Office 2016 套件后，PowerPoint 常规启动是单击“开始”按钮，在“开始”菜单中找到“PowerPoint”程序，单击即可进入 PowerPoint 2016 的工作窗口，如图 5-1 所示。另一种常用启动程序的方式，是在 PowerPoint 文件（扩展名为“.pptx”）所在的任何位置（桌面、文件资源管理器各磁盘），双击文件即可启动并将文件在当前窗口打开。

这里采用第一种方式，常规启动 PowerPoint 2016。与 Word 2016 和 Excel 2016 类似，启动 PowerPoint 2016 首先会先打开开始窗口，只需在窗口中选择“空白演示文稿”，即可切换到工作窗口，开始一个默认空白演示文稿的编辑处理工作，如图 5-1 所示。

图 5-1　PowerPoint 2016 的工作窗口

可以看出，作为一个标准的 Windows 窗口，PowerPoint 2016 的工作窗口与 Word 2016、Excel 2016 布局基本相同（最上面依次是标题栏和功能区，最下面是状态栏），主要的不同是由于处理对象不一致，编辑区不一样。

PowerPoint 2016 根据建立、编辑、浏览、放映幻灯片的需要，在状态栏中提供了 4 种视图切换按钮："普通视图""幻灯片浏览""阅读视图""幻灯片放映"按钮。与 Word 2016 类似，选择的视图不同，演示文稿的显示方式不同，对演示文稿的加工侧重点也不同。各个视图间的切换可以通过"视图"选项卡"演示文稿视图"组中的相应按钮或单击窗口底部的 4 个视图按钮来实现。

1. 普通视图和大纲视图

如图 5-1 所示的就是普通视图，它是系统的默认视图，其幻灯片编辑区展示一张幻灯片并可进行内部元素编辑。

和普通视图十分相似的有一个大纲视图，可以通过"视图"选项卡"演示文稿视图"组中的相应按钮切换。两个视图的不同点如下。

- 普通视图工作区左侧窗格会显示所有幻灯片缩略图，可以通过左侧窗格查看每张幻灯片的大致外观，也可以在右侧对应单张幻灯片中添加图形、影片和声音，并创建超链接及向其中添加动画。它按照幻灯片的编号顺序显示演示文稿中全部幻灯片的图像。
- 大纲视图工作区左侧窗格会显示演示文稿的文本内容（大纲），还会按序号从小到大的顺序和幻灯片内容层次的关系，显示演示文稿中全部幻灯片的编号、标题和主体中的文本。

两种视图都在工作区右下方集成了备注编辑区。备注是演讲者对每一张幻灯片的注释，它可以在备注编辑区中输入，该注释内容仅供演讲者自我提示使用，不能在实际幻灯片放映时显示。

2. 幻灯片浏览视图

在幻灯片浏览视图下，可以同时在工作区平铺显示多张幻灯片，供使用者方便地对幻灯片进行移动、复制、删除等操作。

3. 阅读视图

如果希望在一个方便审阅的窗口中查看演示文稿，而不想使用全屏的幻灯片放映视图，则可以使用阅读视图。如果要更改演示文稿，可随时从阅读视图切换至某个其他视图。

4. 幻灯片放映视图

在幻灯片放映视图下，幻灯片按顺序全屏幕放映，可以观看动画和超链接效果等。按 Enter 键或单击将显示下一张幻灯片，按 Esc 键或放映完所有幻灯片后界面将恢复原样。右击还可以在放映幻灯片过程中打开快捷菜单进行操作。

5.2 PowerPoint 2016的基本操作

5.2.1 新建演示文稿

利用 PowerPoint 新建演示文稿常用的方法有新建空白演示文稿、从已有模板新建和根据现有内容新建。

（1）新建空白演示文稿

如果用户希望建立具有自己风格和特色的幻灯片，可以从空白演示文稿开始设计。

在 PowerPoint 工作环境中单击“文件”按钮，在菜单中选择“新建”命令，在右侧“新建”栏中选择“空白演示文稿”，即可切换到如图 5-1 所示的界面进行一个空白演示文稿的编辑。PowerPoint 会默认新建一张空白的标题幻灯片。用户可按照幻灯片占位符中的文字提示来输入内容，也可通过“插入”选项卡中的相应按钮插入自己所需要的各种对象，如表格、图像、插图、链接、文本、符号、媒体等。

一个完整的演示文稿往往由多张幻灯片组成，其默认扩展名为“.pptx”。新建幻灯片时，可单击“开始”选项卡“幻灯片”组中的“新建幻灯片”下拉按钮，在展开的幻灯片版式库中单击需要的版式。在 PowerPoint 2016 中，预设了标题幻灯片、标题和内容、节标题、两栏内容等 11 种幻灯片版式以供选择。要修改幻灯片的版式时，可以选定幻灯片，单击“开始”选项卡“幻灯片”组中的“版式”下拉按钮，在幻灯片版式库中重新选择即可。

（2）从已有模板新建

已有模板包括本机内置的和远程 Office 服务器上的各种主题和版式。可以利用这些已有模板自动、快速地形成每张幻灯片的外观，以节省格式设计的时间，专注于具体内容的处理。除了内置模板外，还可以在服务器上搜索下载更多的联机模板和主题以满足要求。

（3）根据现有内容新建

如果对所有的设计模板都不满意，而喜欢某一个现有演示文稿的设计风格和布局，可以直接在上面修改内容来新建演示文稿。一般方法是先在磁盘把一个现有演示文稿备份一份，再双击打开，在直接使用已有文件设计模板的情况下进行内容替换。

5.2.2　编辑演示文稿

编辑演示文稿包括两部分：一是对每张幻灯片中的对象进行编辑操作；二是对演示文稿中的幻灯片进行移动、复制、删除等操作。

1. 编辑幻灯片中的对象

在幻灯片中添加对象有两种方法：建立幻灯片时，通过选择幻灯片版式为添加的对象提供占位符，再输入需要的对象；或通过“插入”选项卡中的相应按钮，如“图片”“图表”等来实现。用户在幻灯片上添加的对象除了文本框、图片、表格、SmartArt、公式等外，为了丰富演示文稿的内容，还可以是视频、音频和超链接等。

在幻灯片上添加的对象一般都可以进行缩放、修改、移动、复制、删除等编辑操作，操作方法与 Word 中的对象操作相同。这里介绍插入视频、音频和超链接的方法。

（1）插入视频和音频

在幻灯片中插入视频和音频，可以通过单击“插入”选项卡“媒体”组中的相应按钮来实现。视频包括文件中的视频、来自网络的视频和剪贴画视频；音频包括文件中的音频、剪贴画音频和录制音频等。

（2）插入超链接

用户可以在幻灯片中插入超链接，利用它能跳转到同一文档的某张幻灯片上，或者跳转到其他的演示文稿、Word 文档、网页或电子邮件地址等。超链接只能在幻灯片放映视图下起作用。超链接有两种形式：①以下画线表示的超链接，通过单击“插入”选项卡“链接”组中的“超链接”按钮实现；②以动作按钮表示的超链接，通过单击“插入”选项卡“插图”组中的“形状”下拉按钮，在下拉菜单中的“动作按钮”区中选择各种动作按钮实现。

2. 编辑幻灯片

幻灯片的删除、移动、复制等操作，通常在幻灯片浏览视图或普通视图的左侧窗格中通过编辑命令或编辑快捷操作进行。

【例 5-1】新建“北京邮电大学简介 .pptx”演示文稿，共 3 张幻灯片。第一张幻灯片如图 5-2 所示，插入了图片“北京邮电大学校徽 .jpg”、视频“Clock.avi”和音频“背景 .mp3”；第 2 张幻灯片如图 5-3 所示，内容中的第 1 行文字是以下画线表示的超链接，右下角的按钮是以动作按钮表示的超链接，均链接到下一张幻灯片，同时该幻灯片中还插入了图片“校训 .jpg”；第三张幻灯片如图 5-4 所示，介绍学校的具体内容。

图 5-2　第一张幻灯片

图 5-3　第二张幻灯片

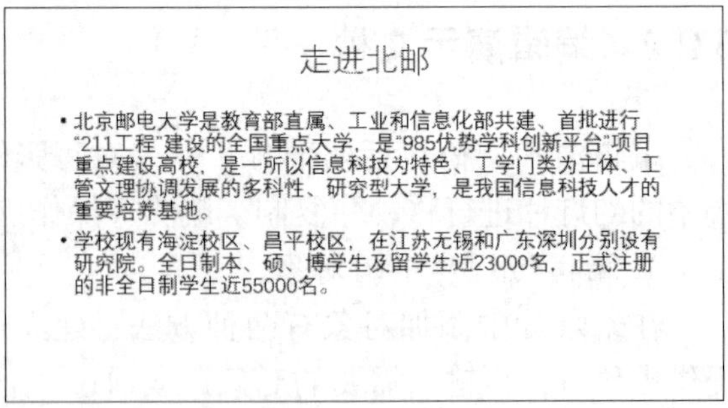

图 5-4　第三张幻灯片

操作步骤如下。

①在 PowerPoint 中单击“文件”按钮，在菜单中选择“新建”命令，单击“空白演示文稿”。

②在标题幻灯片上单击标题占位符，输入文字“北京邮电大学简介”，再单击副标题占位符，输入“制作人：小明”。文字输入后，可合理调整文字的字体、字号及两个文本框的位置，使之视觉效果协调。

③单击“插入”选项卡“图像”组中的“图片”下拉按钮，在下拉菜单中选择“此设备”选项，在打开的“插入图片”对话框中找到图片文件“北京邮电大学校徽 .jpg”插入幻灯片，并适当调整大小和位置。

④单击“插入”选项卡“媒体”组中的“视频”下拉按钮，在下拉菜单中选择“此设备”选项，在打开的“插入视频文件”对话框中找到视频文件“Clock.avi”插入幻灯片，并适当调整大小和位置。同样，单击“插入”选项卡“媒体”组中的“音频”下拉按钮，在下拉菜单中选择“PC 上的音频”命令，在打开的“插入音频”对话框中找到音频文件“背景 .mp3”插入幻灯片。插入音频文件后，幻灯片中出现一个声音图标。

⑤单击“开始”选项卡“幻灯片”组中的“新建幻灯片”下拉按钮，在展开的幻灯片版式库中选择“标题和内容”版式，插入一张幻灯片，输入相应文字内容。单击“插入”选项卡“图像”组中的“图片”按钮，在下拉菜单中选择“此设备”选项，在打开的“插入图片”对话框中找到图片文件“校训 .jpg”插入幻灯片，并适当调整大小和位置。

再重复上述步骤，新增第三张幻灯片，输入相应内容。

选定第二张幻灯片内容中的第 1 行文字“走进北邮”，单击“插入”选项卡“链接”组中的“链接”按钮，打开“插入超链接”对话框，单击对话框左侧的“本文档中的位置”按钮，在“请选择文档中的位置”列表框中选择“下一张幻灯片”，如图 5-5 所示，单击“确定”按钮。

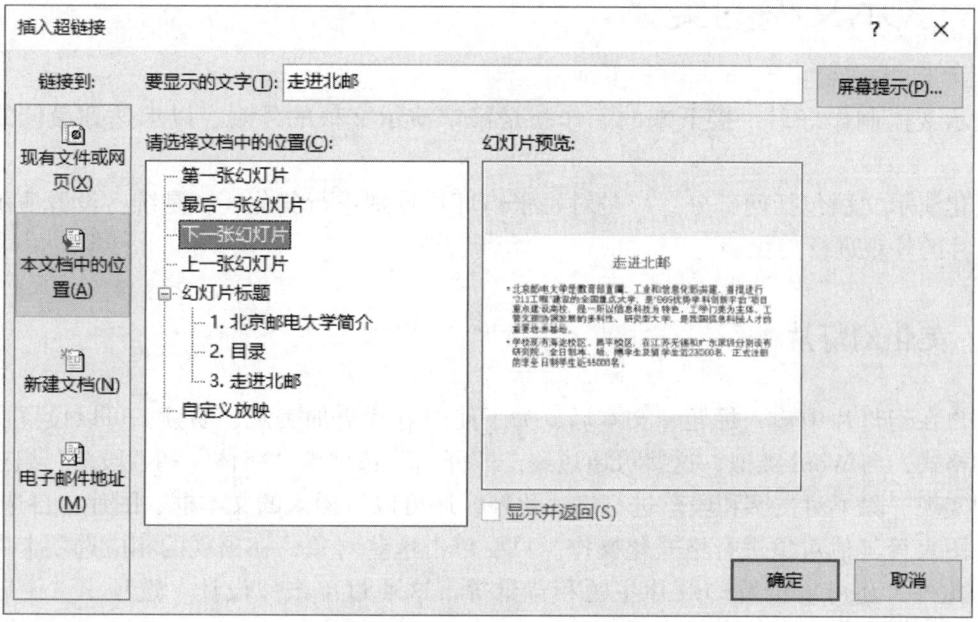

图 5-5　“插入超链接”对话框

⑥单击“插入”选项卡“插图”组中的“形状”下拉按钮，在“动作按钮”区中选择“动作按钮：前进或下一项”，将它画在幻灯片右下角的合适位置，在出现的“操作设置”对话框中确认超链接到下一张幻灯片，如图 5-6 所示，单击“确定”按钮。

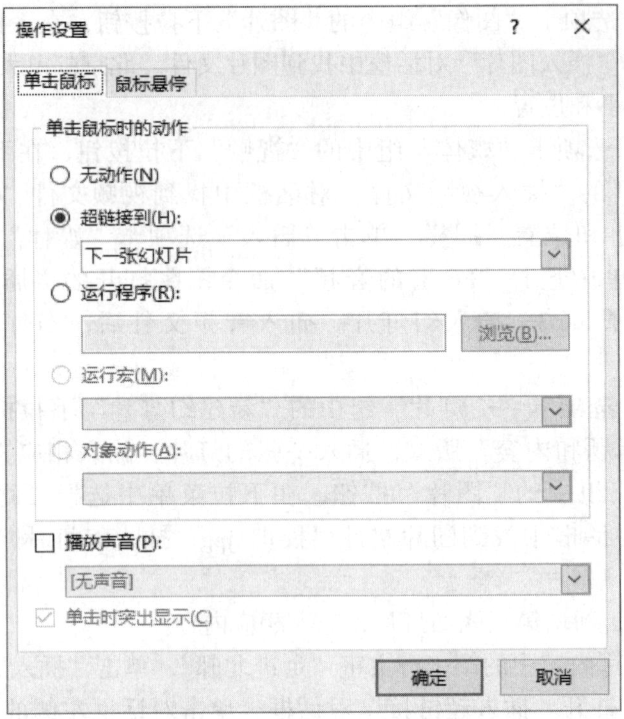

图 5-6 “操作设置”对话框

5.3 演示文稿的美化

演示文稿制作好后，接下来的工作就是修饰演示文稿的外观，以求达到最佳的视觉效果。

美化演示文稿包括两部分：一是对每张幻灯片分别进行美化；二是统一设置演示文稿中幻灯片的外观进行美化。

5.3.1 美化幻灯片

用户在幻灯片中输入标题、文本后，为了使幻灯片更加美观、易读，可以设置文字和段落的格式，与 Word 类似，这些可通过单击“开始”选项卡“字体”和“段落”组中的相应按钮实现。除了对文字和段落进行格式化外，还可以对插入的文本框、图片、自选图形、表格、图表等其他对象进行格式化操作。只要单击这些对象，在出现的相应选项卡中设置即可。此外，还可以设置幻灯片主题和背景等，这通过单击“设计”选项卡“主题”和“变体”组中的相应按钮来操作。

【例 5-2】将例 5-1 演示文稿中的第 1 张幻灯片的标题文字设置为华文行楷、66 pt、分散对齐；将第 2 张幻灯片的背景设置为预设颜色“顶部聚光灯 - 个性色 5”；将第 3 张幻灯片的主题设置为“环保”。美化幻灯片的效果如图 5-7 所示。

图 5-7 美化幻灯片的效果

操作步骤如下。

①在普通视图的左侧窗格中单击第 1 张幻灯片，选定标题文字，在“开始”选项卡“字体”组中设置字体为“华文行楷”，字号为“66”，在“段落”组中设置对齐方式为“分散对齐”

②在左侧窗格中选中第 2 张幻灯片，单击“设计”选项卡“背景”组中的“背景样式”下拉按钮，在下拉菜单中选择“设置背景格式”命令，打开“设置背景格式”任务窗格。在“填充”栏下选中“渐变填充”单选按钮，单击“预设渐变”下拉按钮，在打开的预设颜色库中选择“顶部聚光灯 – 个性色 5”，如图 5-8 所示。

除上述选择外，背景还可以是纯色填充、图片或纹理填充、图案填充，在“设置背景格式”任务窗格下方，还可单击“应用到全部”按钮，将所选背景作用于所有幻灯片。

③在左侧窗格中选中第 3 张幻灯片，在“设计”选项卡“主题”组中的下拉列表框中右击“环保”图标，在弹出的快捷菜单中选择“应用于选定幻灯片”命令。

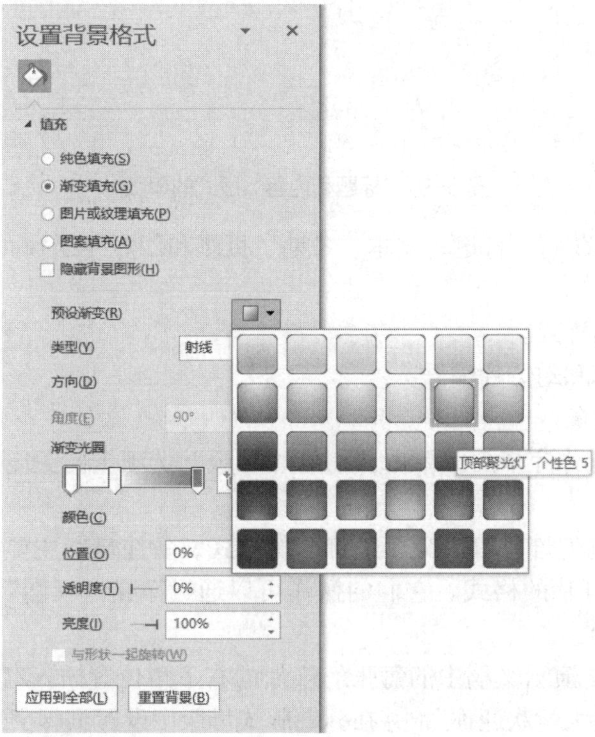

图 5-8 “设置背景格式”任务窗格

5.3.2 统一设置幻灯片外观

统一设置
幻灯片外观

一个演示文稿由若干张幻灯片组成，为了保持风格一致和布局相同，提高编辑效率，可以通过 PowerPoint 提供的母版功能来设计一张母版，使之应用于所有幻灯片。母版包括可出现在每一张幻灯片上的显示元素，可以对整个演示文稿中的幻灯片进行统一调整，避免重复制作。

PowerPoint 的母版分为幻灯片母版、讲义母版和备注母版。幻灯片母版是最常用的，它可以控制当前演示文稿中相同幻灯片版式上输入的标题和文本的格式与类型，使它们具有相同的外观。要统一修改多张幻灯片的外观，没有必要对幻灯片一张张地修改，只需在相应幻灯片版式的母版上修改即可。如果用户希望某张幻灯片与幻灯片母版效果不同，则直接修改该幻灯片即可。

单击“视图”选项卡“母版视图”组中的“幻灯片母版”按钮，进入幻灯片母版视图。在左侧窗格列出的版式中选择“标题和内容”版式，其母版如图 5-9 所示。

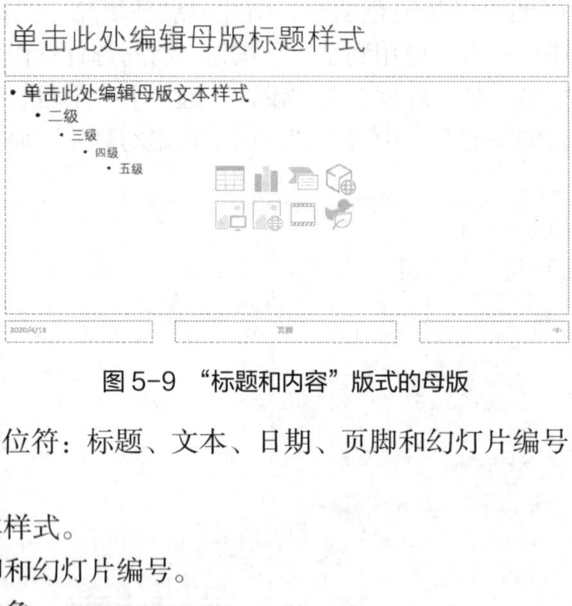

图 5-9 “标题和内容”版式的母版

母版通常有 5 个占位符：标题、文本、日期、页脚和幻灯片编号。在母版中可以进行下列操作。

①更改标题和文本样式。

②设置日期、页脚和幻灯片编号。

③向母版中插入对象。

在幻灯片母版中操作完毕后，单击“幻灯片母版”选项卡“关闭”组中的“关闭母版视图”按钮返回。

讲义母版用于控制幻灯片以讲义形式打印的格式，备注母版主要提供演讲者备注使用的空间及设置备注幻灯片的格式。它们的操作可以通过单击“视图”选项卡“母版视图”组中的相应按钮来进行。

【例 5-3】在例 5-2 演示文稿中的每张幻灯片的右下角位置插入幻灯片编号，下方正中间插入页脚“北京邮电大学欢迎你”，并在标题版式母版中设置页脚字号为 24 pt。

操作步骤如下。

①单击“插入”选项卡“文本”组中的“页眉和页脚”按钮，打开“页眉和页脚”对

话框。勾选“幻灯片编号”和“页脚”复选框，并在“页脚”文本框中输入“北京邮电大学欢迎你”，如图 5-10 所示，单击“全部应用”按钮。

图 5-10　设置幻灯片编号和页脚

②单击“视图”选项卡“母版视图”组中的“幻灯片母版”按钮，进入幻灯片母版视图。在左侧窗格中选择“标题幻灯片”版式，在右侧版式下方页脚区域选中页脚“北京邮电大学欢迎你”，在“开始”选项卡“字体”组中的“字号”下拉列表框中选择“24”，再单击“幻灯片母版”选项卡“关闭”组中的“关闭母版视图”按钮返回。此后，演示文稿所添加的任何标题幻灯片版式中的页脚字号均为 24 pt。

5.4　设置演示文稿的播放效果

设计动画效果

5.4.1　设计动画效果

设计动画效果包括两部分：一是设计幻灯片中对象的动画效果，二是设计幻灯片间切换的动画效果。

1. 设计幻灯片中对象的动画效果

在为幻灯片中的对象设计动画效果时，可以分别对它们的进入、强调、退出及动作路径动画效果进行设置。

①进入动画效果是对象进入幻灯片时产生的效果，包括基本型、细微型、温和型及华

丽型4种。

②强调动画效果用于让对象突出显示，引人注目，一般选择一些较华丽的效果。

③退出动画效果包括飞出、轮子、缩放、旋转等多种效果，可根据需要进行设置。

④动作路径用于自定义对象运动的路线及方向，也可以采用PowerPoint中预设的多种路径。

（1）添加动画

添加动画可以通过单击“动画”选项卡“动画”组中的动画库的相应按钮来完成，PowerPoint将一些常用的动画效果放置于动画库中。也可以单击该选项卡“高级动画”组中的“添加动画”下拉按钮，在其下拉菜单中进行选择。如果想使用更多的效果，可以选择其中的相应命令，如“更多进入效果”“更多强调效果”“更多退出效果”和“其他动作路径”。例如，选择其中的“更多进入效果”命令，将打开“添加进入效果”对话框，如图5-11所示。

（2）编辑动画

动画效果设置好后，还可以对动画方向、运行方式、顺序、声音、动画长度等内容进行编辑，让动画效果更加符合演示文稿的意图。有些动画可以改变方向，这通过单击“动画”选项卡“动画”组中的“效果选项”下拉按钮完成。

动画运行方式包括“单击开始”“从上一动画开始”“从上一项之后开始”3种方式，这通过单击“动画”选项卡“高级动画”组中的“动画窗格”按钮，打开“动画窗格”任务窗格设置。

如图5-12所示，当前幻灯片包含了4个动画，其中第1、2个动画是插入的视频和音频，它们会始终在幻灯片放映过程中运行。第3、4个动画分别作用于当前幻灯片的大标题和小标题，其中第3个动画的运行方式是“单击开始”，第4个动画的运行方式是“从上一项之后开始”，这意味着在第3个动画播放完成后第4个动画立即运行。

改变动画顺序可以先选定对象，再单击“动画”选项卡“计时”组中的“向前移动”或“向后移动”按钮（见图5-13），此时对象左上角及“动画窗格”任务窗格中对应对象的动画序号会相应改变。改变动画顺序也可直接在“动画窗格”任务窗格中拖曳动画上下移动调整。

图5-11 “添加进入效果”对话框

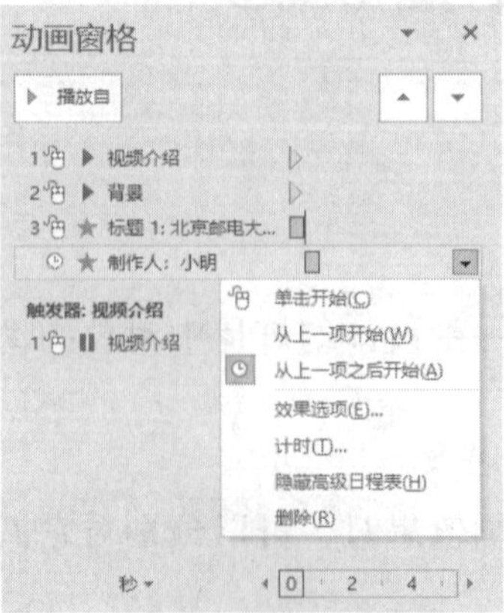

图5-12 “动画窗格”任务窗格

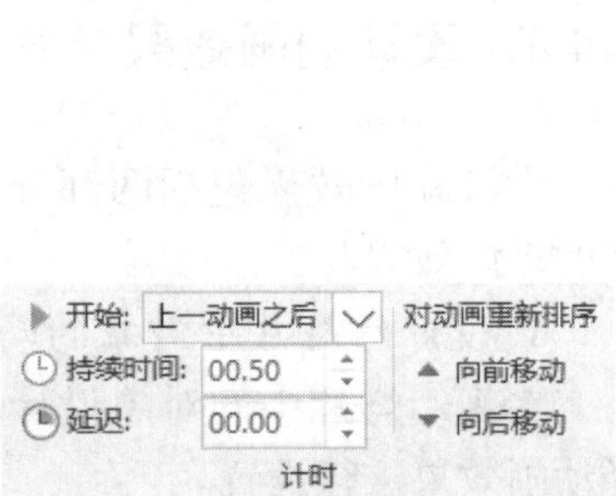

图5-13 “计时”组

给动画添加声音可以先选定对象，单击“动画”选项卡“动画”组右下角的对话框启动器，打开动画效果对话框，在“效果”选项卡的“声音”下拉列表框中选择合适的声音，如图 5-14 所示。在“效果”选项卡中，还可以将设置文本动画为一次显示全部、按词顺序或按字母顺序。

动画运行的速度包括非常快、快速、中速、慢速、非常慢 5 种，这可以在动画效果对话框中的“计时”选项卡中设置完成，如图 5-15 所示。在该选项卡中，还可以设置动画运行方式和延迟时间。

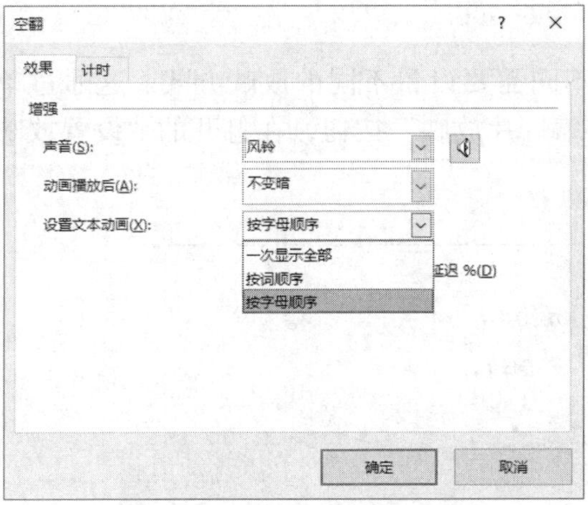

图 5-14 声音和文本动画的设置

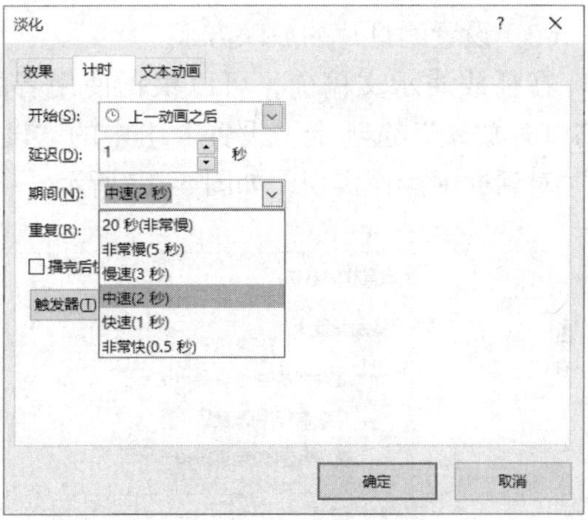

图 5-15 动画运行速度的设置

2. 设置幻灯片间切换的动画效果

幻灯片间的切换效果是指移走屏幕上已有的幻灯片，并以某种效果开始新幻灯片的显示，如淡入 / 淡出、推入、擦除等。对幻灯片切换效果的设置包括切换方式、切换方向、切换声音及换片方式 4 种。这通过单击“切换”选项卡“切换到此幻灯片”组和“计时”组中的相应按钮实现，如图 5-16 所示。其中可以用鼠标单击进行人工切换，也可以设置时间间隔自动切换。如果要将所选的切换效果应用于其他幻灯片，单击“计时”组中的“应用到全部”按钮即可。

图 5-16 “切换”选项卡

5.4.2 播放演示文稿

在放映幻灯片前，一些准备工作是必不可少的，如隐藏幻灯片、排练计时、设置幻灯片的放映方式等。

（1）隐藏幻灯片

在普通视图左侧窗格中选定希望隐藏的幻灯片，右击，在快捷菜单中选择“隐藏幻灯片”命令。或选定幻灯片，单击“幻灯片放映”选项卡“设置”组中的“隐藏幻灯片”按钮。

（2）排练计时

排练计时是对幻灯片的放映进行排练，对每个动画所使用的时间进行控制。整个演示文稿播放完毕后，系统会提示用户幻灯片放映总共需要的时间并询问是否保留排练时间，单击“是”按钮后，PowerPoint 自动切换到幻灯片浏览视图下并且在每个幻灯片下方显示出放映所需要的时间。幻灯片排练计时是通过单击“幻灯片放映”选项卡“设置”组中的“排练计时”按钮实现的。

（3）设置幻灯片的放映方式

在播放演示文稿前，可以根据使用者的不同需要设置不同的放映方式。这通过单击“幻灯片放映”选项卡“设置”组中的“设置幻灯片放映”按钮，在打开的“设置放映方式”对话框中操作实现，如图 5-17 所示。

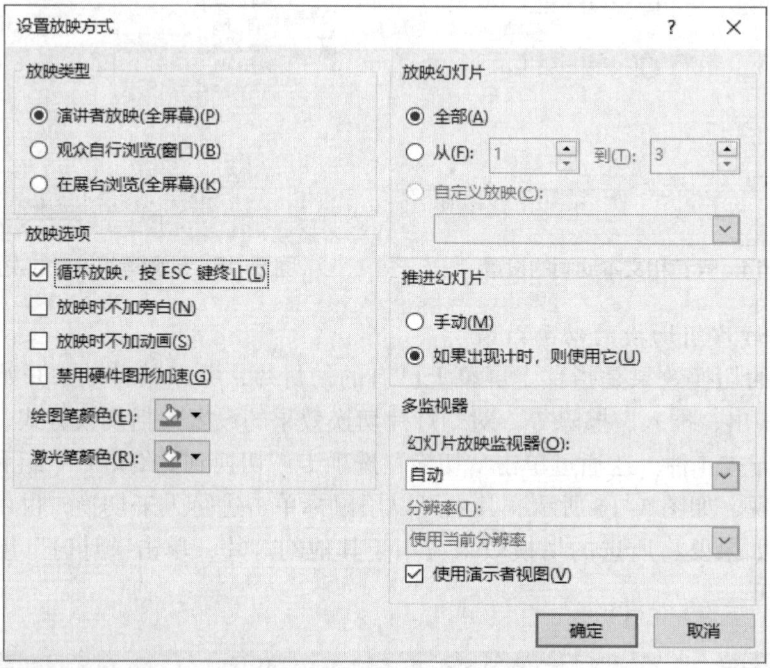

图 5-17 “设置放映方式”对话框

有 3 种放映方式。

- 演讲者放映（全屏幕）：以全屏幕形式显示，演讲者可以控制放映的进程，可用绘图笔勾画，适用于大屏幕投影的会议、讲课。
- 观众自行浏览（窗口）：以窗口形式显示，可编辑和浏览幻灯片，适用于人数少的场合。
- 在展台浏览（全屏幕）：以全屏幕形式在展台上进行演示，按事先预定的或通过“排练计时”按钮设置的时间和次序放映，不允许现场控制放映的进程。

要播放演示文稿有多种方式：按 F5 功能键（注意若当前的 F5 功能键被其他功能占用，则该方式无效）；单击“幻灯片放映”选项卡“开始放映幻灯片”组中的“从头开始”按钮；单击状态栏的“幻灯片放映”按钮（即切换到幻灯片放映视图）；等等。其中，除了最后一种方法是从当前幻灯片开始放映外，其他方法都是从第一张幻灯片放映到最后一张幻灯片。

【例 5–4】为例 5–3 演示文稿中的第二张幻灯片的标题设置“空翻”动画效果，速度为“中速”，声音为“风铃”，在上一动画之后延时 1 s 发生；设置全部幻灯片的切换效果为“形状”，换片方式为单击鼠标换页或每间隔 8 s 换页。

操作步骤如下。

①在普通视图的左侧窗格中，单击第二张幻灯片，选定该幻灯片的标题，单击“动画”选项卡“高级动画”组中的“添加动画”下拉按钮（因“空翻”动画效果不在动画库中），在下拉菜单中选择“更多进入效果”命令，在打开的“添加进入效果”对话框中的“华丽型”区中选择“空翻”（见图 5–11），单击“确定”按钮。

②选定标题，单击“动画”选项卡“动画”组右下角的对话框启动器，打开“空翻”动画效果对话框，在“效果”选项卡中设置“声音”为“风铃”（见图 5–14）；然后在“计时”选项卡中的“开始”下拉列表框中选择“上一动画之后”，在“延迟”文本框中输入“1”，在“期间”下拉列表框中选择“中速（2 秒）”（见图 5–15），单击“确定”按钮。

③选定任意幻灯片，选择“切换”选项卡“切换到此幻灯片”组中的幻灯片切换库中的“形状”，在“计时”组中进行相应设置，并单击“应用到全部”按钮。

④单击“幻灯片放映”选项卡“开始放映幻灯片”组中的“从头开始”按钮，查看幻灯片播放效果。

5.5　打印、输出演示文稿

打印、输出演示文稿

演示文稿可以打印，这通过单击“文件”按钮，在菜单中选择“打印”命令来实现。打印输出的对象既可以是和当前计算机实际联系的打印机，也可以是其他文件形式。

【例 5–5】将例 5–4 演示文稿以讲义形式打印出来，每张纸打印 3 张幻灯片，打印输出到一个 PDF 文件中。

操作步骤如下。

①打开演示文稿。

②单击“文件”按钮，在菜单中选择“打印”命令，在右侧打印工作区中，选择打印机为“Microsoft Print to PDF”。

③确认“设置”栏中为“打印全部幻灯片”，在下方“打印版式”展开的下拉菜单中单击“讲义”区中的“3 张幻灯片”图标，在预览区域内即可看到打印的效果。预览满意后单击“打印”按钮，如图 5–18 所示。

演示文稿制作完毕后，可以输出为不同格式的文件，例如创建 PDF/XPS 文档，创建视频，将演示文稿打包成 CD 等。这通过单击“文件”按钮，在菜单中选择“保存并发送”命令，在“保存并发送”栏中单击相应的按钮来实现。

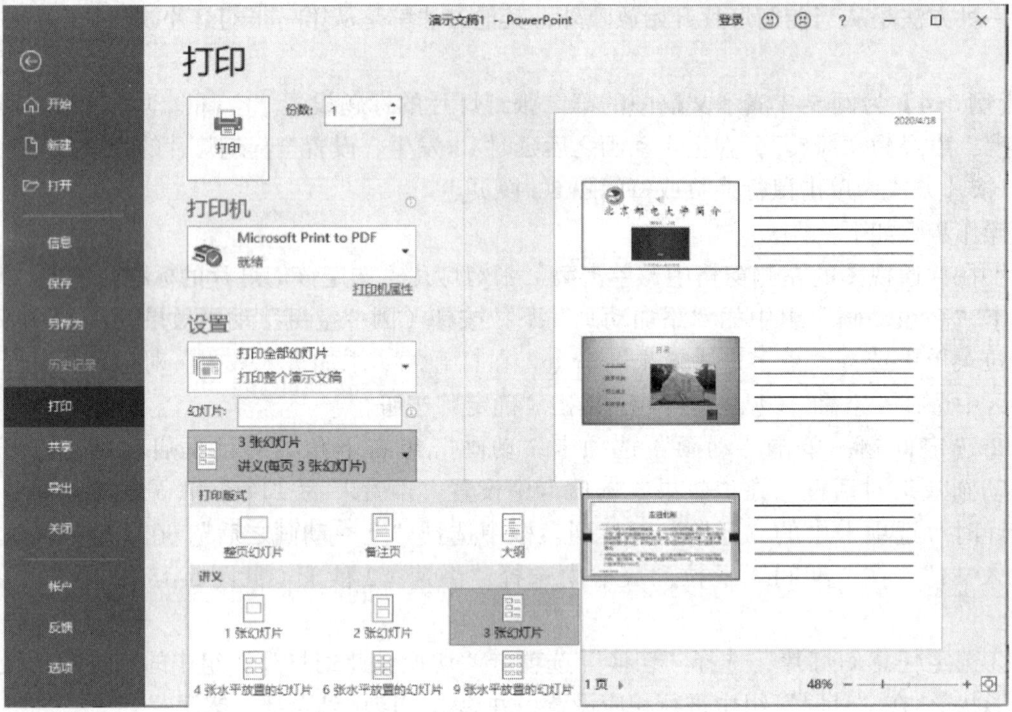

图 5-18 演示文稿打印选项

习 题 5

1. 请按照以下要求制作演示文稿。

①演示文稿包含 2 页；采用“画廊”主题；幻灯片切换采用“闪耀”方式。

②第 1 页以艺术字作为主标题，字体为华文彩云，字号为 40，内容为“奋斗是人生的基石”；副标题为“永不放弃是成功的保证”。动画设置为上一动画之后延时 2 s 以浮入方式显示主标题，单击，以向内溶解方式显示副标题。

③第 2 页中有一个文本框，文本框内有两段励志格言（内容自拟，不少于 20 个汉字）和一幅剪贴画（自行选择），文字为蓝色。添加“第一张”动作按钮，单击返回第 1 页。动画顺序：单击，以弹跳方式显示两段文字；再单击，延时 2 s 显示剪贴画，采用底部飞入方式同时伴有鼓掌声。

2. 以“我的学校”（可以是小学、中学、大学）为题，制作演示文稿，要求如下。

①演示文稿中幻灯片在 10 页以上。

②图文并茂，根据内容不同至少运用 3 种主题。

③合理对不同对象运用动画（至少 3 种动画），整个演示文稿幻灯片切换统一设置为“擦除”，切换声音设置为“风声”。

第6章

网络通信与信息安全

计算机之间的通信是一个复杂的过程，它体现了大问题的复杂性。本章主要从“模型和结构”的计算思维理念，讨论网络通信的方法，并且用“安全”的概念，讨论网络攻击的防护方法及信息的加密。

6.1 网络的工作原理

6.1.1 网络的基本类型

1. 互联网的发展

互联网的发展趋势

1969 年，美国国防部高级研究计划署（ARPA）制订了一个计划，将美国的加利福尼亚大学洛杉矶分校（UCLA）、加州大学圣塔芭芭拉分校（UCSB）、斯坦福大学研究学院（SRI）和犹他大学（U of U）的 4 台计算机连接起来，建设一个 ARPANET（阿帕网）。1969 年 9 月 3 日，UCLA 的 L. 克兰罗克（L.Kleinrock）教授在实验室内，将两台计算机成功地用一条长 5 m 的电缆连接并互通数据。1969 年 10 月 29 日 22 点 30 分，在克兰罗克教授的指导下，阿帕网第 1 节点 UCLA 与第 2 节点 SRI 连通，虽然第一次实验只传输了“LO”两个字符（计划传输“LOGIN”）就死机了，但是实现了分组交换技术（包交换）的远程通信，这标志着互联网的正式诞生。

全球互联网已经成为当今世界推动经济发展和社会进步的重要信息基础设施。自 2012 年起，全球互联网已进入中速增长期，年增速保持在 7% ~ 9%。据国际电信联盟统计，2016 年全球互联网网民总规模已达 34 亿，网络渗透率达 47.1%。2023 年 11 月，《世界互联网发展报告 2023》在世界互联网大会乌镇峰会上发布。该报告表明，2022 年底，全球 5G 基站部署总量超过 364 万个，全球 5G 连接用户总数超过 10.1 亿，5G 网络已覆盖全球 33.1% 的人口。互联网如此受欢迎的原因在于它使用成本低，使用信息价值高。全球互联网主干线路的流量如图 6-1 所示。

2. 网络的定义

计算机网络利用通信设备和传输介质，将分布在不同地理位置上的具有独立功能的计算机相互连接，在网络协议的控制下进行信息交换，实现资源共享和协同工作。

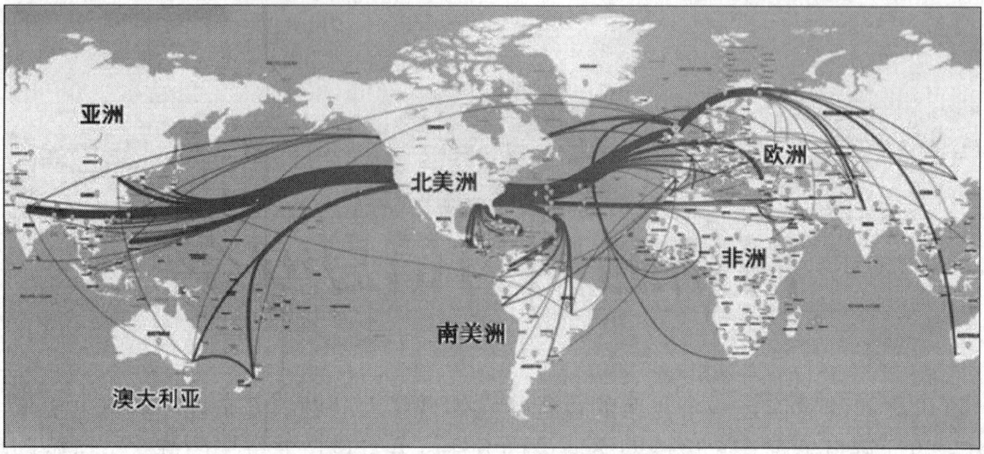

图 6-1　全球互联网主干线路的流量

3. 网络的主要类型

（1）按地理范围分类

计算机网络的分类方法有很多种，最常用的分类方法是 IEEE（电气电子工程师学会）根据计算机网络地理范围的大小，将网络分为局域网、城域网和广域网。

计算机网络概述

①局域网（local area network，LAN）。

局域网通常建立在一幢建筑物内或相邻几幢建筑物之间，其结构示意图如图 6-2 所示。局域网是结构复杂度较低的计算机网络，也是应用最广泛的网络。

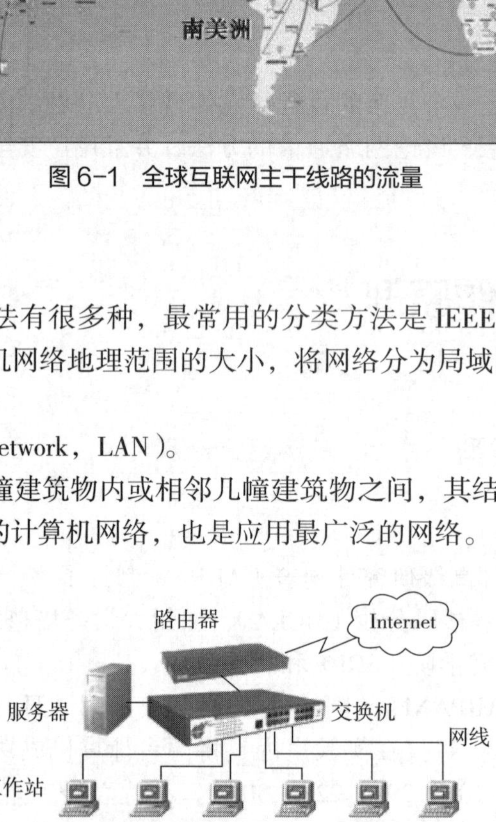

图 6-2　局域网的结构示意图

②城域网（metropolitan area network，MAN）。

城域网的覆盖范围为数百平方千米的一座城市，城域网往往由许多大型局域网组成。城域网主要为个人用户、企业局域网用户提供网络接入，并将用户信号转发到 Internet 中，其结构示意图如图 6-3 所示。城域网的信号传输距离比局域网长，信号更加容易受到环境的干扰，因此网络结构较为复杂，往往采用点对点、环形、树形等混合结构。由于数据、语音、视频等信号可能都采用同一城域网传输，因此城域网的组网成本较高。

网络的分类与入网方式

③广域网（wide area network，WAN）。

广域网的覆盖范围通常为数千平方千米，一般为多个城域网的互联（如 ChinaNet，中国公用计算机互联网），甚至是全世界各个国家之间网络的互联，因此广域网能实现大范围的资源共享。广域网一般采用光纤进行信号传输，网络主干线路的数据传输速率非常高，网络结构较为复杂，往往是一种网状结构或其他拓扑结构的混合模式。广域网由于需要跨越不同城市、地区、国家，因此网络工程最为复杂。如图 6-4 所示为 CERNET2（第 2 代中国教育和科研计算机网）的结构示意图。

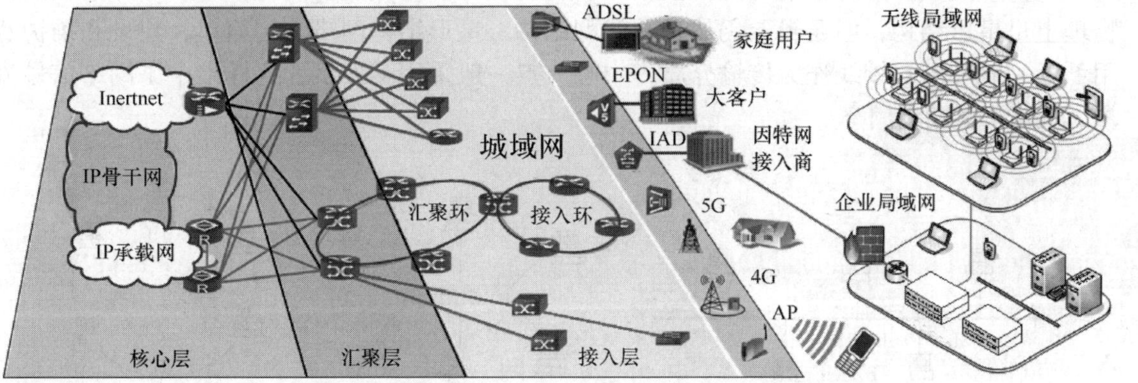

图 6-3　城域网的结构示意图

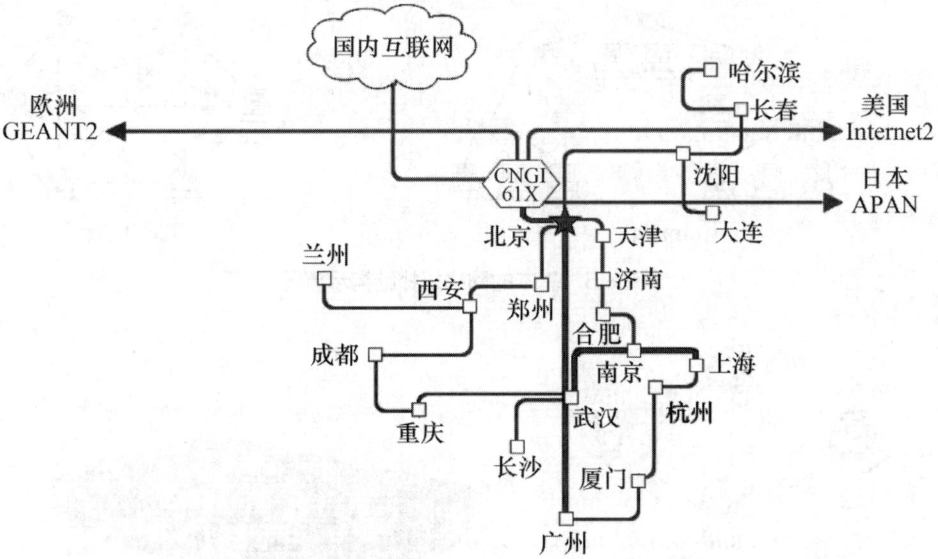

图 6-4　CERNET2 的结构示意图

（2）按拓扑结构分类

在计算机网络中，如果把计算机、服务器、交换机、路由器等网络设备抽象为点，把网络中的传输介质抽象为线（链路），就可以将一个复杂的计算机网络系统抽象成由点和线组成的几何图形，这种图形称为网络拓扑结构。

如图 6-5 所示，基本的网络拓扑结构有总线型结构、星形结构、环形结构、树形结构、网状结构。大部分网络是这些基本网络拓扑结构的组合形式。下面仅介绍星形结构和环形结构。

①星形结构。

星形结构是目前局域网中应用最为普遍的一种结构。如图 6-6 所示，星形结构的每个节点都有一条单独的链路与中心节点相连，所有数据都要通过中心节点进行交换，因此中心节点是星形结构网络的核心。

星形结构网络采用广播通信技术，局域网的中心节点设备通常采用交换机。如图 6-7 所示，在交换机中，每个端口都挂接在交换机内部背板总线上，因此，星形以太网虽然在物理上呈星形结构，但逻辑上仍然是总线型结构。星形结构网络结构简单，建设和维护费用低，一般采用双绞线作为传输介质，中心节点一般采用交换机，这样集中了网络信号流量，提高了链路利用率。

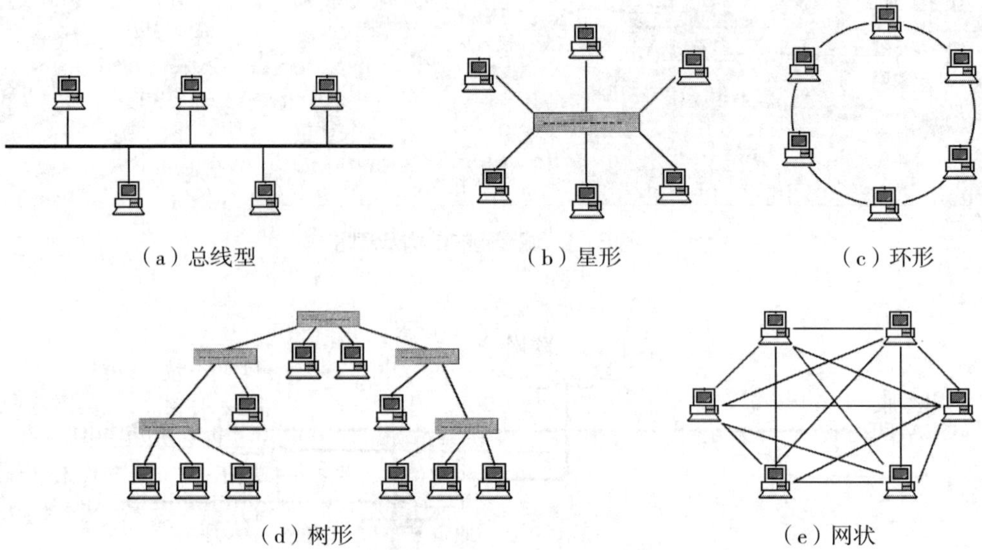

图 6-5　基本的网络拓扑结构示意图

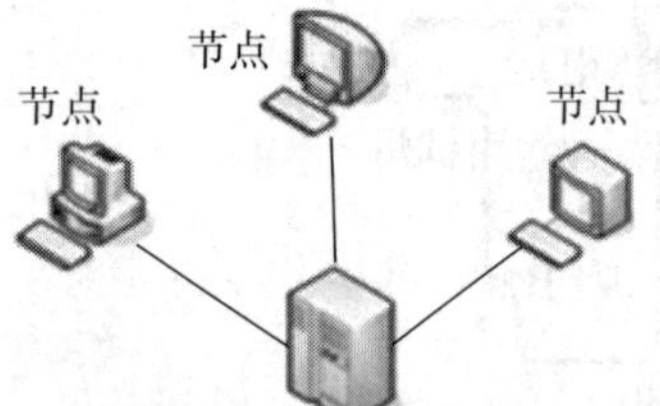

图 6-6　星形结构

图 6-7　交换机

②环形结构。

在环形结构中，各个节点（如交换中心）通过环接口，连接在一条首尾相接的闭合环形通信线路中。环形结构又分为单环、多环、环相切、环内切、环相交、环相连等结构。在环形结构网络中，节点之间的信号沿环路顺时针或逆时针方向传输。

环形结构网络的特点是每个节点都与两个相邻的节点相连，因而是一种点对点通信模式。环形网络采用信号单向传输方式，如果 $N+1$ 节点需要将数据发送到 N 节点，几乎要绕环一周才能到达，因此环形结构网络在节点过多时，会产生较大的信号时延。

环形结构网络的建设成本较高，也不适用于多用户接入，主要用于城域传输网和国家大型骨干传输网。

6.1.2　网络的体系结构

计算机网络体系结构

1. 通信过程中的计算思维方法

人类通信是一个智能化的过程。如图 6-8 所示，以一个企业技术讨论会为例，说明通信的计算思维方法。技术人员在开会时必须进行很多智能化的通信，这些通信不一定是以语言方式进行的。首先，参加会议的人员都必须知道在哪里开会（目的地址）；如何到会议室（路由）；会议什么时候开始（通信确认）；会议主讲者通过声音（传输介质为声波）和视频（传输介质为光波）表达自己的意见（传送信息）；主讲者必须关注与会人员的反应（监听），其他人员必须关注主讲者发言（同步）；有时主讲者会受到会议室外的干扰（环境噪声），以及会议室内其他人员说话的干扰（信道干扰）；如果与会者同时说话，就会出现谁也听不清对方在说什么（信号冲突）的现象；主讲者保持恒定语速（通信速率）；等等。

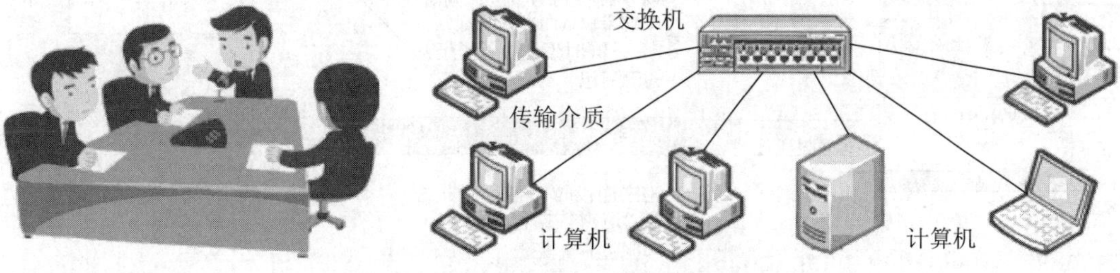

图 6-8　会议讨论和计算机通信的比较

计算机之间的数据传输是一个复杂的通信过程。计算机的通信过程与以上人们开会的情况类似，需要解决的问题很多。例如，本机与哪台计算机通信（本机地址与目的地址）？通过哪条路径将信息传送到对方（路由）？对方开机了吗（通信确认）？信号传输采用什么传输介质（微波或光纤）？通信双方如何在时钟上保持一致（同步）？信号接收端怎样判断和消除信号传输过程中的干扰（检错与纠错）？通信双方发生信号冲突时如何处理（通信协议）？如何提高数据传输效率（复用技术）？网络通信虽然有许多工作要做，但是网络处理速度以毫秒计，这些工作计算机瞬间就可以完成。

2. 网络协议的三要素

在计算机网络中，用于规定信息格式及如何发送和接收信息的一系列规则或约定称为网络协议。简单地说，网络协议就是主机之间交谈的语言。网络协议的 3 个组成要素是语法、语义和时序。

语法规定了进行网络通信时，数据的传输和存储格式，以及通信中需要哪些控制信息。它主要解决“怎么讲”的问题。

语义规定了控制信息的具体内容，以及发送主机或接收主机所要完成的工作。它主要解决“讲什么”的问题。

时序规定了计算机网络操作的执行顺序，以及通信过程中的速度匹配。它主要解决

“顺序和速度”问题。

3. 三次握手与协议安全性

网络通信过程分为建立连接、数据传送、关闭连接 3 个步骤。三次握手是指网络通信过程中信号的 3 次交换过程，这个过程发生在建立连接阶段。三次握手的目的是满足在不可靠信道上可靠传输信息这一需求，如 TCP（传输控制协议）因为在不可靠的信道中，通信双方需要就某个问题达成一致时，三次握手是理论上的最小值。如图 6–9 所示，一个完整的三次握手过程是请求、应答、确认。

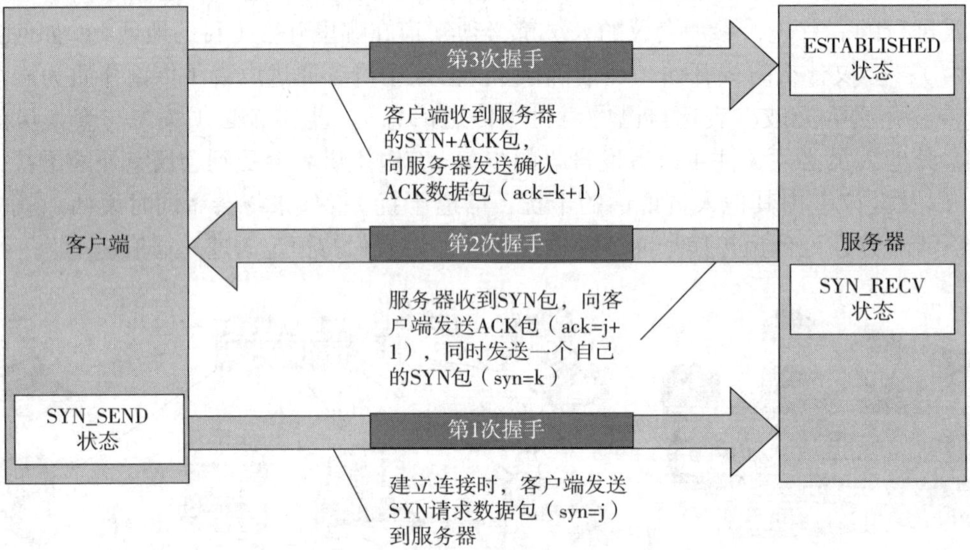

图 6–9　TCP 建立连接时的三次握手过程

第 1 次握手：建立连接时，客户端发送 SYN（同步序列编号）请求数据包到服务器，并进入等待计时状态，等待服务器确认请求。

第 2 次握手：服务器收到 SYN 数据包，并且确认是客户的 SYN 数据包，同时自己也发送一个 SYN+ACK 数据包作为应答，然后服务器进入计时等待（SYN_RECV）状态。

第 3 次握手：客户端收到服务器的 SYN+ACK 数据包后，向服务器发送 ACK（确认）数据包，此数据包发送完后，客户端和服务器进入连接状态，完成三次握手过程。这时客户端与服务器可以开始传送数据了。

在以上过程中，服务器发送完 SYN+ACK 数据包后，如果未收到客户端的 ACK 数据包，服务器进行首次重传；若等待一段时间仍未收到客户端的 ACK 数据包，进行第二次重传；如果重传次数超过系统规定的最大重传次数，服务器将该连接信息从半连接队列中删除。

在以上讨论中可以看到 TCP 存在一些安全隐患，如三次握手时需要消耗的资源包括数据包信息、条件状态、序列号等。如果客户端是攻击者（黑客），他故意发送大量伪造源地址的 SYN 数据包，这样 ACK 数据包永远不会送达服务器，这会造成服务器忙于应付，连接队列很快被填满，服务器最终因为资源耗尽而崩溃。

4. 网络协议的计算思维特征

为了减少网络通信的复杂性，专家们将网络通信过程划分为许多小问题，然后为每个小问题设计一个通信协议，这使得每个协议的设计、

计算机网络层次模型

编码和测试都比较容易。这样网络通信就需要许多协议，如 TCP/IP 网络就包含了数千个网络协议（如协议标准 RFC 6455）。为了减少复杂性，专家们又将网络功能划分为多个不同的层次，每层都提供一定的服务，使整个网络协议形成层次模型。网络协议的层次模型具有以下特征。

- 完整性：将一个复杂的网络通信过程分解为几个层次进行处理，大大降低了每个层次的复杂性。网络协议的分层不能模糊，每一层都必须明确定义，而且不能引起误会。网络协议必须是完整的，对每种可能出现的情况必须规定相应的具体操作。
- 独立性：网络协议分层后，各层之间相互独立，高层不必关心低层的实现细节，做到每层各司其职。每个网络层次内部的具体操作方式，其他层次不必了解。只要网络服务和接口不变，层次内的实现方法可灵活改变。
- 标准接口：每个网络协议层次都提供标准的服务，使不同层次之间易于合作，网络协议的每一层都必须提供标准接口，使开发商易于提供网络软件和网络设备。
- 灵活性：只要网络协议结构不变，某个网络层次内部的变化不会对其他层次产生影响，因此每个层次的软件或设备可以单独升级或改造，这有利于网络的维护和管理。
- 统一性：网络通信中的每台机器和设备都必须遵循同一网络协议。

层次结构的计算思维大大简化了很多复杂问题的处理过程。

5. OSI/RM 参考模型

网络层次模型和通信协议的集合称为网络体系结构。常见的网络体系结构有 OSI/RM（开放系统互联）参考模型、TCP/IP（传输控制协议 / 互联网协议）参考模型等。如图 6-10 所示，ISO（国际标准化组织）提出的 OSI/RM 参考模型将网络体系结构划分为 7 个层次，它们分别是物理层、数据链路层、网络层、传输层、会话层、表示层和应用层。OSI/RM 参考模型还规定了每层的功能，以及不同层之间如何进行通信协调。由于各方面的原因，OSI/RM 参考模型并没有在计算机网络中得到实际应用，它往往作为一个理论模型被用于网络分析。

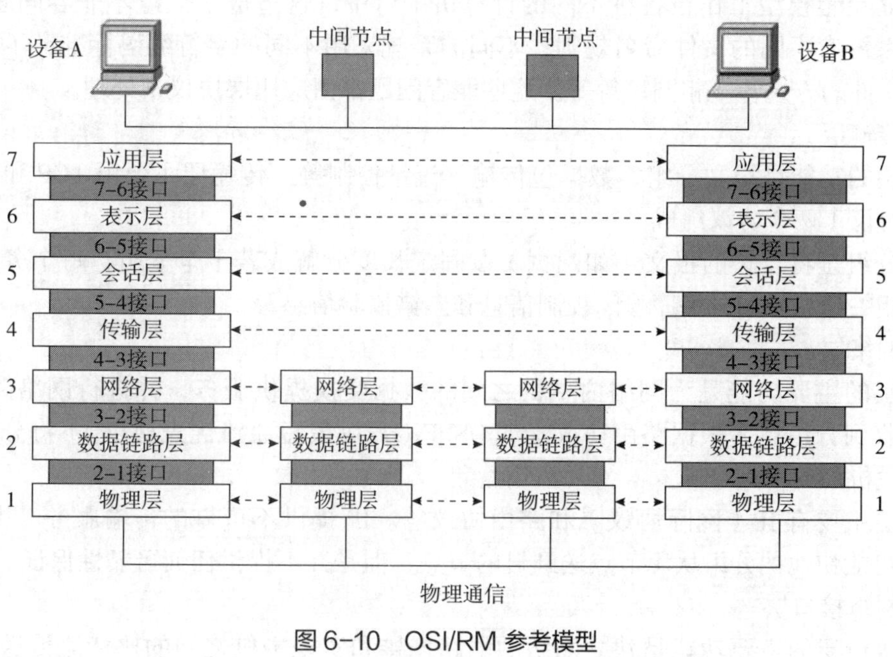

图 6-10　OSI/RM 参考模型

6. TCP/IP 参考模型

TCP/IP 参考模型是 IETF（因特网工程任务组）定义的网络体系结构，它规范了主机之间通信的数据包格式，主机寻址方法和数据包传送方式。如图 6-11 所示，TCP/IP 参考模型定义了 4 个层次：应用层、传输层、网络层和网络接口层。

TCP/IP参考模型	对应网络协议
应用层	HTTP, TFTP, FTP, NFS, WAIS
	Telnet, Rlogin, SNMP, Gopher
	SMTP, DNS
传输层	TCP, UDP
网络层	IP, ICMP, ARP, RARP, UUCP
网络接口层	FDDI, Ethernet, PDN, SLIP, PPP
	IEEE 802.1A, IEEE 802.2到IEEE 802.11

图 6-11　TCP/IP 参考模型和主要协议

（1）应用层

应用层的主要功能是为用户提供各种网络服务和解决各种系统之间的兼容问题。

应用层提供了各种网络服务，因此这层的网络协议非常多，如网页服务使用的 HTTP（超文本传输协议），电子邮件服务使用的 SMTP（简单邮件传送协议）、POP3（第 3 版邮局协议），文件传输服务使用的 FTP（文件传输协议），域名服务（DNS），即时通信服务等。

TCP/IP 参考模型工作在各种不同的计算机平台中，这造成了大量不兼容问题。例如，不同文件系统有不同的文件命名规则；不同的系统采用不同的字符编码标准；不同的系统之间传输文件的方式各不相同；等等。这些兼容问题都由应用层协议来处理。

（2）传输层

传输层的功能是报文分组、数据包传输、流量控制等。传输层主要由 TCP 和 UDP（用户数据报协议）两个协议组成。

报文分组是将较长的报文（如网页）按固定长度分解成若干个分组，每个分组按规定格式加上相关信息，如分组序号、控制信息和差错校验信息等。

（3）网络层

网络层的主要功能是为网络内主机之间的数据交换提供服务，并进行网络路由选择。网络层接收到分组后，根据路由协议［如 OSPF（开放最短通路优先协议）］将分组送到指定的目的主机。

网络层主要有 IP（网际协议）和路由协议等。IP 提供不可靠的传输服务。也就是说，IP 只是尽可能快地把分组从源节点送到目的节点，但是并不提供任何可靠性保证。

（4）网络接口层

网络接口层的主要功能是建立网络的电路连接和实现主机之间的比特流传送。电路连接工作涉及传输介质接口形式、电气参数、连接过程等。比特流传送工作主要是指通过计算机中的网卡和操作系统中的网络设备驱动程序，将数据包按比特一位一位地从一台主机（计算机或网络设备）通过传输介质（电缆或微波）送往另一台主机。

6.1.3　无线网络技术

无线网络最大的优点是让人们摆脱了有线网络的束缚，可以自由地进行移动通信和移动计算。无线网络的数据传输速率目前达到了数百兆比特每秒，有线网络的数据传输速率达到了数太比特每秒，两者相差了三四个数量级。因此，无线网络作为有线网络的补充，将与有线网络长期并存，最终目标是将无线网络覆盖的区域连接至主干有线网络。

1. 无线局域网的发展

无线通信的历史起源于第二次世界大战，当时美军利用无线电信号结合高强度加密技术，实现了文件资料的传输，并在军事领域广泛应用。

1971 年，夏威夷大学的研究人员设计了第一个基于数据包技术的无线通信网络 ALOHANet，它包括 7 台计算机，采用双向星形网络结构，横跨 4 座夏威夷岛屿，中心计算机放置在 Oahu 岛上，它标志着无线局域网（wireless LAN，WLAN）的诞生。

1990 年，IEEE 启动了无线网络标准 IEEE 802.11 系列项目的研究和标准制定，提出了 802.11a，802.11b，802.11g，802.11n 等 WLAN 标准。1999 年，无线以太网兼容性联盟（WECA）成立，后来更名为 Wi-Fi（无线保真，读为 wai fai）联盟，Wi-Fi 联盟建立了用于验证 IEEE 802.11 产品兼容性的一套测试程序。从 2004 年起，经过 Wi-Fi 联盟认证的 IEEE 802.11 系列产品，就使用了 Wi-Fi 这个名称。

2. 无线网络的类型

IEEE 按网络的覆盖范围，将无线网络分为无线广域网（wireless WAN，WWAN）、无线城域网（wireless MAN，WMAN）、无线局域网（WLAN）、无线个域网（wireless personal area network，WPAN）等。

（1）WWAN 和 WMAN

WWAN 和 WMAN 在技术上并无太大区别，只是信号覆盖范围不同而已，因此往往将 WWAN 与 WMAN 放在一起讨论。WWAN 也称为宽带移动通信网络，它是一种 Internet 高速数字移动通信蜂窝网络。WWAN 需要使用移动通信服务商（如中国电信）提供的通信网络（如 3G、4G 网络）。计算机只要处于移动通信网络服务区内，就能保持移动宽带网络接入。

（2）WLAN

WLAN 可以在单位或个人用户家中自由创建，这种无线网络通常用于接入 Internet。WLAN 的传输距离最远可达 100 ~ 300 m，无线信号覆盖范围视用户数量、干扰和传输障碍（如墙体和建筑材料）等因素而定。在公共区域中提供 WLAN 的位置称为接入热点，接入热点的范围和速度视环境和其他因素而定。美国星巴克（Starbucks）连锁店于 2001 年成为第一个提供免费 Wi-Fi 接入服务的零售业主。

（3）WPAN

WPAN 是指通过短距离的无线电波，将计算机与周边设备连接起来的网络，如 WUSB

（无线USB），UWB（超宽带），bluetooth（蓝牙）、ZigBee（蜂舞协议）、RFID（射频识别）、IrDA（红外线数据协会）等网络。

无线网络的基本技术参数如表6-1所示。

表6-1 无线网络的基本技术参数

网络类型	网络技术	通信标准	工作频率	传输速率	覆盖范围	应用领域
4G	LTE-TDD	ITU-IEEE	1.8 ~ 2.6 GHz	100 Mbit/s	2 ~ 5 km	移动通信、移动互联网
3G	CDMA2000	ITU	1.9 ~ 2.1 GHz	3.1 Mbit/s	2 ~ 3 km	移动通信、移动互联网
2.5G	GPRS	ITU	800/1 800 MHz	115 kbit/s	2 km	移动通信、移动互联网
2G	GSM	ITU	800/1 800 MHz	9.6 kbit/s	35 km	移动通信、移动互联网
1G	AMPS	ITU	450/800 MHz	–	50 km	移动通信（模拟信号）
WLAN	Wi-Fi	IEEE 802.11n	2.4/5 GHz	270 Mbit/s	300 m	无线局域网
WPAN	WUSB	IEEE 802.15.3	2.5 GHz	110 Mbit/s	10 m	数字家庭网络
	蓝牙	IEEE 802.15.1	2.4 GHz	1 Mbit/s	10 m	语音和数据传输
	ZigBee	IEEE 802.15.4	2.4 GHz	250 kbit/s	75 m	无线传感网络、工业检测
WWAN	WiMAX2	IEEE 802.16m	10 ~ 66 GHz	300 Mbit/s	50 km	无线Mesh网络、4G标准
	LTE-Advanced	IEEE 802.20	<3.5 GHz	1 Gbit/s	2 ~ 5 km	高速移动接入、4G标准

说明：传输速率指用户数据下行传输速率；覆盖范围指基站或无线接入点（WAP）与终端设备之间的最大直线传输距离。

3. 4G

4G（第4代移动通信技术）是一种宽带接入全IP结构网络。4G是集3G与WLAN于一体的无线通信技术，4G通信系统能够以100 Mbit/s的速度下载，上传速度也达到了50 Mbit/s，能够满足几乎所有用户对无线服务的要求。LTE（长期演进）和WiMAX（全球微波互联接入）是4G通信技术的两个主要竞争标准。LTE的设计思想是移动网络宽带化，即在原来移动通信网的基础上提高带宽（如采用WLAN技术）；WiMAX的设计思想是宽带网络无线化，即在原来WLAN的基础上增强移动功能（如50 km超远距离传输）。它们分别获得了不同厂商和阵营的支持。

（1）LTE技术

LTE是3G的演进。LTE按照信号传输方式可分为频分双工（FDD）和时分双工（TDD）；按照无线信号调制（将低频语音信号调制为高频载波，以减小天线尺寸）方式可分为码分多址（CDMA）和正交频分多址（OFDMA）。LET包括LTE-TDD（长期演进－时分双工）和LTE-FDD（长期演进－频分双工）两种通信技术。简单地说，LTE-TDD是不同用户占用不同的时间间隙进行通信，而LTE-FDD是不同用户占用不同的频率进行通信。

LTE-FDD技术由欧美主导，它的标准化与产业发展领先于LTE-TDD。LTE-FDD是目前世界上采用最广泛的4G通信标准。

LTE-TDD（也称为TD-LTE）技术由上海贝尔、大唐电信、华为、中国移动、高通等企业共同开发，我国政府和企业是LTE-TDD的主要推动者。

LTE-TDD 的主要性能为：在 20 MHz 带宽时能提供下行 100 Mbit/s、上行 50 Mbit/s 的峰值传输速率；提高了蜂窝小区的通信容量；用户单向传输时延低于 5 ms，从睡眠状态到激活状态迁移时间低于 50 ms ；支持 5 km 半径的小区覆盖；为 350 km/h 高速移动用户提供大于 100 kbit/s 的移动接入服务；等等。

LTE-Advanced（长期演进技术升级版）是 LTE 的升级版，它完全兼容 LTE，通常在 LTE 上通过软件升级即可。一般来说，现在的 4G 网络都是指 LTE 网络。

（2）WiMAX 技术

WiMAX 技术以 IEEE 802.16 系列标准为基础，它主要用于 WMAN。WiMAX 的前身是 Wi-Fi，但信号覆盖范围比 Wi-Fi 大得多。IEEE 802.11 标准的无线传输半径约为 100 m，而 WiMAX 的信号传输距离最远可达 50 km。使用 WiMAX 技术在大学校园内部署无线网络时，只需要很少的基站就可达到整个校园无线信号无缝连接的目的。IEEE 802.16 工作在无须授权的频段，范围在 2 ~ 66 GHz。例如，IEEE 802.16a 采用 2 ~ 11 GHz 无须授权频段的宽带无线接入系统，频道带宽可根据需求在 1.5 ~ 20 MHz 范围内进行调整。因此，IEEE 802.16 使用的频谱比其他无线技术更丰富。

WiMAX 最高接入速度为 70 Mbit/s，并且具有 QoS（服务质量）保障、传输速率高、业务丰富多样等优点。WiMAX 在北美、欧洲发展迅速。

WiMAX-Advanced（全球微波互联接入升级版）采用 IEEE 802.16m 标准，它是 WiMAX 技术的升级版，由 Intel 公司主导。随着 Intel 公司 2010 年退出 WiMAX 阵营，WiMAX 技术也逐渐被运营商放弃，并开始将设备升级为 LTE。

4. WLAN 的基本组成

IEEE 802.11 标准定义的 WLAN 基本模型和接入点如图 6-12 所示。WLAN 的最小组成单元是基本服务集（BSS），它包括使用相同通信协议的无线站点。一个 BSS 可以是独立的，也可以通过一个 AP（接入点，市场称为无线路由器）连接到主干网络。

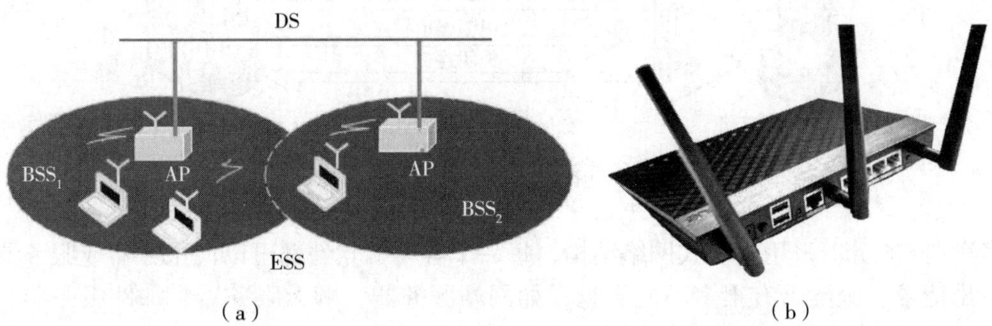

（a）　　　　　　　　　　　　　　　　（b）

图 6-12　IEEE 802.11 标准定义的 WLAN 基本模型和接入点

如图 6-12 所示，扩展服务区（ESS）由多个 BSS 单元及连接它们的分布式系统（DS）组成。DS 结构在 IEEE 802.11 标准中没有定义，它可以是 LAN，也可以是 WLAN。DS 的功能是将 WLAN 连接到骨干网络（园区网或城域网）。

AP 相当于局域网中的交换机和路由器，它是一个无线网桥。AP 也是 WLAN 中的小型无线基站，负责信号的调制与收发。AP 的覆盖半径为 20 ~ 100 m。

AP 的位置决定了整个 WLAN 的信号强度和数据传输速率，建议选择一个不容易被阻挡并且信号能覆盖房间内所有角落的位置。线路连接好后，第一次使用 WLAN 时，需要对 AP 进行初始设置。不同厂商生产的 AP 的设置方法不同，但是基本流程大同小异。

6.2 因特网的服务

因特网是一种全球信息资源的发布和存储媒介，它对信息资源的交流和共享起到了不可估量的作用，甚至改变了人类的一些工作和生活方式。

6.2.1 网络服务模型

1. 客户端 / 服务器模型

用户访问因特网获得的信息绝大部分存放在网站的某个服务器主机上，当用户访问某些网络资源时，本机通过因特网向服务器发出请求，服务器运行相应的程序以获取数据，并发送到客户端。客户端 / 服务器（client/server，C/S）模型是大部分网络服务的基本模型。客户端和服务器指通信中涉及的两个应用程序进程，客户端指网络服务请求方，服务器指网络服务提供方。如图 6–13 所示，在客户端 / 服务器模型中客户端主动发起通信，服务器被动等待通信的建立。

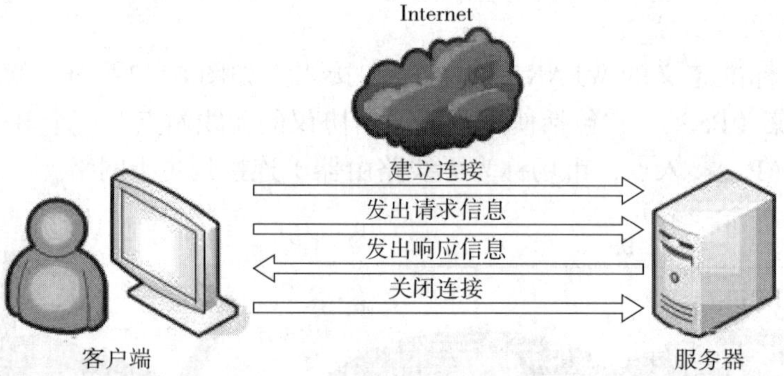

图 6–13 客户端 / 服务器模型

客户端 / 服务器采用主从式网络结构，每一个客户端软件都可以向服务器或服务器应用程序发出请求。服务器有很多不同类型，如网站服务器、聊天服务器、邮件服务器、办公服务器、游戏服务器等。虽然它们提供的功能不同，规模也相差很大，但是它们的基本结构是一致的。

例如，当用户在某一网站阅读文章时，用户的计算机和浏览器就被当作一个客户端，网站的多台计算机、数据库和应用程序被当作服务器。当用户使用浏览器并单击网站中某篇文章的超链接时，网站服务器从数据库中找出所有该文章需要的信息，结合成一个网页，再发送回用户的浏览器。

服务器一般运行在强大的专用商业计算机上，客户端一般运行在普通个人计算机上。服务器的工作特征是：被动等待来自客户端的请求，并将请求处理结果传回到客户端；客户端的工作特征是：主动向服务器发送请求，然后等待服务器的回应。在因特网中，客户端与服务器的交互过程使用 TCP/IP 协议完成。

2. 对等网络

对等网络（peer-to-peer，P2P）又称为端到端网络。如图 6-14 所示，P2P 的所有参与者都提供和共享一部分资源，这些资源包括网络带宽、存储空间、计算能力等。这些共享资源能被 P2P 中的其他节点直接访问，无须经过中间服务器；因此，P2P 中的参与者既是资源提供者（server），又是资源获取者（client）。

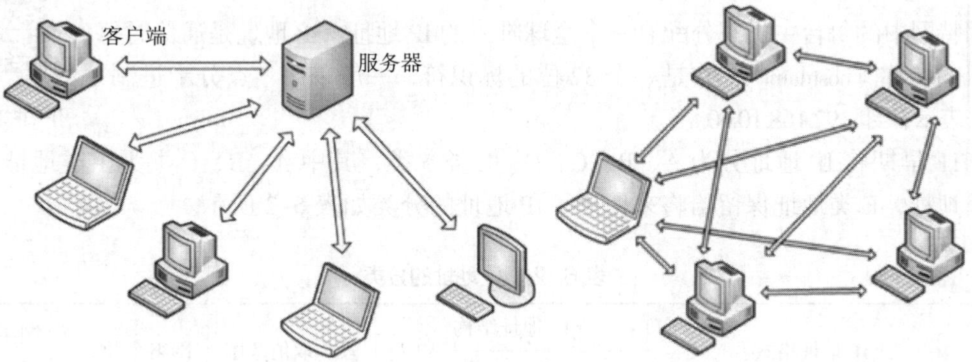

图 6-14　客户端 / 服务器模型和 P2P

例如，多个用户采用 P2P 技术下载同一个文件时，每个用户只需要下载这个文件的一个片段，然后用户之间互相交换不同的文件片段，最终每个用户都得到一个完整的文件。P2P 中参与进来的用户数量越多，单个用户下载文件的速度也就越快。

P2P 中的任意两个节点之间都可以建立一个逻辑连接，它们对应物理网络上的一条 IP 路径。P2P 节点在行为上是自由的，可以随时加入和退出网络，而不受其他节点的限制。网络节点在功能上是平等的，不管是大型计算机还是微机，它们实际计算能力的差异并不影响服务的提供。

技术上，一个纯 P2P 的应用只有对等协议，没有服务器和客户端的概念；但这样的纯 P2P 应用和网络很少，大部分 P2P 应用和网络实际上包含了一些非对等单元，如 DNS 等。同时，实际应用也采用了多个协议，使节点可以同时或分时作为客户端和服务器。

P2P 有许多应用，如文件下载应用（BitTorrent、eMule、迅雷等）、多媒体应用（Skype 语音、PPLive 视频等）、实时通信应用（QQ 和 MSN 等）。

6.2.2　因特网地址

在计算机网络中，将信息正确地传送到对方的计算机并不是一件容易的事情，其中一项非常重要的工作是数据包寻址。如果信息传输仅在两台计算机之间进行，而且传输距离非常短，传输内容基本固定，计算机的寻址工作也许比较简单。但是，互联网中的计算机数量巨大（数亿台），传输距离变化很大（几米到数万千米），网络结构复杂（网状结构、环形结构、星形结构等），提供的服务繁多（网页、即时通信、邮件、在线视频等），使用方法灵活（多业务、突发性、实时性等），这给网络中信息的寻址带来了挑战性的工作。利用网络地址是解决网络寻址困难的基本方法之一。

1. 计算机的物理地址

每台计算机内部都有一个全球唯一的物理地址，这个地址又称为 MAC 地址。IEEE 802.3 标准规定的 MAC 地址为 48 位，这个 MAC 地址固化在计算机网卡中，用以标识全球不同的计算机。MAC 地址由 6 个字节的数字串组成，如 00-60-8C-00-54-99。

2. IP 地址

因特网中的每台主机都分配有一个全球唯一的 IP 地址。IP 地址是通信时每台主机的名称（hostname），它是一个 32 位的标识符，一般采用“点分十进制”的方法表示，如 192.168.10.60。

IP 地址与域名

IETF 早期将 IP 地址分为 A、B、C、D、E 类 5 类，其中 A、B、C 类为主类地址，D 类为组播地址，E 类地址保留给将来使用。IP 地址的分类如表 6-2 所示。

表 6-2 IP 地址的分类

类型	IP 地址格式	IP 地址结构				段 1 取值范围	网络个数	每个网络中最多的主机数
		段 1	段 2	段 3	段 4			
A	网络号 . 主机 . 主机 . 主机	N.	H.	H.	H	1 ~ 126	126	1 677 万
B	网络号 . 网络号 . 主机 . 主机	N.	N.	H.	H	128 ~ 191	1.6 万	6.5 万
C	网络号 . 网络号 . 网络号 . 主机	N.	N.	N.	H	192 ~ 223	209 万	254

说明：表中的 N 由 NIC（网络接口控制器）指定，H 由网络所有者的网络工程师指定。

【例 6-1】某大学中的一台计算机分配到的 IP 地址为 222.240.210.100，IP 地址的第一个字节在 192 ~ 223 范围内，因此它是一个 C 类地址，按照 IP 地址分类的规定，它的网络地址为 222.240.210，它的主机地址为 100。

3. IPv6 地址

目前使用的 TCP/IP 协议为 IPv4（TCP/IP 协议第 4 版）。在 IPv4 中，全部 32 位 IP 地址有 42 亿（2^{32}）个，这几乎可以为地球上三分之二的人提供网络地址。由于因特网的迅速发展，IPv4 暴露了一些问题，为了解决因特网中存在的问题，IETF 推出了 IPv6（TCP/IP 协议第 6 版）。我国电信网络运营商已于 2005 年开始向 IPv6 过渡，中国教育和科研计算机网的大部分网络节点也采用了 IPv6。

IPv6 具有以下特点。

① IPv6 的每个地址为 128 位，地址空间大小为 3.4×10^{38}，是 IPv4 的 2^{96} 倍。

② IPv6 采用了一种全新的分组格式，它简化了报头结构，减少了路由表长度，但是也导致了其与 IPv4 不兼容。

③ IPv6 还简化了协议，提高了网络服务质量。

④ IPv6 的其他改进有安全性、优先级、支持移动通信等。

IPv6 采用“冒分十六进制”的方式表示 IP 地址。它将 IP 地址中每 16 位分为一组，写成 4 位十六进制数，两组间用冒号分隔（如 *x:x:x:x:x:x:x:x*），IP 地址中的前导 0 可不写，如

69DC:8864:FFFF:FFFF:0:1280:8C0A:FFFF。

由于 IPv6 与 IPv4 互不兼容，因此从 IPv4 升级到 IPv6 是一个逐渐过渡的过程，而不是彻底改变的过程。要实现全球 IPv6 的网络互联，仍然需要很长一段时间。

因特网服务

6.2.3　因特网服务

1. 网页服务（WWW）

WWW（world wide web，万维网）的信息资源分布在全球数亿个网站（website）上，网站的服务内容由 ICP（internet content provider，互联网内容提供商）进行发布和管理，用户通过浏览器就可以浏览到网站上的信息。网站主要采用网页（webpage）的形式进行信息描述和组织，网站是多个网页的集合。

（1）超文本

网页是一种超文本（hypertext）文件。超文本有两大特点：一是超文本的内容可以包括文字、图片、音频、视频、超链接等（见图 6-15）；二是超文本采用超链接的方法，将不同位置（如不同网站）的内容组织在一起，构成一个庞大的网状文本系统。超文本普遍以电子文档的方式表示，网页都采用超文本形式。

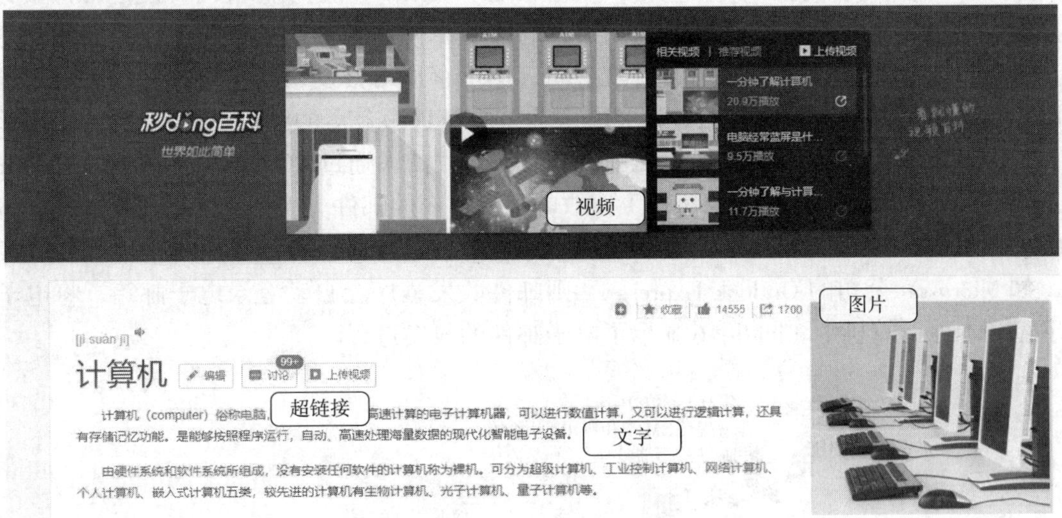

图 6-15　网页的超文本形式

（2）超链接

超链接是指向其他网页的一个指针。超链接允许用户从当前阅读位置直接切换到网页超链接所指向的位置。超链接属于网页的一部分，它是一种允许与其他网页或站点之间进行链接的元素。各个网页链接在一起后，才能构成一个网站。超链接是指从一个网页指向一个目标的链接关系，这个目标可以是另一个网页，也可以是相同网页上的不同位置，还可以是一张图片、一封电子邮件、一个文件或一个应用程序。当浏览者单击已经链接成功的文字或图片后，链接目标将显示在浏览器上，并且根据目标的类型打开或运行。

浏览器通常会用一些特殊的方式显示超链接，如不同的文字色彩、大小或样式；当鼠标指针移动到超链接上时，也会转变为“手形”。超链接在大部分浏览器中显示为加下画线的蓝色文字，当这个超链接被选取时，文字变为紫色。当使用者单击超链接时，浏览器将调用超链接的网页。如果超链接目标并不是一个 HTML 文件（如一个 RAR 压缩文件），浏览器将自动启动外部程序打开或下载这个文件。

（3）网页的描述和传输

网页文件采用 HTML（hypertext markup language，超文本标记语言）进行描述；网页采用 HTTP（hypertext transfer protocol，超文本传输协议）在因特网中传输。

HTTP 是网站服务器与客户端之间的文件传输协议。HTTP 以客户端与服务器之间相互发送消息的方式进行工作，客户端通过应用程序（如 Edge）向服务器发出服务请求，并访问网站服务器中的数据资源，服务器通过公用网关接口程序将数据返回给客户端。

2. 电子邮件服务

电子邮件（e-mail）是一种利用计算机网络交换电子信件的通信手段，它是因特网上受欢迎的服务之一。电子邮件服务可以将用户邮件发送到收信人的邮箱中，收信人可随时进行读取。电子邮件不仅能传送文字信息，还可以传送图像、声音等多媒体信息。

电子邮件系统采用客户端 / 服务器工作模式，邮件服务器包括发送邮件服务器和接收邮件服务器。发送邮件服务器一般采用 SMTP。当用户发出一份电子邮件时，发送邮件服务器按照电子邮件地址，将电子邮件送到收信人的接收邮件服务器中。接收邮件服务器为每个用户的电子邮箱开辟了一个专用的硬盘空间，用于存放对方发来的电子邮件。当收信人将自己的计算机连接到接收邮件服务器（一般为登录邮件服务器的网页），并发出接收操作后（用户登录后，邮件服务器会自动发送邮件目录），收信人通过 POP3 或 IMAP（Internet mail access protocol，因特网邮件访问协议）读取电子邮箱内的邮件。当用户采用网页方式进行电子邮件收发时，用户必须登录到电子邮箱后才能收发电子邮件；如果用户采用邮件收发程序（如 Microsoft 公司的 Outlook Express），则邮件收发程序会自动登录电子邮箱，将电子邮件下载到本地计算机中。图 6-16 显示了电子邮件的收发过程。

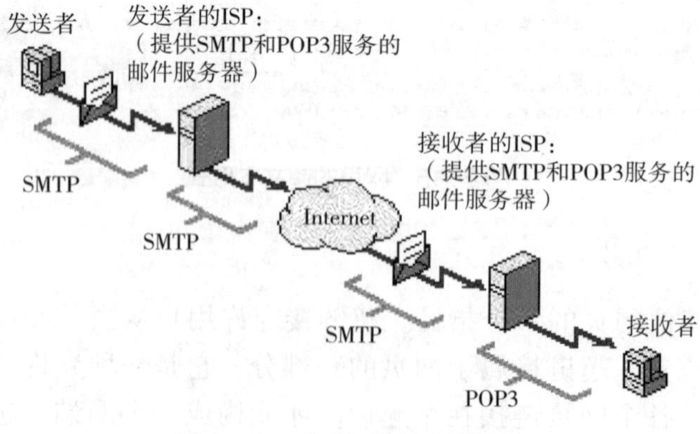

图 6-16　电子邮件的收发过程

3. 即时通信服务

即时通信服务也称为聊天服务，它可以在因特网上进行即时的文字信息、语音信息、视频信息、电子白板等方式的交流，还可以传输各种文件。在个人用户和企业用户的网络服务中，即时通信起到了越来越重要的作用。即时通信软件分为服务器软件和客户端软件，用户只需安装客户端软件。即时通信软件非常多，常用的客户端软件主要有腾讯公司的 QQ 和微信，这两款即时通信软件在国际和国内都有广泛的应用。

4. 搜索引擎服务

搜索引擎是某些网站免费提供的用于网上信息查找的程序，是一种专门用于定位和访问网页信息，从而获取用户希望得到的资源的导航工具。搜索引擎通过关键词查询或分类查询的方式获取特定的信息。搜索引擎并不即时搜索整个因特网，它搜索的内容是预先整理好的网页索引数据库。为了保证用户搜索到最新的网页内容，搜索引擎的大型数据库会随时进行内容更新，得到相关网页的超链接。用户通过搜索引擎的查询结果，知道信息所处的站点，单击相应超链接就可以转接到用户需要的网页上。

当用户在搜索引擎中输入某个关键词（如计算机）并单击搜索按钮后，搜索引擎数据库中所有包含这个关键词的网页都将作为搜索结果显示出来，用户可以自己判断需要打开哪些超链接的网页。常用的搜索引擎有百度、必应等。

6.3　网络安全防护

网络安全与信息加密

信息系统的安全一直是计算机专家努力追求的目标，目前计算机在理论上还无法消除病毒的破坏和黑客的攻击，最好的方法是尽量减少这些破坏和攻击对系统造成的破坏。

6.3.1　安全问题

信息系统不安全的主要原因是程序设计漏洞、用户操作不当和外部攻击。外部攻击的形式主要有计算机病毒、恶意软件、黑客攻击等。信息安全具有不可证明的特性，只能说在某些已知攻击下是安全的，但在一些将来新的攻击下是否安全仍然很难断言。

1. 程序存在的安全问题

（1）程序安全问题

由于程序的复杂性和编程方法的多样性，程序中很容易出现一些不容易发现的程序漏洞，如操作系统、数据库、应用软件、网络协议等的安全漏洞，这些漏洞平时看不出来，但是一旦遭到病毒或黑客攻击就会出现灾难性后果。随着软件系统越来越大、越来越复杂，系统中不可避免地存在安全漏洞或“后门”。程序设计中的安全漏洞有溢出、边界检查和程序授权。

溢出是指在数据存储过程中，超过数据结构允许的实际长度造成的数据错误。例如，黑客将一段恶意代码通过各种方法插入正常的程序代码中（入侵），这会导致两种后果：一种是由于代码长度是固定的，插入恶意代码后就会有一部分正常代码溢出，这会导致程序执行时的崩溃；另一种是插入的恶意代码会被当作正常代码执行，黑客可以修改函数返回地址，让程序跳转到任意地址执行一段恶意代码，以达到攻击的目的。

大部分编程语言（如 C、Java 等）没有数据边界检查功能，当数据被覆盖时不能被发现。

如果程序员总是假设用户输入的数据是有效且没有恶意的，那么就会造成很大的安全隐患。大多数攻击者会向服务器提供恶意编写的数据，信任任何输入可能会导致缓冲区溢出和跨站点脚本攻击等问题。

程序最小授权原则认为：要在最短的时间内授予程序代码所需的最低权限。除非必要，否则不要允许使用管理员权限运行应用程序。部分程序员在编写程序时，没有注意到程序代码的运行权限，长时间占用系统核心资源，这样会导致用户有意或无意地对系统造成严重破坏。在程序设计中，应当使用最少但足够的权限去完成任务。在不同的程序或函数中，不同时间只给出最需要的权限。

（2）操作系统漏洞

Windows 操作系统一贯强调易用性、集成性、兼容性，而在设计时对于系统安全性考虑不足。在安全的操作系统（如 FreeBSD）中，最重要的安全概念是权限。每个用户有一定的权限，一个文件有一定的权限，特别是可执行代码，权限控制更为严格，只有系统管理员才能执行某些特定程序。例如，微软公司在 Windows 操作系统中捆绑了许多额外的服务，这些额外服务大多数是以默认的访问权限进行安装的，关闭或者使用更低的权限运行这些服务会使系统更加安全。

（3）网页中的脚本程序

大多数 web 服务器都支持脚本程序，以实现网页的交互功能。黑客可以利用脚本程序来修改 web 页面，为未来攻击设置"后门"等。例如，用户在浏览网站、阅读电子邮件时，通常会单击其中的超链接；攻击者在超链接中插入恶意代码，黑客网站在接收到包含恶意代码的请求后，会生成一个包含恶意代码的页面发送给用户，而这个页面看起来就像是一个合法页面。

2. 用户操作存在的安全问题

- 操作系统默认安装：大多数用户在安装操作系统和应用软件时，通常采用默认安装方式，这样带来了两方面的问题：一是安装了大多数用户不需要的组件和功能；二是默认安装的目录、用户名、密码等，非常容易被黑客利用。
- 激活软件的全部功能：大多数操作系统和应用软件在启动时，激活了尽可能多的功能，这种方法虽然方便了用户，但产生了很多安全漏洞。
- 没有密码或弱密码：大多数操作系统和应用软件都把密码作为唯一的防御，弱密码或没有密码是一个很严重的问题。安全专家通过分析泄露的数据库信息，发现用户弱密码的重复率高达 93%。根据某网站对 600 万个账户的分析，其中采用弱密码、生日、电话号码、QQ 号码作为密码的用户有 590 万个。

选择密码最好的方法是选取一首歌中的一句歌词，将这句歌词中各个汉字拼音的第 1 或第 2 个字母加上一些数字来组成密码，同时在密码中加入一些符号将使密码更难破解。

6.3.2 计算机病毒

1. 计算机病毒的定义

计算机病毒（以下简称病毒）是一段人为编制的程序代码，它寄生在计算机程序中，破坏计算机的功能或数据，给信息安全带来危害。病毒具有自我复制能力，感染能力很强，可以很快地蔓延，且有一定的潜伏期，往往难以根除，这些特性与生物意义上的病毒非常相似。

我国颁布实施的《中华人民共和国计算机信息系统安全保护条例》第二十八条中明确指出：“计算机病毒，是指编制或者在计算机程序中插入的破坏计算机功能或者破坏数据，影响计算机使用，并能自我复制的一组计算机指令或者程序代码。”

病毒具有破坏性、传染性、隐蔽性、可触发性、不可预见性等特点，其中最大的特点是具有传染性。病毒可以侵入到计算机的软件系统中，而每个受感染的程序又可能成为一个新的病毒，继续将病毒传染给其他程序。因此，传染性成为判定一个程序是不是病毒的首要条件。

2. 计算机病毒的特点

（1）破坏性

信息安全

无论何种病毒，一旦侵入系统，都会造成不同程度的破坏：有些病毒破坏系统运行（见图 6–17），有些病毒蚕食系统资源（如争夺 CPU 资源、大量占用存储空间），有些病毒删除文件、破坏数据、格式化磁盘，甚至破坏系统 BIOS 等。

（2）传染性

病毒本身具有破坏性，更有害的是其具有传染性，传染性是病毒最本质的特征。病毒借助非法复制进行传染，其中一部分是自己复制自己，并在一定条件下传染给其他程序；另一部分则是在特定条件下执行某种行为。病毒传染的渠道多种多样，如通过光盘、移动硬盘、网络等。

（3）隐蔽性

病毒具有很强的隐蔽性，为了逃避被觉察，病毒制造者总是想方设法地使用各种隐藏手段。病毒一般都是些短小精悍的程序，通常依附在其他可执行程序上或存储在磁盘中较隐蔽的地方，因此用户很难发现它们。

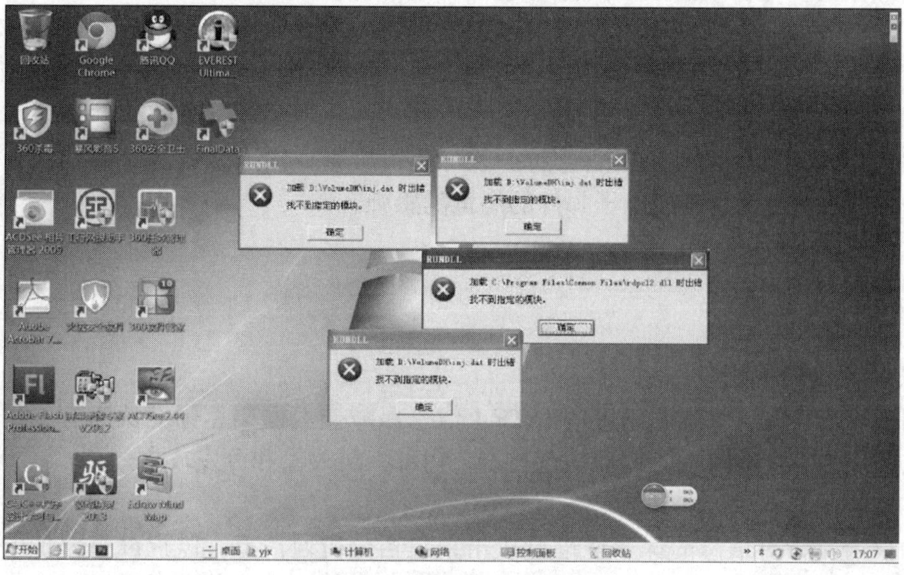

图 6–17 病毒破坏系统运行

有些病毒像定时炸弹一样，具有潜在的破坏力。病毒感染系统一般可以潜伏一定时间，等到条件具备的时候一下子就爆发开来，给系统带来严重的破坏。病毒的潜伏性越好，其在系统中存在的时间就越长，传染的范围也就越广。

（4）可触发性

病毒在潜伏期内一般是隐蔽地活动（“繁殖”）的，当病毒的触发机制或条件满足时，就会以各自的方式对系统发起攻击。病毒触发机制和条件可以是五花八门的，如指定日期或时间、文件类型，或指定文件名、一个文件的使用次数等。

（5）不可预见性

不同种类的病毒的代码千差万别，病毒的制造技术也在不断提高，就病毒而言，它永远超前于反病毒软件。新的操作系统和应用软件的出现，软件技术的不断发展，为病毒的发展提供了新的空间，对未来病毒的预测将更加困难，这就要求人们不断提高对病毒的认识，增强防范意识。

3. 计算机病毒的防护

病毒防护的关键是做好预防工作。从用户的角度来看，要做好病毒的预防工作，应从以下方面着手。

（1）安装病毒防护软件

在计算机中安装杀毒软件，可将病毒的入侵率降低到最低限度，同时也可将病毒造成的危害减少到最低限度。病毒防护软件需要监视、跟踪系统内的操作，提供对系统的保护，最大限度地避免各种病毒的传染和破坏。

（2）切实可行的预防措施

新购置的计算机可能携带病毒，因此，在条件许可的情况下，要用病毒防护软件进行检查，经过证实没有病毒感染和破坏迹象后再使用。

（3）备份重要数据文件

硬盘分区表、引导扇区等的关键数据应及时备份，并妥善保管，在进行系统维护和修复工作时可作为参考。重要数据文件也应定期进行备份，要尽可能将数据文件和应用软件分别保存。

（4）网络的安全使用

不要随便直接运行或打开电子邮件中的附件文件，不要随意下载软件，尤其是一些可执行文件。文件下载后，要先用病毒防护软件进行检查。在网络病毒流行期间，尽量减少接收电子邮件，避免来自其他电子邮件的病毒的感染。

6.3.3 黑客攻击

1. 黑客攻击的类型

美国国家安全局（NSA）制定的IATF（信息保障技术框架）标准认为有5种黑客攻击类型：被动攻击、主动攻击、物理临近攻击、内部人员攻击和分发攻击。

（1）被动攻击

被动攻击是指对信息的保密性进行攻击，包括分析通信流，监视没有保护的通信，破解弱加密通信，获取口令等。被动攻击会造成在没有得到用户同意或告知的情况下，将用户信息或文件泄漏给攻击者，如泄露个人信用卡卡号等。

（2）主动攻击

主动攻击是指篡改信息来源的真实性、信息传输的完整性和系统服务的可用性。主动攻击包括试图阻断或攻破安全保护机制，引入恶意代码，偷窃或篡改信息等。主动攻击会造成数据资料的泄漏、篡改和传播，或导致拒绝服务。

（3）物理临近攻击

物理临近攻击指未被授权的个人，在物理意义上接近网络系统或设备，试图改变和收集信息，或拒绝他人对信息的访问。例如未授权使用计算机、复制U盘数据、将电磁信号截获后的屏幕还原等。

（4）内部人员攻击

内部人员攻击分为恶意攻击和无恶意攻击。前者是内部人员对信息的恶意破坏或不当使用，或使他人的访问遭到拒绝；后者是因为粗心、无知及其他非恶意的原因造成的破坏。

（5）分发攻击

分发攻击指在工厂生产或分销过程中，对硬件和软件进行恶意修改。这种攻击可能是在产品中引入恶意代码，如手机中的后门程序等。

2. 分布式拒绝服务（DDoS）攻击

黑客最常见的攻击形式有DDoS、SPAM和钓鱼网站。DDoS攻击由来已久，因为DDoS攻击造成的经济损失已经跃居第一。

（1）DDoS攻击过程

DDoS是一种最常见的网络攻击手段，攻击的主要目的是让目标无法提供正常服务。通俗地说，每一个网络应用（网站、APP、游戏等）就像是一个线下的商店，而DDoS攻击就是派遣大量故意捣乱的人去一个商店，占满这个商店所有的位置，和售货员聊天，在收费处排队，让真实顾客没办法正常购物。

如图6–18所示为DDoS攻击过程示意图，DDoS攻击方会使用大量的傀儡机（被黑客程序控制的计算机）对目标服务器进行攻击，从而让目标应用无法正常运行。例如，2013年，欧洲反垃圾邮件组织Spamhaus网站遭遇到史上最大流量的DDoS攻击，攻击流量峰值高达300 Gbit/s。

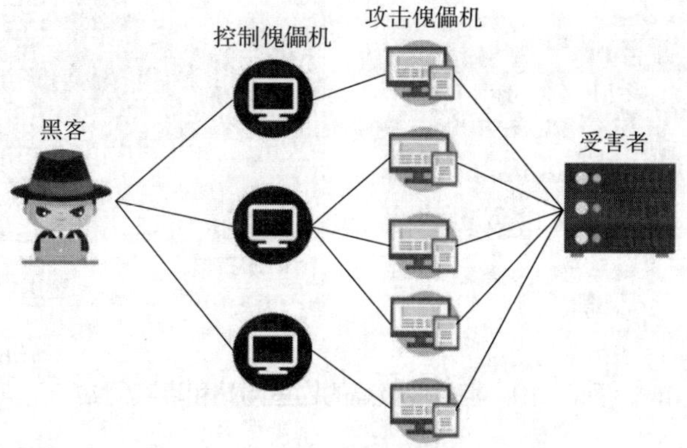

图6–18　DDoS攻击过程示意图

（2）DDoS攻击技术

从技术角度分析，DDoS攻击针对网络通信协议的各层，手段大致有TCP类的SYN Flood

（同步洪水）攻击、ACK Flood（确认洪水）攻击，UDP 类的 Fraggle 攻击、Trinoo 攻击、DNS Query Flood（DNS 查询洪水）攻击、ICMP Flood（ICMP 洪水）攻击等。DDoS 攻击和木马、病毒等不同，病毒必须是最新代码才能绕过杀毒软件，而 DDoS 攻击可以不需要新技术，一个十年前的 SYN Flood 攻击，就可以让 90% 以上的网站瘫痪。这也是 DDoS 攻击难以防范的原因。

（3）DDoS 攻击的预防

从理论上讲，DDoS 攻击没办法百分之百地防御。如果用户网络正在遭受攻击，他所能做的抵御工作非常有限。因为在用户没有准备好的情况下，巨大流量的数据包冲向用户主机，很可能在用户还没回过神之际，网络已经瘫痪。

要预防这种灾难性的后果，需要进行以下预防工作。

- 屏蔽假 IP 地址：通常黑客会通过很多假 IP 地址发起攻击，可以使用专业软件检查访问者的来源，检查访问者 IP 地址的真假，如果是假 IP 地址，则将它予以屏蔽。
- 关闭不用端口：使用专业软件关闭不必要的服务和端口。例如，黑客从某些端口发动攻击时，用户可以关闭这些端口，以阻击入侵。
- 利用网络设备保护网络资源：网络设备有路由器、防火墙、负载均衡设备等，利用它们可将网络有效地保护起来。如果被攻击时最先瘫痪的是路由器，其他机器没有瘫痪，瘫痪的路由器重启后就会恢复正常，而且启动很快，没有什么损失。如果服务器瘫痪，其中的数据就会丢失，而且重启服务器是一个漫长的过程，网站会受到无法估量的重创。

3. 钓鱼网站攻击

如图 6–19 所示，钓鱼网站指伪装成银行及电子商务的网站，用于窃取用户提交的银行卡账号、密码等私密信息。钓鱼网站欺骗用户的原理是：黑客先建立一个网站的副本，使它具有与真正网站一样的页面和链接；由于黑客控制了钓鱼网站，用户与钓鱼网站之间的所有信息交换全都被黑客获取，如用户访问网站时提供的账号、密码等信息；黑客可以假冒用户给服务器发送数据，也可以假冒服务器给用户发送消息，这样攻击者就可以监视和控制整个通信过程。

（a）　　　　（b）

图 6–19　相似度极高的钓鱼网站和真实网站

6.3.4　防火墙技术

防火墙原理

现实生活中的防火墙是为了防止火势蔓延而设置的防火障碍，网络系统中的防火墙则是用于隔离本地网络与外部网络的一道防御系统。客户端用户一般采用软件防火墙；服务器用户一般采用硬件防火墙，关键性的服务器一般都放在硬件防火墙之后。

1. 防火墙的功能

防火墙用来在两个网络之间实施访问控制策略，解决内部网络和外部网络之间的安全问题，防火墙应具备以下功能。

①所有内部网络和外部网络之间交换的数据都必须经过防火墙。例如，当学生宿舍的计算机既接入校园网，同时又接入电信外部网络时，就会造成一个安全后门，攻击信息会绕过校园网中的防火墙，攻击校园内部网络。

②只有防火墙安全策略允许的数据，才可以出入防火墙，其他数据一律禁止通过。例如，可以在防火墙中设置内部网络中某些重要主机（如财务部门）的 IP 地址，禁止这些 IP 地址的主机向外部网络发送数据包。

③防火墙本身受到攻击后，应当仍然能稳定、有效地工作。例如，设置防火墙对外部突然增加的巨大数据流量进行数据包丢弃处理。

④防火墙应当有效地过滤、筛选和屏蔽一切有害的服务和信息。例如，在防火墙中检测和区分正常邮件与垃圾邮件，屏蔽和阻止垃圾邮件的传输。

⑤防火墙应当能隔离网络中的某些网段，防止一个网段的故障传播到整个网络。例如，在防火墙中对外部网络访问区和内部网络访问区采用不同的网络接口，一旦外部网络崩溃，不会影响到内部网络的使用。

⑥防火墙应当可以有效地记录和统计网络的使用情况。

2. 防火墙的类型

硬件防火墙可以是一台独立的硬件设备，也可以在一台路由器上进行软件配置，使其成为一个具有安全功能的防火墙。防火墙还可以是一个纯软件，如 360 个人防火墙软件等。一般来说，软件防火墙的功能强于硬件防火墙，硬件防火墙的性能高于软件防火墙。

防火墙按技术类型可分为包过滤型防火墙、代理型防火墙和混合型防火墙。硬件防火墙大部分采用 PC 服务器结构，这些服务器运行一些经过裁剪和简化的操作系统，如 Linux，FreeBSD 等。这类防火墙采用开源的操作系统内核，因此会受到操作系统本身安全性的影响。国外硬件防火墙产品有美国 Cisco 的 PIX、美国杰科公司的 NetScreen 等，我国防火墙设备生产公司主要有天融信、深信服、绿盟、联想等。

6.4　信息加密技术

6.4.1　加密原理

1. 加密技术的基本原理

加密技术的基本原理是伪装信息，使非法获取者无法理解信息的真正含义。伪装就是对信息进行一组可逆的数学变换。伪装前的原始信息称为明文，伪装后的信息称为密文，伪装的过程称为加密，破解的过程称为解密。对信息进行加密的一组数学变换方法称为加密算法，对信息进行解密的一组数学变换方法称为解密算法。某些只被通信双方所掌握的关键信息称为密钥。密钥是一种参数，密钥长度以二进制数的位数来衡量，在相同条件下，密钥越长，破译越困难。数据加密及解密过程如图6-20所示。

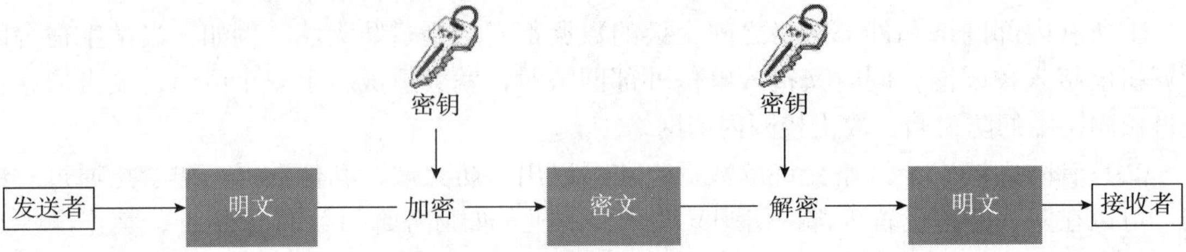

图6-20 数据加密及解密过程

荷兰密码学家柯克霍夫（Kerckhoffs）于1883年在其著作《军事密码学》中提出了密码学的基本原则：“密码系统中的算法即使为密码分析者所知，也对推导出明文或密钥没有帮助。也就是说，密码系统的安全性不应取决于不易被改变的事物（算法），而应只取决于可随时改变的密钥。”简单地说，加密系统的安全性基于密钥，而不是基于加密算法。很多优秀的加密算法都是公开的，所以密钥管理是一个非常重要的问题。

2. 古典密码算法

古典密码尽管大都比较简单，但在今天仍有参考价值。较为经典的古典密码算法有棋盘密码、凯撒密码（循环移位密码）、代码加密、替换加密、变位加密等。

【例6-2】公元前2世纪，希腊人波里比阿（Polybius）设计了一种表格，他将26个字母放在一个5×5的表格里（I和J放在一起），如图6-21所示，人们称为棋盘密码。

	0	2	4	6	8
1	A	B	C	D	E
3	F	G	H	I/J	K
5	L	M	N	O	P
7	Q	R	S	T	U
9	V	W	X	Y	Z

图6-21 棋盘密码示意图

在棋盘密码中，每个字母由两个数构成，如C对应14，S对应74等。例如，如果接收到的密文为“381896”，则对应的明文为“KEY”。

3. 对称密钥加密

对称密钥加密（简称对称加密）中，信息的发送方和接收方使用同一个密钥去加密和解密数据，而且通信双方都要获得密钥并保持密钥，如图6-22（a）所示。对称加密的优点在于加密、解密的高速和使用长密钥时难以破解。常见的对称加密算法有DES、3DES、IDEA等。

（1）对称加密案例

下面采用替换加密算法，说明对称加密的过程。

【例 6-3】假设明文为“good good study，day day up.”，密钥为“google”（密钥必须与明文无关，长度为明文每个被替换部分的 5 倍以上），替换加密算法为“将明文中所有字母“d”替换成密钥”。

加密过程是将明文“good good study，day day up.”中的所有字母“d”替换成“google”，于是得到的密文为“googoogle googoogle stugoogley，googleay googleay up.”。

解密过程就是将密文中所有与密钥（google）相同的字符串替换成“d”，替换后的明文为“good good study，day day up.”。

在以上加密和解密过程中，必须使用相同的密钥“google”，所以这种替换加密算法称为对称加密算法。

（2）对称加密存在的问题

采用对称加密时，如果企业与 n 个用户进行通信，则企业需要 $n\times(n-1)/2$ 个密钥。例如，若企业有 10 个用户，就需要 45 个密钥，因为每个人都需要知道其他 9 个人的密钥才能进行相互通信。这么多密钥的管理是一件非常困难的事情。如果整个企业共用一个密钥，则整个企业文档的保密性便无从谈起。

对称加密最大的弱点在于密钥分发，即发送方必须把加密规则告诉接收方，否则接收方无法解密，传递密钥就成了最头疼的问题。密钥分发实现起来十分困难，发送方必须安全地把密钥发送到接收方，不能泄露其内容。

4. 一次性密码

大众普遍误认为所有加密算法都可以被破解。信息论创始人香农曾经证明：只要密钥完全随机，不重复使用，对外绝对保密，与信息等长或比信息更长的一次一密是不可能被破解的，这就是一次性密码。除了一次性密码外的多数加密算法都可以用暴力攻击法破解，但是破解所需的时间可能随密钥长度的增加呈指数增长。

一次性密码需要频繁地更换密钥，如何安全地将密钥传送给接收方是一个非常困难的问题。在理论或实际中，如果有一种方法可以将密钥安全地传送给接收方，则一次性加密变得毫无意义，直接将明文安全地传送给接收方即可。

6.4.2 非对称密钥加密

1. 非对称密钥加密

1976 年，美国斯坦福大学的迪菲（Diffie）和赫尔曼（Hellman）提出了公钥密码的新思想，他们把密钥分为加密的公钥和解密的私钥，这是密码学的一场革命。

非对称密钥加密（简称非对称加密、公钥密码或公开密钥）是加密和解密使用不同密钥的加密算法。非对称加密的特征是：密钥为一对，一把密钥用于加密，另一把密钥用于解密。用公钥（公共密钥）加密的文件只能用私钥（私人密钥）解密，而用私钥加密的文件也只能用公钥解密。公钥可以公开，而私钥必须保密存放。发送一份保密信息时，发送方使用接收方的公钥对数据进行加密，一旦加密，只有接收方用私钥才能解密，如图 6-22（b）所示。与之相反，用户也能用私钥对数据加密处理。换句话说，密钥对可以任选方向。

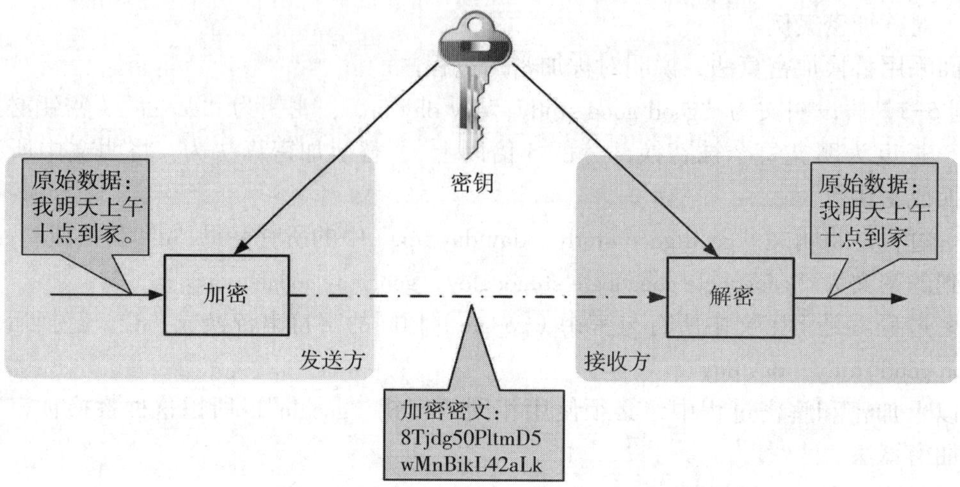

（a）对称加密（加密、解密使用同一密钥）

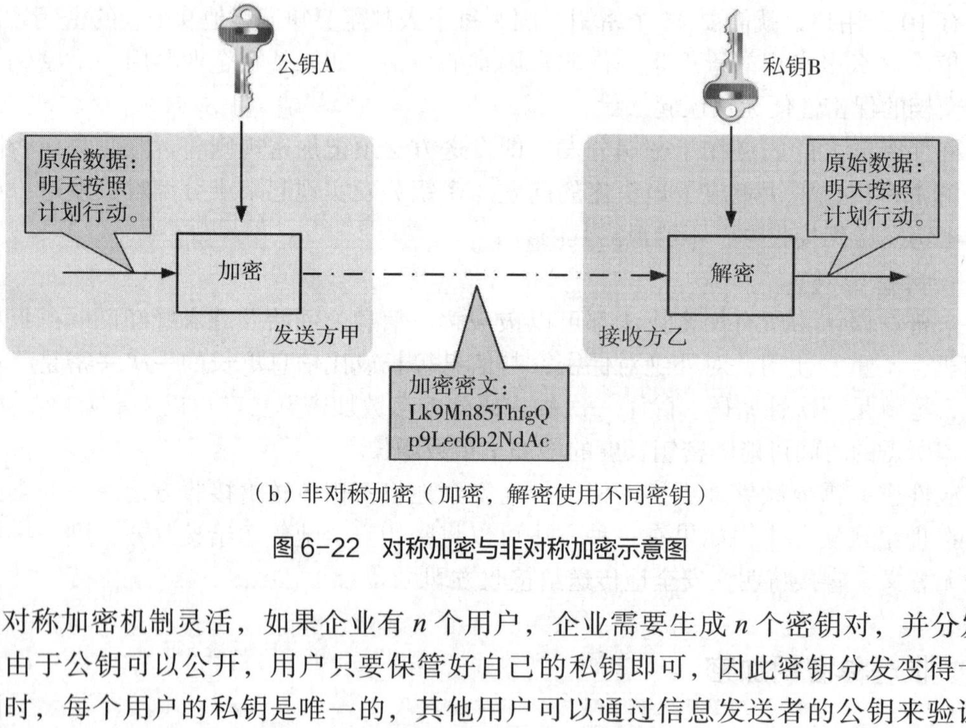

（b）非对称加密（加密，解密使用不同密钥）

图 6-22 对称加密与非对称加密示意图

非对称加密机制灵活，如果企业有 n 个用户，企业需要生成 n 个密钥对，并分发 n 个公钥。由于公钥可以公开，用户只要保管好自己的私钥即可，因此密钥分发变得十分简单。同时，每个用户的私钥是唯一的，其他用户可以通过信息发送者的公钥来验证信息来源是否真实（用于用户认证），还可以确保发送者无法否认曾发送过该信息（用于数字签名）。

常见的非对称加密算法有 RSA（Ron Rivest、Adi Shamir 和 Leonard Adleman，以上发明者名字）、SSL（传输层安全标准）、ECC（移动设备安全标准）、S/MIME（电子邮件安全标准）、SET（电子交易安全标准）、DSA（数字签名安全标准）等。

2. RSA 算法特征

在数论中，反运算问题往往极难求解。例如，给出两个素数 p 和 q，求两者乘积 N，即使 p 和 q 很大，计算它们的乘积仍然是可行的；但反过来，给出 N，要求出素数 p 和 q 就极为困难了。公钥加密算法就利用了数论上的反运算难度原理。

1977 年，美国麻省理工学院的罗纳德·李维斯特（Ron Rivest），阿迪·萨莫尔（Adi Shamir）和伦纳德·阿德曼（Leonard Adleman）提出了一个较完善的公钥密码算法 RSA。RSA 算法的安全性建立在大数因子分解的困难性（反运算原理）上。RSA 是研究得最广泛的公钥密码算法，经历了各种攻击的考验，逐渐为人们接受，是目前优秀的加密算法之一。

1994 年，一个采用 RSA–129（129 位）的著名密码，由一些密码破译志愿者组成的松散性国际小组，动用了 1 600 台计算机和 600 多名志愿者，耗费 8 个月时间才将其破译。统计数据表明，目前使用 512 位的密钥已不安全，需要使用 1 024 位的密钥。

3. RSA 加密、解密过程案例

（1）加密、解密算法模型

加密时，先将明文变换成 0 ~ $(n-1)$ 的一个整数 M。若明文较长，可先将其分割成适当的组，然后再进行加密。

设密文为 C，加密过程为 $C=M^e(\text{mod } n)$　　（6–1）

设明文为 M，解密过程为 $M=C^d(\text{mod } n)$　　（6–2）

（2）加密、解密过程

【例 6–4】如果鲍勃要与爱丽丝进行加密通信，鲍勃应当怎样进行明文加密？爱丽丝应当怎样进行密文解密？

首先通过 RSA 算法进行大量计算，假设得到的公钥为（n=3 233，e=17），私钥为（n=3 233，d=2 753）。有了公钥和私钥，就能进行加密和解密了。

如果鲍勃要向爱丽丝发送信息 M（明文），他就要用爱丽丝的公钥（n，e）对明文 M 进行加密。这里需要注意，M 必须是整数（字符串可以取 ASCII 值），且 M 必须小于 n。鲍勃知道爱丽丝的公钥是（n，e）=（3 233，17），假设鲍勃的明文 M 是 65（字母 A 的 ACSII 码），那么鲍勃根据加密公式（6–1），计算出密文 C 为

$$C=M^e(\text{mod } n)=65^{17}(\text{mod } 3\,233)=2\,790$$

鲍勃把密文 2 790 发给爱丽丝。

爱丽丝收到鲍勃发来的密文 2 790 后，用自己的私钥（n，d）=（3 233，2 753）进行解密。爱丽丝根据解密公式（6–2），计算出明文 M 为

$$M=C^d \text{ mod } n=2\,790^{2\,753}(\text{mod } 3\,233)=65$$

爱丽丝知道了鲍勃明文的 ASCII 码值是 65，即字符 A。至此加密和解密过程完成。

从以上案例可以看到，如果不知道 d，就没有办法从 C 求出 M。而前面已经说过，要知道 d 就必须分解 n，这是极难做到的，所以 RSA 算法保证了通信安全。

公钥（n，e）只能加密小于 n 的整数 M。例如，密钥 n 为 512 位时，加密数据的长度必须小于 64 B。如果要加密大于 n 的信息怎么办？有两种解决方法：一是把长信息分割成若干段短信息，每段分别加密；二是先选择一种对称加密算法（如 DES），用这种算法的密钥对大量数据加密，然后再用 RSA 加密对称加密系统的密钥。

4. RSA 加密技术的缺点

RSA 加密技术有三个缺点。一是安全性依赖于大数的因子分解，但并没有从理论上证明破译 RSA 的难度与大数分解难度等价，而且多数密码学专家倾向于认为因子分解不是非确定多项式问题，即无法从理论上证明它的保密性能；二是产生密钥很麻烦，受到素数产

生技术的限制，难以做到一次一密；三是密钥长度太大，密钥 n 至少要在 512 位，这使得运算速度较慢，在某些极端情况下，是对称加密速度的 1/1 000。

习 题 6

1. 简要说明计算机网络的功能。
2. 简要说明广域网的特点。
3. 简要说明分组交换的优点与缺点。
4. 为什么说主机之间的信息传输体现了大问题的复杂性？
5. 简要说明 TCP/IP 参考模型中各个层次的功能。
6. 简要说明外部对计算机的攻击有哪些形式。
7. 简要说明非对称加密的基本特征。
8. 简要说明什么是中间人攻击。
9. 能够制造出一台不受病毒侵害的计算机吗？请简要分析。

中国无线网络发展

中国古代信息加密方法

第 7 章 计算机新技术

计算机新技术的研究热点很多，如人工智能（AI）、物联网（IoT）、第 5 代移动通信（5G）、云计算、大数据、区块链、计算社会学、量子计算机、3D 打印、虚拟现实（VR）、增强现实（AR）、无线传感器网络（WSN）等。本章讨论几种影响较大的计算机新技术。

7.1 人工智能技术

什么是人工智能

7.1.1 人工智能关键技术

1. 人工智能的定义

人工智能（artificial intelligence，AI）的定义可以分为“人工”和“智能”两部分，“人工”比较好理解，争议也不大；关于什么是“智能”，争议就多了。智能涉及意识、自我、心灵、无意识的精神等问题。目前我们对自身智能的理解非常有限，对构成人类智能的必要元素也了解有限，所以很难定义什么是“人工”制造的“智能”。

人工智能的发展简史

美国的约瑟夫·麦卡锡（Joseph McCarthy）教授在 1956 年提出了人工智能的早期定义：人工智能就是要让机器的行为看起来就像是人所表现出的智能行为一样。

2. 人工智能研究的学派

人工智能研究的三大学派是符号主义学派、连接主义学派和行为主义学派，如图 7–1 所示。

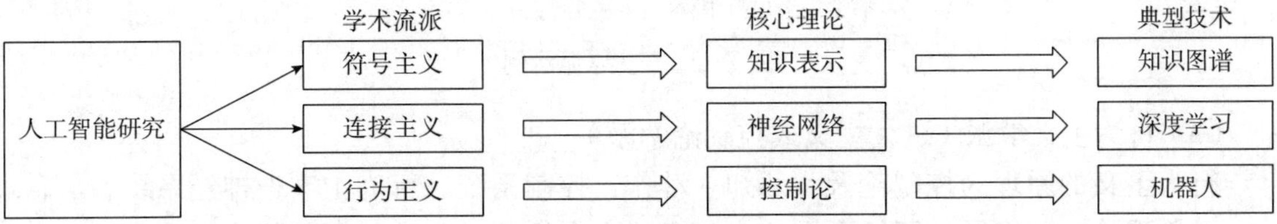

图 7–1 人工智能研究的三大学派

（1）符号主义学派

符号主义学派认为：人类认知和思维的基本单元是符号，而认知过程就是在符号表示上的一种运算。从符号主义的观点看，知识是构成智能的基础，知识表示、知识推理、知识运用是人工智能的研究核心。知识可用符号表示，认知就是符号的处理过程，推理就是采用启发式搜索对问题求解的过程，如图 7–2（a）所示；而推理过程又可以用某种形式化的语言来描述，因此有可能建立基于知识的机器智能理论体系。符号主义的思想可以简单地归结为“认知即计算”。符号主义的发展过程为：启发式算法→专家系统→知识工程。其代表性成果为启发式程序 LT（逻辑理论家），它证明了 38 条数学定理。但是，符号主义遇到了由不确定事物知识表示的难题，而且研究者们发现，要总结出知识系统实在太难了。

（2）连接主义学派（仿生学派）

连接主义学派的主要工具是人工神经网络。人类大脑的思维方式分为抽象（逻辑）思维、形象（直观）思维和灵感（顿悟）思维 3 种基本方式，神经网络就是模拟人的直观思维方式。1943 年，生理学家 W. 麦卡洛克（W.Mcculloch）和数理逻辑学家 W. 皮茨（W.Pitts）在分析总结神经元基本特性的基础上，提出神经元数学模型，如图 7–3 所示，此模型沿用至今。神经网络的特色在于信息的分布式存储和并行协同处理。围棋的博弈过程就类似一个神经网络，如图 7–2（b）所示。神经网络的代表性研究成果是 AlphaGo 围棋程序。

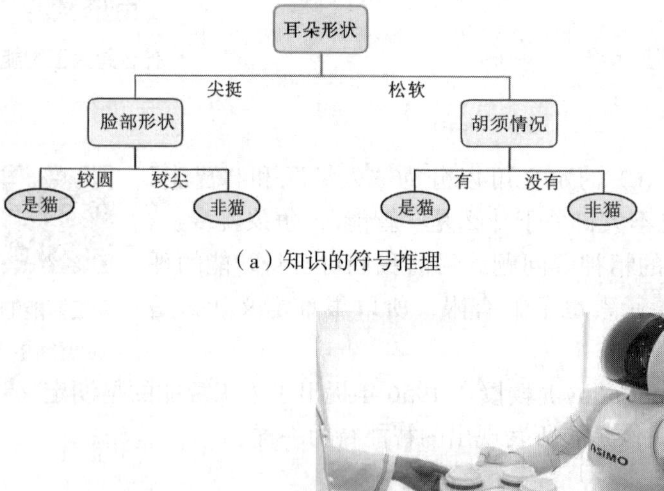

（a）知识的符号推理

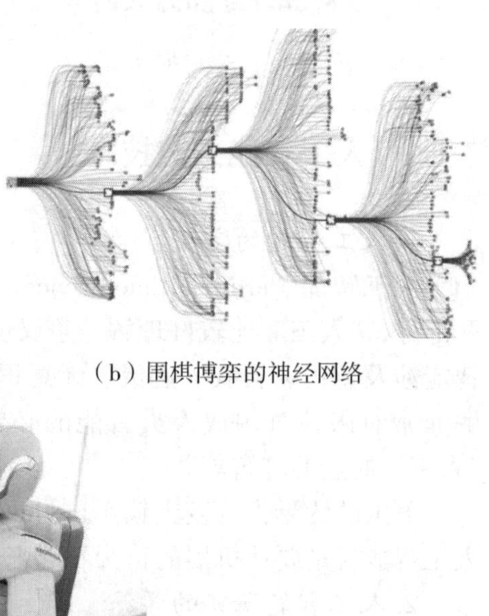
（b）围棋博弈的神经网络

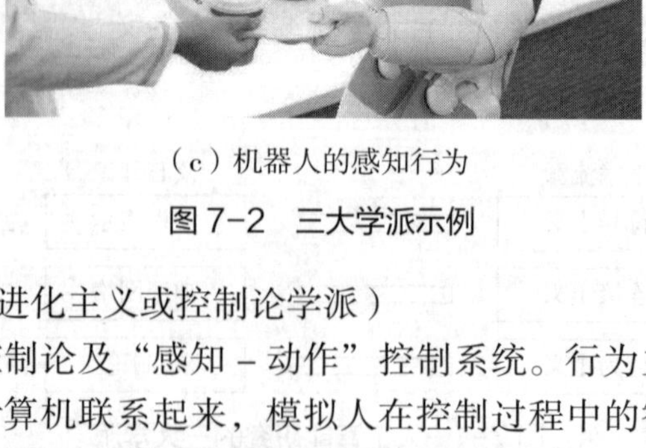

（c）机器人的感知行为

图 7–2　三大学派示例

（3）行为主义学派（进化主义或控制论学派）

行为主义的原理为控制论及“感知 – 动作”控制系统。行为主义把神经系统、信息理论、控制理论、逻辑及计算机联系起来，模拟人在控制过程中的智能行为，如自寻优、自适应、自镇定、自组织和自学习等，如图 7–2（c）所示。这一学派的代表作首推布鲁克斯（Brooks）制作的六足行走机器人，它是一个基于感知 – 动作模式，模拟昆虫行为的控制系统。

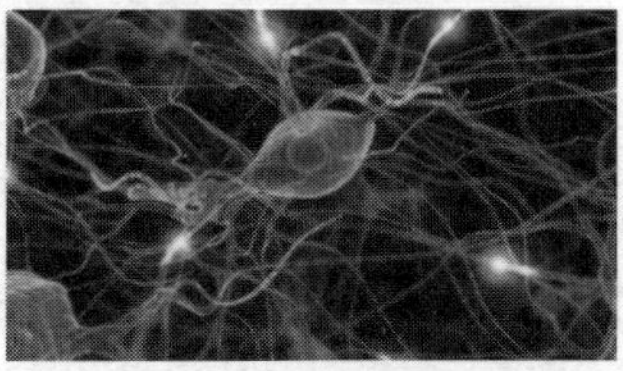

（a）生物神经网络

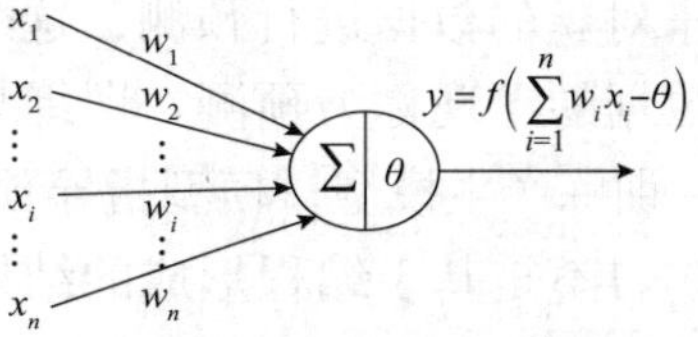

（b）神经元数学模型

图 7-3　生物神经网络及神经元数学模型

3. 人工智能的关键技术：机器学习

（1）机器学习的案例

计算机的能力是否能超过人类？很多持否定意见的人（如爱达）的主要论据是：机器是人造的，其性能和动作完全由设计者规定，因此无论如何其能力也不会超过设计者本人。这种意见对不具备学习能力的计算机来说也许是正确的，但是对具备学习能力的计算机就值得另外考虑了。因为具有学习能力的计算机可以在应用中不断地提高自身的智能，过一段时间之后，设计者本人也不知道它的能力到了何种水平。

【例 7-1】 20 世纪 50 年代，美国 IBM 公司的工程师塞缪尔（Samuel）设计了一个“跳棋”程序，这个程序具有学习能力，它可以在不断的对弈中提高自己的棋艺。“跳棋”程序运行于 IBM 704 大型通用电子计算机中，塞缪尔称它为“跳棋机”，“跳棋机”可以记住 17 500 张棋谱，在实战中能自动分析猜测哪些棋步源于书上推荐的走法。首先，塞缪尔自己与“跳棋机”对弈，让“跳棋机”积累经验；1959 年，“跳棋机”战胜了塞缪尔；3 年后，“跳棋机”一举击败了美国某个州保持 8 年不败记录的跳棋冠军；后来它终于被世界跳棋冠军击败。这个程序向人们展示了机器学习的能力，提出了许多令人深思的社会与哲学问题。

【例 7-2】 2012 年，微软公司在中国天津的一次活动中，演示了一个全自动同声传译系统，讲演者用英文演讲，后台的计算机一气呵成自动完成语音识别、英 – 中机器翻译，以及中文语音合成，效果非常流畅，这个同声传译系统的关键技术就是机器深度学习。

（2）机器学习的基本特征

机器学习是一门多领域交叉学科，它涉及概率论、统计学、算法复杂度等多门学科。计算机科学家汤姆 · 米切尔（Tom Mitchell）在《机器学习》一书中对机器学习的定义是“机器学习是对能通过经验自动改进的计算机算法的研究”。

传统计算机的工作是遵照程序指令一步一步执行，非常明确，而机器学习是一种让计算机利用数据而不是指令进行工作的方法。例如，一个用来识别手写数字的分类算法，通过大样本数据训练后，不用修改程序代码就可以将电子邮件分为垃圾邮件和普通邮件。算法没有变，但是输入的训练数据变了，因此机器学习到了不同的分类逻辑。

（3）机器学习的过程

从实践的角度看，机器学习是一种通过大样本数据训练出模型，然后用模型进行预测的方法。机器学习过程如图 7-4 所示。在机器学习过程中，首先需要在计算机中存储大量的历史数据，然后将这些数据通过机器学习算法进行处理，这个过程称为训练。处理

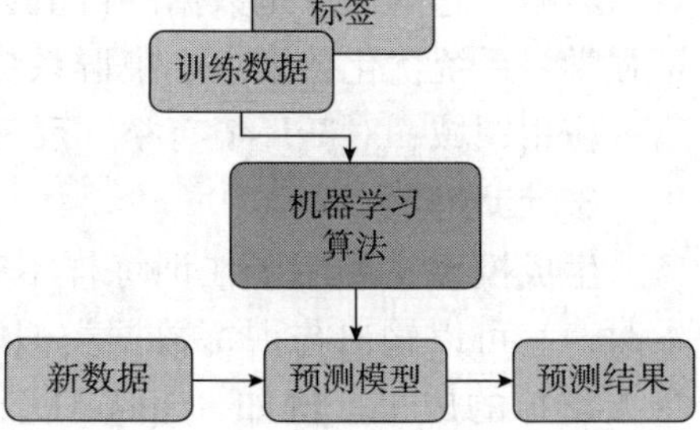

图 7-4　机器学习过程

的结果可以用来对新的数据进行预测，这个结果称为模型，如决策树、神经网络、贝叶斯网络等。对新数据的出现称为预测。训练与预测是机器学习的两个过程，模型则是过程的中间输出结果，训练产生模型，模型指导预测。

由于机器学习不是基于编程形成的结果，因此机器学习的处理过程不是因果逻辑，而是通过统计归纳思想得出的相关性结论。

7.1.2 人工智能的研究和应用

人工智能的应用成果

1. 模式识别

识别是人和生物的基本智能之一，人们几乎时时刻刻都在对周围环境进行识别。模式识别指用计算机对物体进行识别。物体指文字、符号、图形、图像、语音、声音及传感器信息等形式的实体对象，但是不包括概念、思想、意识等抽象或虚拟对象，后者的识别属于心理、认知、哲学等学科的研究范畴。当前在模式识别领域中公认的识别效果最好的技术，是基于深度神经网络模型的深度学习技术。

应用领域：目前的模式识别已经可以做很多事情。例如，指纹识别用于犯罪人物鉴定和家居门锁，人脸识别用于日常支付和门禁考勤，医学图像识别用于人体病灶鉴定，文字识别用于纸质文献数字化，语音识别用于语音数字化和外语同声翻译，DNA（脱氧核糖核酸）识别用于人物身份鉴定，运动识别用于自动驾驶和工业制造等，如图 7-5 所示。

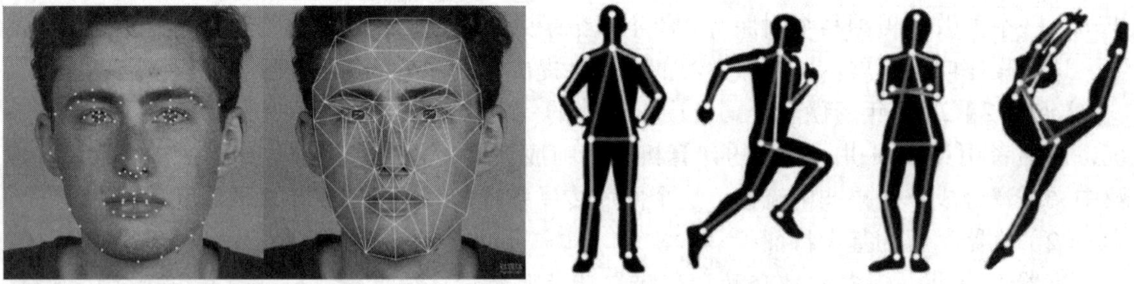

（a）　　　　（b）

图 7-5　模式识别案例 - 人脸识别和姿态识别

2. 增强学习

增强学习是智能体（agent）如何在环境中采取一系列行为，从而获得最大的累积回报。通过试错的方法，一个智能体应该知道在什么状态下应该采取什么行为，从而发现最优的行为策略。它的优点是数据的价值会不断积累，而且获取成本很低。例如，Google 公司利用增强学习系统优化数据中心集群系统的能源效率，将原来的能源消耗降低了 40%。

应用领域：对新环境有举一反三能力的智能体、自动驾驶、同声翻译等。

3. 生成模型

生成模型主要用于在训练样本中学习概率分布，这意味着当利用生成模型训练人脸样本时，它可以输出与训练数据类似的合成图像。近年来，生成模型的广泛应用催生了一批令人震惊的成果。例如，OpenAI 公司推出的 Sora 模型，能够根据一段文字自动生成长达 60 s 的一镜到底视频；在 Suno 公司推出的 AI 平台上，用户只需输入简单的关键词，平台就能自动生成动听的音乐和歌曲。

应用领域：图像识别、图像生成、文学写作、艺术风格变换、人机交谈等。

4. 深度学习模型

深度学习模型需要巨量的训练数据才能获得优异的预测结果。例如，ImageNet 的大规模视觉识别挑战赛，每个队伍需要识别的对象包括 120 万张 1 000 类人工标注的图像。如果没有大规模的训练数据，深度学习模型无法获得最优的预测结果。如果利用人工智能解决一个问题，但是这一问题的数据又十分有限，或者数据很难获取，一个能从小样本数据中学习解决问题的模型就会十分重要。一个可行的解决方法是：将处理先前任务的机器学习模型的知识转移到现在的模型中，这称为迁移学习。

应用领域：用浅层网络模拟在大规模数据集上训练好的神经网络，机器翻译等。

5. 硬件并行计算

神经网络的训练需要数量巨大的计算过程，将 GPU（图形处理单元）应用于大规模神经网络的训练是明智之选。与 CPU 串行处理不同，GPU 提供了数量巨大的并行处理单元，它可以同时处理很多个任务。GPU 有很高的计算精度，并且不会经常受到内存带宽的限制和数据溢出的困扰。例如，Google 公司就开发了一款可以处理高维机器学习问题的芯片，新型芯片具有更宽的内存带宽、更高的计算密度和计算功效。

应用领域：大规模数据分析和智能计算，使用人工智能的物联网设备（如可通过语音交互的物联网设备），云服务，自动驾驶，无人机和机器人等。

6. 模拟环境

一个模拟真实世界物理情景和行为模型的电子虚拟世界可以为人工智能提供一个测试环境，同时训练它的适应能力。在模拟环境中进行训练有助于理解人工智能如何学习，如何提高和改进人工智能系统，同时为用户提供了可以转换为在真实世界中应用的模型。

应用领域：学习驾驶、制造业、工业设计、游戏开发、智慧城市等。

7. 知识工程

知识工程是从大数据中自动或半自动获取知识，建立基于知识的系统，以提供互联网智能知识服务。知识工程能够为大数据添加语义、知识，使之成为智慧数据，完成从数据到信息再到知识，最终到智能应用的转变过程，从而实现洞察大数据、提供用户关心问题的答案、为决策提供支持、改进用户体验等目标。

应用领域：人机交谈、搜索引擎、数据分析、智能客服、商业智能等。

8. 机器人

机器人广义上包括一切模拟人类行为或思想以及模拟其他生物的机械（如机器狗，机器猫等），是综合了机械、电子、计算机、传感器、控制技术、人工智能、仿生学等多种学科的复杂智能机械。目前，智能机器人已成为世界各国的研究热点之一，成为衡量一国工业化水平的重要标志。机器人是自动执行工作的机器装置，因此，它既可以接受人类指挥，又可以运行预先编排的程序，也可以根据以人工智能技术制定的原则纲领行动。同时，随着 AI 的兴起，机器人拥有了一种新型的学习方式——深度强化学习，这一新方式借助通用的神经网络表示、处理复杂的传感器输入，让机器人从自己的经验活动中直接学习行为。相比传统方式，它解放了工程设计人员们的双手，不再需要程序员们手动设计机器人每一个动作的每一项精确参数。

应用领域：工业、农业、医疗、服务业、娱乐业、生活助手等。

9. 可视化

可视化技术是把各种不同类型的数据转化为可视的表示形式，并获得对数据更深层次认识的过程。可视化技术充分利用计算机图形学、图像处理、用户界面、人机交互等技术，以人们易于接受的表格、图形、图像等形式，并辅以信息处理技术（如数据挖掘、机器学习等）将复杂的客观事物进行图形化展现，使其便于人们的记忆和理解，其特点可总结为可视性、交互性和多维性。

应用领域：信息安全、智慧医疗、电子商务、智慧城市、文化体育、数字新闻、气象预报、地质勘测等。

10. 信息检索与推荐系统

信息检索主要研究如何为用户访问感兴趣的信息提供各种便利的手段，即信息检索涉及对文档、网页、联机目录、结构化和半结构化记录及多媒体对象等信息的表示、存储、组织和访问，信息的表示和组织必须便于用户访问他们感兴趣的信息。推荐系统是指信息过滤技术，从海量项目（项目是推荐系统所推荐内容的统称，包括商品、新闻、微博、音乐等产品及服务）中找到用户感兴趣的部分并将其推荐给用户，这在用户没有明确需求或者项目数量过于巨大、凌乱时，能很好地为用户服务，解决信息过载问题。

应用领域：电子商务、社交网络、数字新闻、数字音乐等。

7.1.3 人工智能存在的问题及困境

1. 人工智能存在的问题

人类擅长形象思维，灵感和直觉有时也很管用，对分析和推理也非常在行，但是对大量数据的处理非常头疼。而计算机则擅长逻辑思维，即使长时间重复做同一件事，也不会疲劳和出错，但是在形象思维和创新思维方面则要比人类“笨拙”得多。

【例7-3】人类在回答“树上有10只鸟，被人用枪打下1只，树上还剩下几只鸟？”这类脑筋急转弯问题时，就会利用到联想和记忆等方面的能力。而计算机在处理这类问题时，答案往往令人啼笑皆非，如图7-6所示。

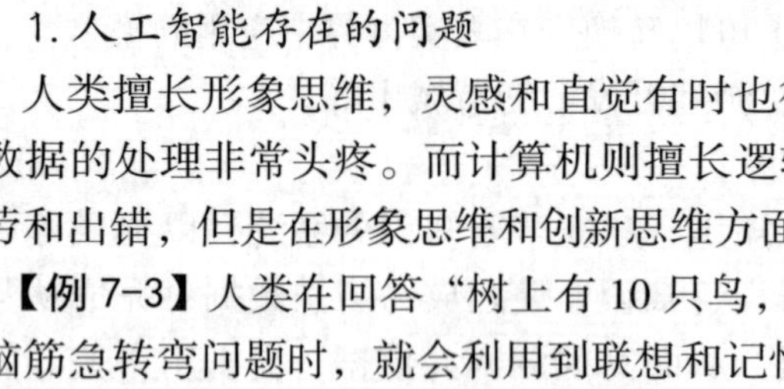

（a）人类联想

10只鸟都是活的吗？
10只鸟都能够飞吗？
有没有听到声音不飞的聋鸟？
有没有体重超肥飞不动的鸟？
有没有因为心脏病吓死的鸟？
树枝会不会挂住飞出去的鸟？
会不会是用无声手枪打的呢？
排除以上因素，枪响之后，树上会剩下一只死鸟，或者死鸟掉下树来。

（b）机器推理

图7-6 “树上有几只鸟”问题的示意图

2. 人工智能带来的伦理学困境

人工智能的研究和应用也带来了一系列的伦理学问题。例如，在机器人研究领域，机器人伦理研究得到了越来越多学者的关注。

（1）如何在两个坏主意之间作决定

【例 7-4】 在美国一个无人驾驶汽车研讨会上，专家讨论了在危急时刻无人驾驶汽车应当怎样做。例如，汽车为了保护自己的乘客而紧急刹车，但会造成后方车辆追尾；再如，当汽车为了躲避儿童需要急转，但汽车急转可能会撞到附近的其他人。如果遇到这些情况，应当如何设计一个可以“在两个坏主意之间作决定”的无人驾驶汽车呢？这个问题很难解决，因为它本质上就是思维实验“电车难题”的现实版。

随着自主交通的迅速发展，人们很快就会面临这些问题。Google 的无人驾驶汽车已经在美国加利福尼亚部分地区试行。工程师们正在努力思考怎样给汽车编程，让它们既能遵守交通规则，又能适应道路情况。

（2）“回形针最大机”问题

如果机器人获取的信息不完整，它会不会意识到行为的后果呢？牛津大学人类未来研究院院长博斯特罗姆（Bostrom）在《超级智能：道路、危险和策略》一书中描述了一个著名的思维实验“回形针最大机”问题。

【例 7-5】“回形针最大机”问题：假设人们设计了一台机器生产回形针，但是不知道它怎么就有了超级智能，那它会把全部智力都投入到更好、更快、更多地制造回形针上，直到整个地球都变成回形针为止，它的道德体系就是围绕制造回形针而存在的。

（3）其他伦理学问题

随着人工智能技术的发展，机器人与人类的相似度越来越高，另一些问题也突显出来。例如，机器人是否应该拥有权利？人类是否可以随意虐待机器人？人工智能错误决策造成损失时由谁负责？人工智能的发展使人类遇到了越来越多的伦理学问题。

3. 计算机的智能是否会超过人类

人类的能力可以分为体力和脑力。从最能代表人类体力极限的运动（如跳高、举重等）的世界纪录中，可以看到人类的体力相当有限。当然，人类的脑力也有限。

【例 7-6】计算 $1+2+3+\cdots+N$ 的结果时，如果规定算法必须是一步一步相加，当 N 确定时，不同的人所花费的时间大致在一个数量级之中。

既然人的体力和脑力极其有限，那如何解释人类在认知和改造世界中所产生的巨大力量呢？答案是依靠工具，人类能创造工具又能使用工具。尽管人类未能跳过 2.5 m 的高度，手工计算的速度也不快，但如果使用工具（如飞机），人类可以飞得很高，使用计算机可以在较短的时间内解决一些复杂的问题。而工具的发明和使用依赖于人类的创造性思维。目前，计算机在计算速度、计算准确度、记忆能力、逻辑推理方面已经超过了人类。例如“深蓝”计算机与卡斯帕罗夫（Kasparov）的较量，既然国际象棋是人类发明的用来一较智力高下的游戏，那么就不得不承认这台机器拥有了智力，甚至已经超过了人类。然而计算机在创新思维、自我意识等方面的研究目前进展不大。计算机的智能最终是否会超过人类？图灵在《计算机器与智能》论文中给出的答案是：“有可能人比一台特定的机器聪明，但也有可能别的机器更聪明，如此等等。”

7.2 物联网技术

7.2.1 物联网概述

1. 物联网的发展

2005 年，国际电信联盟发布了《ITU 互联网报告 2005：物联网》报告，正式提出了物联网的概念。该报告指出：无所不在的“物联网”通信时代即将来临，世界上所有的物体，从轮胎到牙刷、从房屋到纸巾，都可以通过物联网主动进行信息交换。RFID 技术、传感器技术、智能嵌入技术将得到更加广泛的应用。

国际电信联盟正式审议通过了“物联网概述”（Y.IoT-overview）标准草案，标准编号为 Y.2060。该概述标准是全球第一个物联网总体性标准，涵盖了物联网的概念、术语、技术视图、特征、需求、参考模型、商业模式等基本内容。

2. 物联网的定义

早期（1999 年）物联网的定义是：将物品通过射频识别信息、传感设备与互联网连接起来，实现物品的智能化识别和管理。

以上定义体现了物联网的 3 个主要本质：一是互联网特征，物联网的核心和基础仍然是互联网，需要联网的物品一定要能够实现互联互通；二是识别与通信特征，即纳入物联网的“物”一定要具备自动识别（如 RFID）与机器到机器（M2M）通信的功能；三是智能化特征，即网络系统应具有自动化、自我反馈与智能控制的特点。

物联网中的“物”要满足以下条件：要有相应信息的接收器；要有数据传输通路；要有一定的存储功能；要有专门的应用程序；要有数据发送器；要遵循物联网的通信协议；要在网络中有能够被识别的唯一编号；等等。物联网的核心技术及应用如图 7-7 所示。

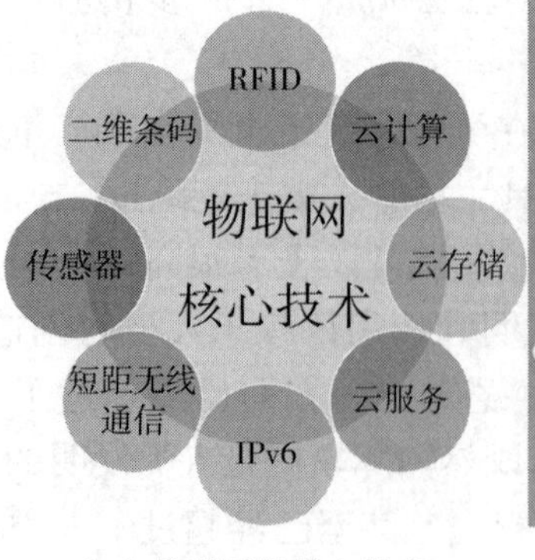

（a）物联网的核心技术

（b）物联网的应用领域

图 7-7 物联网的核心技术及应用

通俗地说，物联网就是物物相连的互联网。这里有两层含义：一是物联网的核心和基础仍然是互联网，是在互联网基础上延伸和扩展的网络；二是用户端延伸和扩展到了物品与物品之间进行信息交换和通信。物联网包括互联网上的所有资源，兼容互联网中的所有应用，但物联网中的所有元素（设备、资源及通信等）都是个性化和私有化的。

3. 物联网的技术特征

（1）全面感知

通过射频识别、传感器、二维码、GPS 卫星定位等相对成熟的技术感知、采集、测量物体信息。

（2）可靠传输

通过无线传感器网络、短距无线网络、移动通信网络、城域网等实现物体信息的分发和共享。

（3）智能处理

利用计算机服务器或云计算设备，通过分析和处理采集到的物体信息，针对具体应用提出新的服务模式，实现决策和控制智能。由物联网技术特征可知，物联网是一个交叉学科，它涉及传感技术、通信技术、网络技术、嵌入式计算机系统技术等多个技术领域。

7.2.2　物联网的关键技术

1. 物联网的体系结构

物联网的体系结构分为 3 层，自下而上分别是感知层、网络层和应用层，如图 7-8 所示。

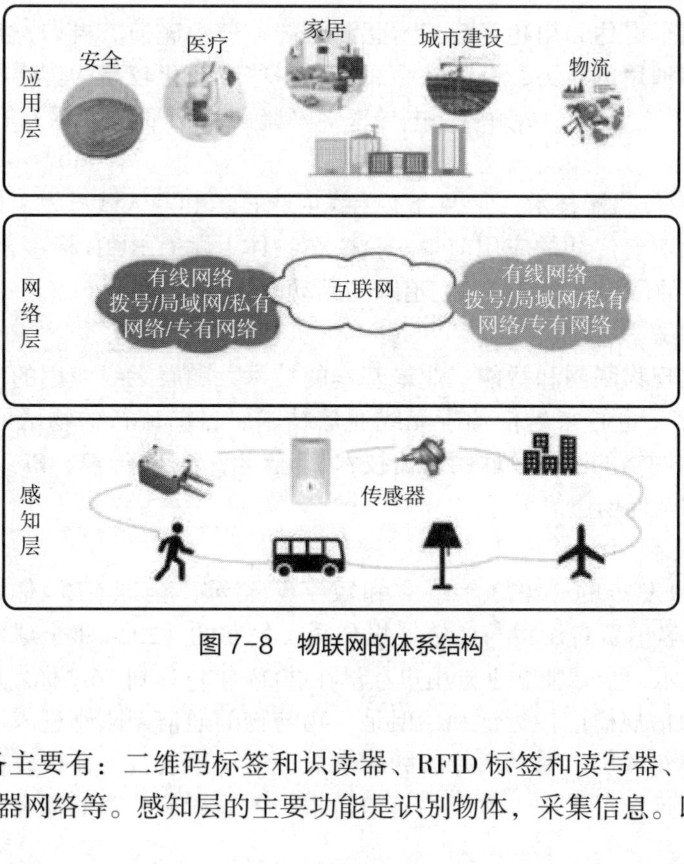

图 7-8　物联网的体系结构

（1）感知层

感知层的设备主要有：二维码标签和识读器、RFID 标签和读写器、传感器、摄像头、GPS、终端、传感器网络等。感知层的主要功能是识别物体，采集信息。以车联网为例，感知层主要采集汽车的车牌、位置、速度、载重、环境参数等数字化信号，然后将采集到的信号通过传感器网络传输到物联网基站集群。感知层的关键技术在于更全面的感知能力，更精确的感知数据，并解决低功耗、小型化和低成本问题。

（2）网络层

网络层主要以因特网和移动通信网络作为基础设施，是物联网中标准化程度最高、产业化能力最强、最成熟的部分。网络层的功能是将感知层获得的信息进行传递和处理。网络层又分为设备平台层和数据层，数据层由多个数据库构成（如公安、交通等部门车辆管理平台采集的数据，它主要存储车辆信息），其中数据库结构定义最为关键。

（3）应用层

应用层提供丰富的物联网应用解决方案，它是物联网技术与行业需求相结合的典型案例。例如，上海世博会期间，大部分车辆都安装了电子车牌（车辆电子标签），它属于物联网的感知层。电子车牌含有经过加密的车辆ID数据，电子车牌可以作为各类车辆的证件使用。世博会的车联网可以对车辆进行智能化监控和管理，如车辆快速电子识别，车辆智能调度，车辆停放位置管理等。这大大提高了工作效率，实现了智能化管理。

2. 物联网感知层技术

（1）传感器技术

传感器技术是物联网中的关键技术。目前计算机处理的都是数字信号，因此需要将传感器的模拟信号转换成数字信号，计算机才能处理。传感器是探测、感受外界信号的装置，外界信号包含光照、温度、湿度、声音、震动、压力、速度、质量、形状、色彩、气味、空间等。

例如，汽车倒车雷达利用超音波技术感测距离，避免碰撞。再如，自来水物联网中除了需要传感器检测通用的压力、湿度外，还需要一些专业化较高的传感器对重要的水质参数进行检测，如浊度、水位、溶解氧、电导率、藻蓝素、pH值、叶绿素等。

（2）RFID

RFID也是一种传感器技术，它融合了无线射频技术和嵌入式技术。RFID在自动识别、物品物流管理方面有着广阔的应用前景。只要在物体上贴有RFID标签，RFID读取器就可以检测到物体目前的位置，方便商家们追踪物品动向。

3. 物联网网络层技术

无线通信是实现物联网和智能工业最基本的技术，随着无线应用的增长，各种技术和设备也会越来越多，也越来越依赖于无线通信技术。目前流行的物联网无线通信技术有NB-IoT（基于蜂窝网络的窄带物联网通信技术），蓝牙，ZigBee，Wi-Fi、LiFi（可见光无线通信）、GPS、NFC（近场通信）等。

（1）NB-IoT技术

国际电信联盟发布的《2023年事实和数字》显示，全球有54亿人在使用互联网；Meltwater（全球知名消费者洞察与商情情报公司）发布的《2024年全球数字化营销概览与趋势洞察报告》显示，全球独立手机用户数量在2024年将达到56.1亿。从这两个数据可以看出，人与人的通信规模已接近饱和。但是，物与物的通信则刚刚进入增长快车道。万物互联是必然趋势，车联网、智慧医疗、智能家居、远程抄表、可穿戴设备等的应用将产生海量连接，它们远远超过人与人之间的通信需求。各国通信公司的蜂窝网络覆盖了全球超过50%的地理面积及90%的人口，是全球覆盖最为广泛的网络。全球联网的物联网终端约40亿个，但接入移动网络的终端只有2.3亿个，物联网市场占比不足6%。大部分物联网应用通过蓝牙、Wi-Fi等通信技术实现。2016年，华为、沃达丰、高通、英特尔、中国移动等公司主推的NB-IoT通信协议，被3GPP（移动通信标准协议）组织确定为物联网通信的全球性统一标准。从技术层面看，NB-IoT具有以下技术优势。

- 覆盖广：在同样的频段下，NB-IoT相对现有网络的覆盖面积扩大100倍。
- 支持海量连接：NB-IoT的一个基站扇区能够支持10万个连接。假设全球有500万个物理站点，预计能够连接的传感器数量将高达4 500亿个。
- 低功耗：NB-IoT终端模块采用AA电池时，无需充电的待机时间长达10年。
- 低成本模块：专家们认为，要想刺激NB-IoT大规模发展，通信模块成本必须低于5美元，如果成本降到1美元以内，则会带来爆发式增长。
- 支持大数据：NB-IoT连接所收集的数据可以直接上传到云端，而蓝牙、Wi-Fi等技术则没有这样的便利。

（2）蓝牙技术

蓝牙是一种无线通信技术标准，它可以实现固定设备、移动设备和楼宇、个人网之间的短距离数据交换，蓝牙可连接多个设备。蓝牙的技术特点包括：采用跳频技术，抗信号衰落；采用短分组技术减少干扰，保证传输的可靠性；采用前向纠错编码技术，减少远距离传输的随机噪声影响；等等。蓝牙核心规格是提供两个或以上的微微网连接，以形成分布式网络，特定的设备在微微网中自动扮演主设备和从设备。蓝牙主设备最多可与一个微微网中的七个从设备通信，设备之间可以通过协议转换角色，从设备也可转换为主设备。

（3）ZigBee技术

ZigBee是一种无线通信协议，与蓝牙相同，它用于短距离传输数据，不过成本和耗电量更低，并且支持连接多个信息节点。ZigBee技术的特点是近距离、低复杂度、自组织、低功耗、低数据速率。ZigBee技术可以嵌入在各种设备中，因为家电传感器的信息都是较简单的信息，将ZigBee技术封装在传感器里非常适合。

（4）Wi-Fi技术

Wi-Fi是按照IEEE 802.11标准实现无线局域网的技术，它的工作频段在世界范围内无需电信运营执照，因此Wi-Fi设备提供了一个世界范围内可以使用并且数据带宽极高的无线空中接口。Wi-Fi通常使用2.4 GHz或5 GHz的射频频段，连接的无线局域网通常有密码保护；但它也可以是开放的，这样就允许任何在Wi-Fi频率范围内的设备连接成为一个网络。与蓝牙技术不同，Wi-Fi具有更大的覆盖范围和更高的传输速率。

（5）LiFi技术

LiFi是利用可见光波进行数据传输的无线传输技术。通过在灯泡中植入一个微小的芯片形成一个类似于Wi-Fi热点的设备，就可以使终端随时接入网络。LiFi技术最大的特点是通过改变房间照明光线的闪烁频率进行数据传输，只要在室内开启电灯，无需Wi-Fi也可以接入互联网，这在智能家居中有着广泛的应用前景。

（6）NFC技术

NFC是一种新兴技术，采用了NFC技术的设备（如手机）可以在彼此靠近的情况下进行数据交换。NFC由非接触式RFID及互联技术整合而来，通过在单一芯片上集成感应式读卡器、感应式卡片和点对点通信的功能，利用移动终端（如手机）实现移动支付（如公交车刷卡）等功能。NFC技术可以用于电子支付、身份认证、电子票务、电子门禁、防伪、数据交换（如手机照片下载）等多种场景，它改变了用户使用移动电话的方式，使用户的消费行为逐步走向电子化。

4. 物联网应用层技术

物联网应用层需要云计算技术的支持，云端需要接收来自物联网设备的数据，并且对数据进行处理，然后将处理结果提供给用户。它还需要进行用户身份验证和安全检查，以及物联网设备的配置等工作。

在智能工业物联网中，每个设备节点会产生大量的信息，这将导致无线网络超载而产生信号延迟，而延迟在工业控制中有着显著的影响。为解决这个问题，出现了雾运算的概念。与物联网发送数据到云端的处理方式不同，雾运算是将处理和控制回路设置在本地。当物联网节点执行数据处理时，区域网络中其他资源就会施以援手，它们不在云端，也不在边缘节点上，它们在物联网设备周围的“雾”中。

物联网的安全永远是一个受到广泛关注的话题。由于物联网连接和处理的对象主要是物和相关的数据，这使得物联网信息安全要求比以处理文本为主的互联网要高，物联网对隐私保护的要求也更高。物联网系统的安全主要有8项指标：读取控制、隐私保护、用户认证、不可抵赖性、数据保密性、通信层安全、数据完整性、随时可用性。前4项指标主要位于应用层，后4项指标主要位于网络层和感知层。其中，隐私权和可信度问题在物联网体系中尤其受到关注。从物联网体系架构分析，现有的安全体系基本上可以满足物联网应用的需求。

7.2.3 物联网技术的应用

1. 物联网的应用前景

物联网将新一代IT技术充分运用在各行各业之中。具体地说，就是把传感器嵌入到电网、铁路、公路、桥梁、隧道、建筑、供水系统、大坝、油气管道等各种物体中，然后将物联网与现有的互联网整合起来，实现人类社会与物理系统的整合。在这个整合系统中，配置了能力超级强大的计算机群，它们能够对物联网内的人员、机器、设备和基础设施进行实时管理和控制，在这个基础上，人类可以用更加精细和动态的方式管理生产和生活，达到智慧状态，提高资源利用率和生产力水平，改善人与自然间的关系。这一巨大的产业需要技术研发人员、工程实施人员、服务监管人员、大规模计算机提供商及众多领域的研发者和服务人员。可以想象，这一技术将派生出巨大的经济效益。

2. 智能工业

智能工业是机器设备、计算机技术、人脑智慧相互融合的新型工业体系。

物联网可以用于企业的原材料采购、库存、销售等领域，通过完善和优化供应链管理体系，提高供应链效率，从而降低成本。物联网技术可以用于生产工艺的优化，提高生产过程检测、实时参数采集、生产设备监控、材料消耗监测的水平。例如，钢铁企业可以通过各种传感器和通信网络，在生产过程中实现对加工产品的宽度、厚度、温度的实时监控，从而提高产品质量。可以利用物联网中的各种传感技术与制造技术相融合，实现对产品和设备的操作使用记录和设备故障诊断等。例如，在重点排污企业的排污口安装无线传感设备，不仅可以实时监测企业排污数据，而且可以远程关闭排污口，防止突发性环境污染事故的发生。

在工业安全生产领域，可以把传感器嵌入到矿山设备、油气管道中，感知危险环境中工作人员、设备机器、周边环境等方面的安全状态信息。

3. 智能农业

智能农业集科研、生产、加工、销售于一体，实现全天候的企业化规模生产。智能农业产品通过传感器实时采集温室内的空气温度、土壤温度、二氧化碳浓度、叶面湿度、植物光照等环境参数，自动开启或者关闭指定设备，对农业综合生态信息进行自动监测，对环境进行自动控制和智能化管理。

4. 智能医疗

智能医疗是将物联网技术应用于医疗、健康管理、老年健康照护等领域。医学物联网中的“物”是指各种与医学服务活动相关的事物，如健康人、亚健康人、病人、医生、护士、医疗器械、检查设备、药品等。医学物联网中的“联”是指信息的传输和共享。医学物联网可感知医疗服务对象，并且实现各种数据的交换，实现对医疗卫生保健服务的实时动态监控、连续跟踪管理和精准的医疗健康决策。

例如，通过传感器连续监测高血压患者的人体特征参数、周边环境信息，以及医疗设备和人员情况等；然后对感知数据进行分析，如测到高血压患者的血压值之后，计算机会自动分析出他的血压状况是否正常，如果不正常，就会生成警报信号，通知医生知晓情况，调整用药，加以处理。

5. 智能物流

智能物流是利用二维码、RFID、传感器、全球定位系统等物联网技术，通过信息处理和网络通信技术平台，将物联网技术广泛应用于物流运输、仓储、配送、包装、装卸等活动环节，实现货物运输过程的自动化运作和高效率优化管理，提高物流行业的服务水平，降低成本，减少自然资源和社会资源消耗。智能物流在技术上需要实现物品识别、地点跟踪、物品溯源、物品监控、实时响应。

6. 智能家居

智能家居通过物联网技术将家中的各种设备（如安防设备、照明装置、空调设备、暖通设备、厨房设备、数字影院、窗帘设备等）连接到一起，通过物联网对家居设备进行远程控制、防盗报警、环境监测等多种控制。智能家居不仅具有传统的居住功能，还兼备网络通信、信息家电、设备自动化等功能，提供全方位服务，为各种能源费用节约资金。

7.3 5G通信技术

7.3.1 移动通信基本原理

1. 移动通信发展历程

第一代移动通信系统（1G）完成于20世纪90年代初，如AMPS（高级移动电话系统）

等。第一代移动通信系统是基于模拟传输的，其特点是业务量小、质量差、安全性差、没有加密和速度低。1G 主要基于蜂窝结构组网，直接使用模拟语音调制技术，传输速率约为 2.4 kbit/s。不同国家采用不同的工作系统。

第二代移动通信系统（2G）起源于 20 世纪 90 年代初期，比 1G 稍晚，目的是扩展和改进 GSM（全球移动通信系统）的通信业务和性能。GSM 采用了频率复用、智能天线、双频段等技术，克服了随着业务量剧增所引发的 GSM 系统容量不足的缺陷，极大提高了系统通话质量。GSM 数据传送速率可达 115/384 kbit/s，初步具备了支持多媒体业务的能力。

第三代移动通信系统（3G）的标准有 WCDMA（宽带码分多址）、CDMA2000（码分多址 2000）、TD-SCDMA（时分同步码分多址）三大分支，它们共同组成了 IMT 2000（第三代移动通信技术 2000）系统。IMT 2000 系统最基本的特征是具备智能信号处理技术，它支持话音和多媒体数据通信，如高速数据和视频图像传输等。如果 WCDMA 的传输速率在用户静止时最大为 2 Mbit/s，在用户高速移动时最大支持 144 kbit/s。3G 的缺点：一是不同标准之间存在兼容问题；二是 3G 的频谱利用率比较低，不能充分利用宝贵的频谱资源；三是 3G 的数据传输速率不够高。

第四代移动通信系统（4G）集 3G 与 WLAN 于一体，它可以传输高质量视频图像。4G 系统能够以 100 Mbit/s 的速度下载，上传速度也达到 20 Mbit/s，能够满足几乎所有用户对于无线服务的要求。4G 移动通信网络结构分为 3 层：物理网络层、中间环境层、应用网络层。4G 的核心技术包括信道传输技术，抗干扰性强的高速接入技术，高性能和低成本的自适应智能天线，大容量和低成本的无线接口，支持系统资源管理和软件无线电等。

第五代移动通信系统（5G）并不是独立和全新的无线接入技术，它是现有无线通信技术（2G，3G，4G 和 Wi-Fi 等）不断演进的产物。5G 网络的传输速度峰值理论上可达 1 000 Mbit/s，比 4G 网络的传输速度快数百倍。

2. 一个物理学基本公式

通信技术基于一个简单的物理学基本公式：

$$c=\lambda f$$

即光速=波长×频率。在公式中，c是光速，根据1975年第15届国际计量大会决议，真空中光速值定为c=299 792 458 m/s，应用时通常取$c=3\times10^8$ m/s，即光在真空中传输的理论速度为 300 000 km/s；λ是该无线电波的波长（单位：m）；f是无线电波的频率（单位：Hz）。

3. 无线通信的频率范围

通信技术分为有线通信和无线通信。例如，用户之间打电话时，信号要么在空气中传播（无线电波传输），要么在电话线中传播（铜线或光纤传输）。

有线通信的信号在铜线或光纤中传输，这些线缆统称为有线介质。在有线介质上传输数据的速率非常高，例如，中国电信研究院 2024 年 4 月最新发布的成果表明，单根光纤单个方向数据传输速率可超过 120 Tbit/s，而信号在空气中传播时，传输速度大大降低。例如，在目前主流的 5G 移动通信中，5G 信号的理论传输速率只有 20 Gbit/s。

无线通信利用电磁波进行通信，电波和光波都属于电磁波。电磁波的特性由它的频率决定。不同频率的电磁波有不同的属性特点，从而有不同的用途。例如，高频的 γ 射线具有很大的杀伤力，可以用来治疗肿瘤。电磁波频率资源是有限的，为了避免干扰和冲突，国际组织将电波划分为不同频段，分配给不同的应用对象，如表 7-1 所示。

我国手机主要利用中频到超高频进行通信。例如，GSM900 是工作频段在 900 MHz 的 GSM；CDMA800 是指工作频段在 800 MHz 的 CDMA。目前全球主流的 5G 技术标准属于特高频和超高频，我国主要使用超高频。

目前无线通信使用的电波频率越来越高。这主要是因为频率越高，能使用的频率资源越丰富，能实现的传输速率也越高。5G 通信使用的频率范围如表 7–2 所示。

表 7–1　不同频段电波的用途

名称	符号	频率	波段	波长	主要用途
甚低频	VLF	3 ~ 30 kHz	超长波	1 000 km ~ 100 km	海岸潜艇通信，超远距离通信
低频	LF	30 ~ 300 kHz	长波	10 km ~ 1 km	越洋通信，岩层通信，远距离导航
中频	MF	0.3 ~ 3 MHz	中波	1 km ~ 100 m	传播通信，移动通信，中距离导航
高频	HF	3 ~ 30 MHz	短波	100 m ~ 10 m	远距离通信，定点通信，移动通信
甚高频	VHF	30 ~ 300 MHz	米波	10 m ~ 1 m	电离层通信，飞行体通信，移动通信
特高频	UHF	0.3 ~ 3 GHz	分米	1 m ~ 0.1 m	微波中继通信，移动通信
超高频	SHF	3 ~ 30 GHz	厘米	10 cm ~ 1 cm	微波中继通信，移动通信，卫星通信
极高频	EHF	30 ~ 300 GHz	毫米	10 mm ~ 1 mm	大气层通信，波导通信

表 7–2　5G 通信使用的频率范围

频率范围名称	对应的频率范围
FR1	450 MHz ~ 6 GHz
FR2	24.250 GHz ~ 52.6 GHz

5G 的频率范围分为两种：一种是 6 GHz 以下，这与 2G、3G、4G 的差别不太大；还有一种是 24 GHz 以上。目前，国际上主要使用 28 GHz 进行试验。如果按 28 GHz 计算，根据前文提到的公式：波长 = 光速 / 频率 =300 000 000(m/s)/28 000 000 000(Hz) ≈ 10.7(mm)。

既然通信频率高这么好，为什么以前不用高频率呢？原因很简单，不是不想用，而是用不起。电磁波有一个特点：频率越高，波长越短，越趋近于直线传播（绕射能力越差）；频率越高，在传播介质中的衰减也越大。例如，激光笔（波长为 635 nm 左右）射出的光是直的，有物体遮挡就过不去了；对于卫星通信和 GPS 导航（波长在 1 cm 左右），如果有遮挡物就没有信号了。卫星天线必须瞄准卫星的方向，哪怕稍微歪一点都会影响信号质量。

4. 微基站技术

移动通信如果使用高频段，它最大的问题就是传输距离大幅缩短，覆盖能力大幅减弱。要覆盖同一个区域，5G 需要的基站数量大大超过 4G。基站数量增加意味着投资成本增加，频率越低，网络建设就越省钱，竞争起来就越有利。所以，为了减轻网络建设的成本压力，5G 通信必须寻找新的出路，如采用微基站技术。

基站有两种，微基站和宏基站。微基站很小，宏基站很大。室外常见的是宏基站，一个宏基站可以覆盖一大片区域；而微基站很小，在小区和室内经常能看到微基站。5G 通信的微基站会更多，几乎随处可见。这么多基站会不会对人体造成影响呢？答案是不会，因为基站数量越多，基站越小，基站信号发射功率也越低，辐射反而越小。如果只采用一个大基站，离得近辐射大，离得远没信号，反而不好。

5. 手机的天线

以前的“大哥大”手机有很长的天线，早期手机也有凸出来的小天线，为什么现在的手机都没有天线了？其实，并不是手机不需要天线，而是天线变小了。根据天线特性，天线长度应与波长成正比，约为波长的 1/10 ~ 1/4。随着手机通信频率越来越高，波长越来越短，天线也就跟着变短了。毫米波通信的情况下，天线也变成毫米级了。这样天线完全可以塞进手机里面，甚至可以塞很多根，这就是 5G 通信的核心技术——Massive MIMO（大规模多进多出天线技术）。MIMO 就是指多根天线发送，多根天线接收。MIMO 技术在 4G 时代就已经存在了，但是天线数量并不多，只能说是初级版的 MIMO，5G 时代变成了加强版的 Massive MIMO。

在 5G 时代，天线数量不是按根来计算，而是采用天线阵列。不过，天线之间不能太近。多天线阵列要求天线之间的距离保持在半个波长以上，如果近了就会互相干扰，影响信号的收发。

7.3.2 5G通信核心技术

1. 超密集网络

未来无线网络的各种节点的数量将超过现有站点的 10 倍，在宏基站覆盖区内，站点之间的距离将在 10 m 以内，并且在 1 km^2 范围内为 25 000 个用户提供服务。甚至可能出现活跃用户数和站点数比例达到 1 ∶ 1 的现象，即用户与无线节点一一对应。密集部署的基站拉近了终端与节点之间的距离，使得网络的功率和频谱效率大幅度提高，同时也扩大了网络覆盖范围，扩展了系统容量。但是节点之间距离的缩短使得网络拓扑结构更加复杂，从而容易出现与现有移动通信系统不兼容的问题。

5G 网络的干扰源主要有同频干扰、共享频谱资源干扰、不同覆盖层次之间的干扰等。现有通信系统的干扰协调算法只能解决单个干扰源的问题，而在 5G 网络中，会有多个干扰源强度相近，使得现有协调算法难以应对。在 5G 网络中，无线节点的密集部署使得小区数量剧增，加之信号覆盖形状不规则，这将导致终端信号的频繁切换。为了满足用户需求，必须研究新的小区切换算法。另外，网络节点的动态部署也是研究的重点。

2. 自组织网络（SON）

传统移动通信网络主要依靠人工方式完成网络部署及运行维护，这样既耗费了大量人力资源，又增加了运行成本，而且网络优化也不理想。由于网络存在各种无线接入技术，而且网络节点的覆盖能力也各不相同，它们之间的关系错综复杂，因此，SON 的智能化部署将是 5G 网络的关键技术。SON 技术需要解决以下问题：一是网络部署的自规划和自配置；二是网络维护阶段的自优化和自愈合。自配置即新增网络节点的配置，可实现即插即用，具有低成本、安装简易等优点。自优化的目的是提升网络质量及性能。自愈合指系统能自动检测问题、定位问题和排除故障，大大减少维护成本并避免对网络质量的影响。

3. 内容分发网络（CDN）

在 5G 通信中，用户的音频、视频、图像等业务会急剧增长，网络流量爆炸式增长会极大地影响互联网服务质量。如何有效分发大流量的业务内容，降低用户获取信息的时延，成为网络运营商和内容提供商面临的一大难题。CDN 技术的优势是为用户快速提供信息服务，同时有助于解决网络拥塞问题。CDN 是在传统网络中添加新的智能虚拟网络层次。CDN 系统会综合考虑各节点连接状态、负载情况、用户距离等信息，将相关内容分发到靠近用户的 CDN 代理服务器上，帮助用户就近获取所需的信息，使得网络拥塞状况得以缓解。

4. 终端直连传输技术（D2D）

D2D 是一种近距离数据直接传输技术。D2D 的会话数据直接在终端之间传输，不需要通过基站转发，而相关的控制信令，如会话建立、会话维持、无线资源分配、计费、鉴权、识别、移动性管理等，仍然由蜂窝网络负责。D2D 可以减轻基站负担，降低端到端的传输时延，提升频谱效率，降低终端发射功率。当无线通信基础设施损坏，或者处于无线网络的覆盖盲区时，终端可借助 D2D 实现端到端通信甚至接入蜂窝网络。

5. 机器到机器（M2M）通信技术

广义上看，M2M 主要指机器与机器、人与机器、移动网络与机器之间的通信；狭义上说，M2M 仅指机器与机器之间的通信。M2M 在智能电网、安全监测、城市信息化、环境监测等领域实现了商业化应用。2024 年 4 月，贝哲斯信息咨询有限公司发布的信息显示，2023 年全球 M2M 连接硬件市场容量为人民币 1 352.09 亿元，因此 M2M 市场蕴藏着巨大的商机。

6. 信息中心网络（ICN）技术

随着实时音频、高清视频等服务的日益增加，网络会呈现出以信息为中心的发展趋势。网络中的信息包括实时媒体流、网页服务、多媒体通信等，而 ICN 就是这些信息的集合。ICN 的主要功能是信息的分发、查找和传递，而不再是维护网络的连通性。不同于 TCP/IP 网络，ICN 忽略 IP 地址的作用，甚至只是将它作为一种传输标识。全新的网络协议能够实现解析信息名称、路由数据缓存、多播信息传递等功能。

ICN 是一种基于发布订阅方式的信息传递流程。内容提供方先向网络发布自己拥有的内容。当第一个信息订阅者向网络发送内容请求时，中间节点将请求转发到内容发布方，内容发布方将相应内容发送给订阅方，带缓存节点会将经过的内容缓存。其他订阅者对相同内容发送请求时，邻近的带缓存节点就可以直接将相应内容发送给订阅者。ICN 采用“拉”的信息传输模式，整个传输过程由用户的信息请求触发，网络通过信息缓存的方式，实现快速响应。目前比较典型的 ICN 方案有 CCN（内容中心网络）、DONA（面向数据的网络体系结构）、NetInf（网络信息中心）、INS（信息网络系统）等。

7. 移动云计算

移动云计算是在移动互联网中引入云计算。移动网络中的移动智能终端（如手机）以按需、易扩展的方式连接到远端的服务提供商，获得所需资源，主要包含基础设施、平台、计算存储能力和应用资源。SaaS（软件即服务）为用户提供所需的软件应用，终端用户不需要将软件安装在本地服务器中，只需要通过网络向服务提供者请求自己所需要的软件；PaaS（平台即服务）可以为用户提供创建、测试和部署相关应用等服务；IaaS（基础设施即服务）提供基础服务和应用平台。

8. 软件定义网络（SDN）

SDN 是一种新型网络构建技术，它提倡控制与数据分离、软件化、虚拟化思想。SDN

的特点是开放性、灵活性和可编程性，它主要分为3层：基础设施层位于网络最底层，包含大量基础网络设备，该层的功能是根据控制层下发的规则处理和转发数据；中间层为控制层，该层主要负责对数据转发进行编排，控制网络拓扑，收集网络全局状态信息等；最上层为应用层，该层包括大量的应用服务，并通过开放的API（应用程序接口）被应用程序调用。SDN可以消除大量手动配置过程，简化网络管理工作，提高业务部署效率。SDN不会让网络变得更快，但会让整个基础设施简化，降低运营成本。

目前无线网络中存在大量的异构网络，如LTE（长期演进技术，4G技术）、UMTS（通用移动通信业务，3G技术）、WLAN（无线局域网，Wi-Fi）、蓝牙等，这种异构无线网络并存的现象还将持续相当长一段时间。异构无线网络难以互通，资源优化困难，无线资源浪费，因此，引入软件定义无线网络的思想将彻底改变目前的困境。

软件定义无线网络保留了SDN的设计思想，即将控制平面从分布式网络设备中分解出来，实现逻辑上的网络集中控制，数据转发规则由集中控制器统一下发。在软件定义无线网络中，控制平面可以获取、更新、预测全网信息，如用户属性、动态网络需求及实时网络状态。因此，控制平面能够很好地优化和调整网络资源分配、转发策略、流表管理等，简化了网络管理。

7.3.3 5G通信技术应用

5G通信技术具有强大的通信功能和较大的带宽，加快5G网络发展，推动目前停留在构想阶段的车联网、物联网、智慧城市、无人机网络等概念变为现实。此外，5G还将进一步应用到工业、医疗、安全等领域，这将极大地促进这些领域的生产效率。

1. 5G技术的三大应用场景

国际标准化组织3GPP（第三代合作伙伴计划组织）定义了5G技术的三大应用场景，其中，eMBB（增强移动宽带）主要用于3D或超高清视频等大流量移动宽带业务，mMTC（大规模机器通信）主要用于大规模物联网业务，URLLC（超高可靠与低时延通信）主要用于无人驾驶、工业自动化等需要低时延、高可靠连接的业务。5G的三大应用场景对通信提出了更高的要求，它不仅需要解决数据高速传输问题，而且对功耗、时延等技术指标提出了更高的要求。

2. 5G技术在物联网中的应用

物联网应用也将成为5G技术大显身手的领域。业界普遍认为，物联网中接入的设备会超过千亿个，这些物联网应用对设备数量、数据规模、传输速率等提出了很高的要求。由于3G、4G技术不能提供有效支撑，所以物联网的发展离不开5G技术的成熟，同时它也将成为推动5G技术发展的动力之一。中国工程院院士邬贺铨认为，目前汽车与汽车之间还没有进行通信，随着5G网络的发展，可以让汽车和汽车、汽车和数据中心、汽车和其他智能设备进行通信。这样不但可以实现汽车自动驾驶，还能利用各类交通数据，为汽车规划最合理的行驶路线。一旦有大量汽车应用5G网络，就能顺利地实现智能交通。

3. 5G技术在外科手术中的应用

欧盟研究人员认为，远程医疗是5G技术的重要应用领域之一。目前，实施跨越国界的远程手术需要租用价格昂贵的大容量线路，而且有时对手术设备发出的指令会出现信号延迟，这对手术而言是巨大的风险。但 5G 技术可以使手术所需的指令响应时间接近 0，这将大大提高医生操作的精确性。在不久的将来，病人如果需要紧急手术或特定手术，就可以通过远程医疗进行快速手术。2019 年 1 月 19 日，中国一名外科医生利用 5G 技术实施了全球首例远程外科手术，这名医生在福建省利用 5G 网络，操控 48 km 外的一个机械臂切除了一只实验动物的肝脏。

4. 5G 技术的商用进程

根据工业和信息化部等部门提出的 5G 推进工作部署，以及三大通信运营商的 5G 商用计划，我国在 2017 年展开了 5G 网络的第二阶段测试，2018 年进行了大规模试验组网，2019 年启动 5G 网络建设，并且颁发了 5G 运营牌照。

2018 年，海南开展了博鳌 5G 网络试点建设工作。在博鳌年会核心区域建设 5G 试点基站，实现 VR/AR、远程医疗、外场支援、物联网、智慧城市、智能家居、智能物流等连接量较大的应用，在 5G 网络上进行承载传输。2019 年，海南开始在各市县开展 5G 网络试商用，优先布局主城区和重点园区、高校等人流量较大的区域；中国移动云南公司率先在丽江大研古城开通了全省首个 5G 试验基站；上海建成并开始试用行政区域 5G 网络。

工业和信息化部的统计数据显示，截至 2023 年底，我国 5G 基站总数达 337.7 万个，已建成全球规模最大的 5G 网络。2024 年 5 月 20 日，三大运营商公布的最新运营数据显示，三大运营商 5G 套餐用户正式突破 14 亿大关，达到 14.02 亿户。

7.4 其他计算机新技术

7.4.1 云计算技术

1. 云计算的概念

计算机可能是人类建造的效率最低的机器，因为全球 99.9% 的计算机都在等待指令。计算机计算向云计算的转变，可以将平时浪费的资源利用起来。云计算是一种商业计算模型，它将计算任务分布到由大量计算机构成的资源池上，使用户能够按需获取计算能力、存储空间和信息服务。为什么叫云呢？因为云一般比较大（如“百度云”提供巨大的存储空间），规模可以动态伸缩（大学的公共计算云则规模较小），而且边界模糊，云在空中飘忽不定，无法确定它的具体位置（如计算设备或存储设备在不同的国家或地区），但是它确实存在于某处。

云计算将计算资源与物理设施分离，让计算资源“浮”起来，成为一朵“云”，用户可以随时随地根据自己的需求使用云资源。云计算实现了计算资源与物理设施的分离，数据中心的任何一台设备都只是资源池中的一部分，不专属于任何一个应用，一旦资源池设备出现故障，马上退出一个资源池，进入另外一个资源池。云计算的服务模式称为 SPI［SaaS（软件即服务）、PaaS（平台即服务）、IaaS（基础设施即服务）］。

2. 云计算的特征

云计算将网络中分布的计算、存储、服务设备、软件等资源集中起来，让资源以虚拟化的方式为用户提供方便、快捷的服务。云计算是一种基于因特网的超级计算模式，在远程数据中心，几万台服务器和网络设备连接成一片，各种计算资源共同组成了若干个庞大的数据中心。云计算的结构如图 7-9 所示。

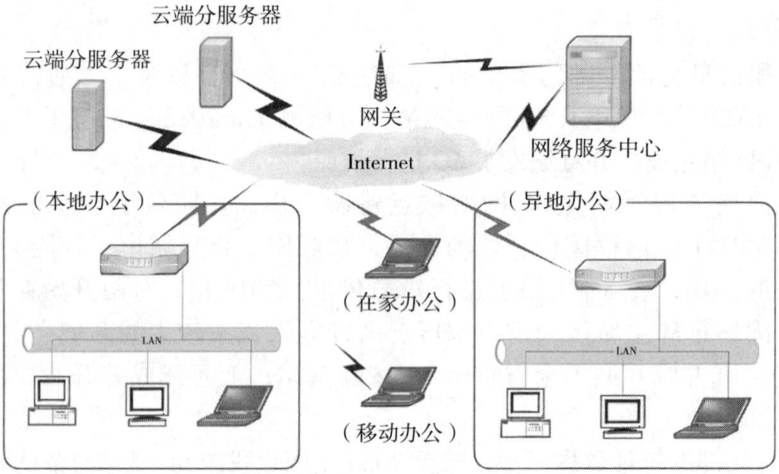

图 7-9　云计算的结构

云计算中最关键的技术是虚拟化，此外还包括自动化管理工具，如可以让用户自助服务的账户、计费系统及自动进行负载分配的系统等。云计算目前需要解决的问题有降低建设成本、简化管理难度、提高灵活性、建立“云”之间互联互通的标准等。

3. 云计算的应用

目前，云计算已有很多应用。例如，Amazon（亚马逊）提供的专业云计算服务，包括弹性计算云（Amazon EC2）、简单储存服务（Amazon S3）、简单队列服务（Amazon SQS）等。Amazon 云提供全球计算、存储、数据库、分析、应用程序和部署服务，既有免费服务，也有按月收费的服务。又如，Google Earth（谷歌地球）提供包括卫星地图、Gmail（邮箱）、Docs（在线办公软件）等免费服务。再如，微软 Azure 云计算提供“软件和服务”等。

在云计算模式中，用户通过终端接入网络，向“云”提出请求；“云”接收请求后组织资源，通过网络为用户提供服务。用户终端的功能可以大大简化，复杂的计算与处理过程都将转移到用户终端背后的“云”去完成。在任何时间和任何地点，用户只要能够连接至互联网，就可以访问“云”，用户的应用程序并不需要运行在用户的计算机、手机等终端设备上，而是运行在互联网的大规模服务器集群中。用户处理的数据也无须存储在本地，而是保存在互联网上的数据中心。这意味着计算能力也可以作为一种商品通过互联网进行流通。

7.4.2　大数据技术

什么是大数据

1. 大数据时代

美国互联网数据中心指出，互联网上的数据每年增长 50%，每两年翻一番，目前世界上 90% 以上的数据是最近几年才产生的。此外，这些数据并不单纯是人们在互联网上发布的信息，85% 的数据由传感器和计算机设备自动生成。全世界的各种工业设备、汽车、摄像头，以及无数的数码传感器，随时都在测量和传递着有关信息，由此产生了海量数据。例如，一个计算不同地点车辆流量的交通遥测应用，就会产生大量的数据。

2. 大数据的特点

大数据是一个体量规模巨大、数据类别特别多的数据集，并且无法通过目前主流软件工具，在合理时间内达到提取、管理、处理、并整理成为有用的信息的目的。

大数据具有 4V 的特点：一是数据体量大（volume），一般在 TB 级别；二是数据类型多（variety），由于数据来自多种数据源，因此数据类型和格式非常丰富，有结构化数据（如文字、计算数据等）、半结构化数据（如报表、层次树等）及非结构化数据（如图片、视频、音频、地理位置信息等）；三是数据处理速度快（velocity），在数据量非常庞大的情况下，需要做到数据的实时处理；四是数据的价值高（value），在大数据中真正有价值的数据量极少，而这些占比很小的数据背后却隐藏着巨大的价值。

大数据并不在于"大"，而在于"有用"。大数据能告诉商家客户的消费倾向，他们喜欢什么，每个人的需求有哪些区别，哪些需求可以集合在一起进行分类等。大数据是数据数量上的增加，是一个从量变到质变的过程。例如，一个人在骑马，每隔 1 min 拍一张照片，只能看到这个人不同骑马姿态的照片。随着照相机处理速度越来越快，1 min 可以拍 30 张照片时，连续播放这些照片就获得了一段视频。

3. 大数据处理技术

大数据处理的结果往往采用可视化图形表示，基本原则是：要全体不要抽样，要效率不要绝对精确，要相关不要因果。具体的大数据处理方法很多，如图 7-10 所示，主要处理流程是：数据采集→数据导入→数据统计→数据挖掘→数据表达。

大数据技术

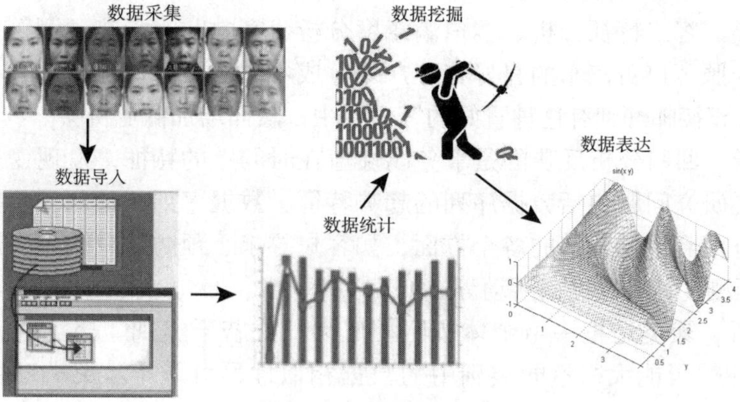

图 7-10　大数据处理流程

（1）数据采集

大数据的采集是指利用多个数据库来接收来自客户端（web、APP或者传感器等）的数据。大数据采集的特点是并发数高，因为可能会有成千上万的用户同时进行访问和操作。例如，火车票售票网站和淘宝网站，它们的并发访问量在峰值时达到了上百万，所以需要在采集端部署大量数据库才能支持数据采集工作，这些数据库之间如何进行负载均衡也需要深入思考和仔细设计。

（2）数据导入

要对采集的海量数据进行有效的分析，就要将这些来自前端的数据导入一个集中的大型分布式数据库，并在导入的基础上做一些简单的数据清洗和预处理工作。导入与预处理过程的特点是数据量大，每秒钟的导入量经常会达到上百兆字节，甚至上千兆字节。可以利用数据提取、转换和加载工具将分布的、异构的数据（如关系数据、图形数据等）抽取到临时中间层后进行清洗、转换、集成，最后导入到数据库。

（3）数据统计

统计与分析主要是对存储的海量数据进行普通的分析和分类汇总，常用的统计分析有假设检验、显著性检验、差异分析、相关分析、方差分析、回归分析、曲线估计、因子分析、聚类分析、判别分析等技术。统计与分析的特点是涉及的数据量大，对系统资源，特别是I/O设备会有极大的占用。

（4）数据挖掘

数据挖掘（data mining）是针对大数据进行分析的技术，它也是人工智能和数据库领域研究的热点问题。数据挖掘是从大量的、不完全的、有噪声的、模糊的、随机的实际应用数据中，提取隐含在其中的、人们事先不知道的但又是潜在有用的信息和知识的过程。这个定义包括了几层含义：数据源必须是真实的、大量的、含噪声的；发现的是用户感兴趣的知识；发现的知识要可接收、可理解、可运用；仅支持发现特定的问题。

在数据挖掘中，原始数据可以是结构化的，如关系数据库中的二维表；也可以是半结构化的，如文本、网页等；甚至可以是非结构化的，如图像、音频、视频等数据。

常用的数据挖掘技术有分类、回归分析、聚类分析、关联分析、特征分析、偏差分析、决策树、遗传算法等，它们分别从不同的角度对数据进行挖掘。

①分类。分类是找出数据库中一组数据对象的共同特点，并按照分类模式将其划分为不同的类型，目的是通过分类模型，将数据库中的数据项映射到某个给定的类别。它可以应用到客户分类、客户特征分析、客户满意度分析、客户购买趋势预测等方面。例如，一个汽车零售商按照客户对汽车的喜好将客户划分成不同的类，这样营销人员就可以将新型汽车的广告手册直接邮寄到有这种喜好的客户手中，从而增加商业机会。

②回归分析。回归分析反映的是事务属性值在时间上的特征，发现变量或属性之间的依赖关系，主要研究问题包括数据序列的趋势特征、数据序列的预测、数据之间的相互关系等。它可以应用到市场营销的各个方面，如客户寻求、预防客户流失、产品生命周期分析、销售趋势预测、针对性促销活动等。

③聚类分析。聚类是把一组个体按照相似性归成若干类别。聚类的目的是使同一类别的数据相似性尽可能大，不同类别中的数据相似性尽可能小。聚类反映同类事物的共

同性和不同事物之间的差异性。聚类是进行概念描述和偏差分析的先决条件。例如，在市场销售中，帮助市场人员发现客户中的不同群体，然后用这些知识来开展一个目标明确的市场计划；再如，在城市规划中，根据类型、价格、地理位置等来划分不同类型的住宅。

④关联分析。若多个变量的取值之间存在某种规律就称为关联。关联可分为简单关联、时序关联、因果关联等。关联分析的目的是找出数据中隐藏的关联网。有时并不知道数据中的关联函数，即使知道也是不确定的。关联分析主要用于产品定位与定价、定制客户群、客户细分、市场营销、营销风险评估、诈骗预测等方面，为决策支持提供依据。

⑤特征分析。特征分析是从一组数据中提取出这些数据的特征。例如，营销人员通过对客户流失因素的特征提取，可以得到导致客户流失的一系列原因和主要特征，利用这些特征可以有效地预防客户的流失。

⑥偏差分析。数据库中的数据常有一些异常记录，如分类中的反常实例，不满足规则的特例，观测结果与模型预测值的偏差，量值随时间的变化等。偏差分析的目的是寻找观察结果与参照量之间有意义的差别。在企业危机预警中，管理者更感兴趣的是那些意外规则。意外规则的挖掘可以应用到各种异常信息的发现、分析、识别、评价和预警等方面。

⑦决策树。决策树在解决归类与预测问题上有极强的能力，它以法则的方式表达，而这些法则以一连串的问题表示出来，经由不断询问，最终导出所需结果。典型的决策树顶端是一个树根，底部有许多的树叶，它将记录分解成不同的子集，每个子集中的字段可能都包含一个简单的法则。决策树有不同的类型，如二元树、三元树和混合决策树等。

⑧遗传算法。遗传算法是根据生物进化模型提出的一种优化算法，它经常用于机器学习、优化、自适应等问题。遗传算法由繁殖（选择）、交叉（重组）、变异（突变）3 个基本算子组成。遗传算法先在解空间中取一群点，作为遗传开始的第一代。每个点（基因）用二进制字串表示，其优劣程度用目标函数衡量。在向下一代遗传演变的过程中，把前一代的每个字串，根据目标函数值的概率分配到配对池中。优的字串以高概率被复制下来，劣的字串被淘汰掉。然后将配对池中的字串任意配对，并对每一字串进行交叉操作，产生新的子孙（新字串）。最后对新字串的某一位进行变异，这样就产生了新的一代。按照同样的方法，经过数代遗传演变后，在最后一代中得到全局最优解或近似最优解。

（5）数据表达

数据表达即数据的可视化，以图表的形式展示数据分析结果。

4. 大数据应用案例

谷歌搜索记录、Facebook 的帖子和微博消息，使得人们的行为和情绪的细节化测量成为可能。挖掘用户的行为习惯和喜好，可以从凌乱纷繁的数据背后找到更符合用户兴趣和习惯的产品和服务，并对这些产品和服务进行针对性的调整和优化，这就是大数据的价值。

大数据应用场景及案例

【例 7-7】Google 的“流感趋势”工具可以通过跟踪搜索词来判断全美地区的流感情况

（如患者会搜索“流感”等关键词）。它对流行病专家非常有用，因为它的时效性极强，能够很好地跟踪流行病的暴发。例如，Google 利用大数据预测了 H1N1 在美国某个小镇的爆发。

7.4.3 区块链技术

1. 区块链简单说明

区块链本质是一个分布式的公共账本，任何人都可对这个账本进行登记和核查，但是任何单一的用户都不能对它进行控制。区块链系统中的参与者共同维持账本的更新，区块链中的数据只能按照严格的规则和共识进行修改。

【例 7-8】 A（贷方）借给 B（借方）100 元钱，这时 A 在区块链中登记“我是 A，我贷给了 B 100 元钱！”，同时 B 也在区块链中登记“我是 B，我向 A 借了 100 元钱”。此时，在区块链网络中的 C、D、E、F、G 等路人都看到了这些消息，大家都在区块链中登记了“A 贷给了 B 100 元钱”。这个系统中不需要银行，也不需要借贷协议和收据，甚至不需要人与人之间长久的信任关系。如果以后 B 突然改口说“我没有欠 A 的钱”，这时区块链中 C、D、E、F、G 等路人就可以站出来说“不对，我的区块链上记录你某天向 A 借了 100 元钱”。

在上述案例中，可以看到区块链系统中没有了权威的中心化代理，但是信息同样具有可信度和准确性。区块链工作流程如图 7-11 所示。

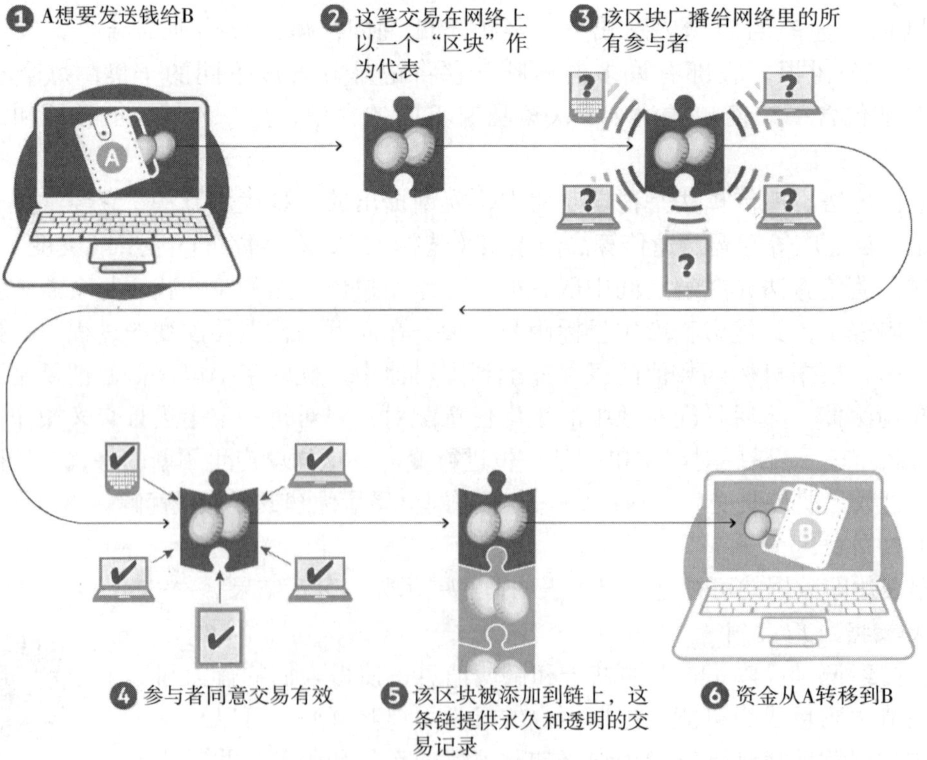

图 7-11 区块链工作流程

2. 区块链定义

区块链是分布式数据存储、点对点传输、共识机制、加密算法等计算机技术的新型应用模式。区块链本质上是一个去中心化的数据库，同时作为比特币的底层技术，它是一串使用密码学方法相关联产生的数据块，每一个数据块中包含了一批次比特币网络交易的信息，用于验证其信息的有效性（防伪）和生成下一个区块。

狭义来讲，区块链是一种按照时间顺序将数据区块以顺序相连的方式组合而成的链式数据结构，并以密码学方式保证的不可篡改和不可伪造的分布式账本。广义来讲，区块链技术是利用块链式数据结构来验证与存储数据、利用分布式节点共识算法来生成和更新数据、利用密码学的方式保证数据传输和访问的安全、利用由自动化脚本代码组成的智能合约来编程和操作数据的一种全新的分布式基础架构与计算方式。区块链包含一张称为区块的列表，列表有着持续增长并且排列整齐的记录。每个区块都包含一个时间戳和一个与前一区块的链接。区块链作为一种使数据库安全而不需要机构授信的解决方案，首先被应用于比特币。2014 年，比特币的区块链文件大小达到了 20 GB。

3. 区块链核心技术

区块链主要解决商品或金融交易中的信任和安全问题，它采用了以下技术。

（1）分布式账本

交易记账由分布在不同地方的多个节点共同完成，而且每一个节点记录的都是完整的账目，因此它们都可以监督交易的合法性，同时也可以共同为其作证。由于记账节点足够多，理论上讲，除非所有的节点被破坏，否则账目就不会丢失，从而保证了账目数据的安全性。

（2）非对称加密和授权技术

存储在区块链上的交易信息是公开的，但是账户身份信息是高度加密的，只有在数据拥有者授权的情况下才能访问，从而保证了数据的安全和个人的隐私。

（3）共识机制

共识机制用于规范所有记账节点之间如何达成共识，去认定一个记录的有效性，账户之间相互验证，也是防止篡改的手段。区块链提出了 4 种不同的共识机制，适用于不同的应用场景，在效率和安全性之间取得平衡。以比特币为例，它采用的是工作量证明，只有在控制了全网超过 51% 的记账节点的情况下，才有可能伪造出一条不存在的记录。但当加入区块链的节点足够多时，这基本上不可能存在，从而杜绝了造假的可能。

（4）智能合约

智能合约是指自动化地执行一些预先定义好的规则和条款。以保险为例，如果每个人的信息（包括医疗信息和风险发生的信息）都是真实可信的，那就可以很容易地在一些标准化的保险产品中进行自动化的理赔。

4. 区块链类型

区块链分为 3 类：公有区块链、行业区块链、私有区块链。

（1）公有区块链

公有区块链是世界上任何个体或者团体都可以发送的交易，任何人都可以参与其共识过程。公有区块链是最早的区块链，也是应用得最广泛的区块链，各大虚拟数字货币均基于公有区块链，世界上有且仅有一条该币种对应的区块链。

（2）行业区块链

行业区块链由某个群体内部指定多个预选的节点为记账人，每个块的生成由所有的预选节点共同决定（预选节点参与共识过程），其他接入节点可以参与交易，但不过问记账过程。任何人都可以通过该区块链开放的 API 进行限定查询。

（3）私有区块链

私有区块链仅仅使用区块链的总账技术进行记账，它可以是一个公司，也可以是个人，独享该区块链的写入权限。私有区块链的应用产品还在摸索之中。

5. 区块链技术的基本特征

（1）去中心化

由于使用分布式核算和存储，体系不存在中心化的硬件或管理机构，任意节点的权利和义务都是均等的，系统中的数据块由整个系统中具有维护功能的节点共同维护。

（2）开放性

系统是开放的，除了交易各方的私有信息被加密外，区块链的数据对所有人公开，任何人都可以通过公开的接口查询区块链数据和开发相关应用，因此整个系统信息高度透明。

（3）自治性

区块链采用基于协商一致的规范和协议（如采用一套公开透明的算法），它使得整个系统中的所有节点能够在信任的环境之中自由安全地交换数据，使得对人的信任改成了对机器的信任，任何人为的干预均不起作用。

（4）信息不可篡改

信息一旦经过验证并添加至区块链中，就会被永久存储起来。除非能够同时控制住系统中超过 51% 的节点，否则单个节点对数据库的修改是无效的，因此区块链的数据稳定性和可靠性极高。

（5）匿名性

由于节点之间的交换遵循固定的算法，其数据交互是无须信任的（区块链中的程序规则会自行判断活动是否有效），因此交易对手无须通过公开身份的方式让对方对自己产生信任，对信用的累积非常有帮助。

6. 区块链的应用

区块链可以应用到金融、物流、公共服务等领域。2016 年，我国政府正式把区块链技术列入“十三五”规划纲要中。

（1）银行业务

在银行业的跨境支付和汇款业务中，区块链技术能够提供去中心化的支付网络，使得跨国交易能够绕过传统的银行系统，大幅提高了跨境支付的效率，降低了交易成本。此外，区块链技术提供的透明、不可篡改的交易记录，为融资业务创造了更加安全和透明的交易环境，增加了交易双方的信任，从而简化了融资过程。

（2）物流供应链

物流行业往往涉及诸多实体，如物品流、资金流、信息流等，这些实体之间存在大量复杂的协作和沟通。传统模式下，不同实体各自保存各自的供应链信息，缺乏透明度，导致了较高的时间成本和金钱成本，而且一旦出现问题（如冒领、货物假冒等），难以追查和处理。通过区块链技术，各方可以获得一个可靠的统一信息平台，实时查看物流状态，降低物流成本，追溯物品的生产和运送过程，从而提高物流管理的效率。当发生纠纷时，举证和追查也变得更加清晰和容易。

（3）艺术行业

艺术家们可以使用区块链技术来声明作品所有权，发行可编号、限量版的作品等。艺术家们可以通过他们的网站进行买卖，而无需任何中介服务。

（4）文件验证

Bitproof 是一家专门利用区块链技术进行文件验证的公司。Bitproof 公司目前在联合学校，采用区块链技术验证学历的真实性。美国霍伯顿学校（Holberton School）是一所软件工程师培训学校，该校宣布将利用区块链技术向学生颁发学历证书。该校负责人卡拉什（Kalache）表示，区块链验证比目前行业内其他验证方式更加有效、安全和简单。

（5）物联网行业

随着物联网设备的增多和边缘计算需求的增强，大量设备之间需要使用分布式自组织的管理模式。区块链技术的分布式和抗攻击的特点，可以很好地应用于这一场景中。

习 题 7

1. 简要说明机器学习的特点。
2. 简要说明模式识别的研究范畴和它不包括的研究范畴。
3. 简要说明物联网的主要特征。
4. 5G 基站会对人体造成影响吗？
5. 简要说明什么是云计算。
6. 简要说明大数据的特点。
7. 简要说明区块链的核心技术。